熊春光 李育安 主编

Computational Methods in Science & Engineering

科学与工程计算方法

（第二版）

清华大学出版社
北京

内 容 简 介

本书是"科学与工程计算方法"课程的配套教材,介绍了科学与工程计算中最常用和最基本的数值计算方法.

本书内容充实,重点突出,强调方法的构造与应用;推导过程既重视理论分析,又避免过多的理论证明;对每种方法都在计算机上编程实现,并给出真解、数值解和误差的曲面图,让读者有直观的感受.全书共9章,分别是:两点边值问题的数值解法、刚性方程组的数值解法、偏微分方程的一般概念、抛物方程的差分格式、双曲方程的差分格式、对流扩散方程的差分格式、椭圆方程的差分格式、变分问题的近似计算方程、有限元方法.

本书适合非数学专业的工科研究生或者计算数学专业高年级本科生学习使用.

本书封面贴有清华大学出版社防伪标签,无标签者不得销售.
版权所有,侵权必究.举报:010-62782989,beiqinquan@tup.tsinghua.edu.cn.

图书在版编目(CIP)数据

科学与工程计算方法/熊春光,李育安主编.--2版.--北京:清华大学出版社,2015(2025.2重印)
ISBN 978-7-302-41369-1

Ⅰ.①科… Ⅱ.①熊… ②李… Ⅲ.①数值计算—计算方法—研究生—教材 Ⅳ.①O241

中国版本图书馆CIP数据核字(2015)第209502号

责任编辑:汪　操
封面设计:常雪影
责任校对:赵丽敏
责任印制:丛怀宇

出版发行:清华大学出版社
网　　址:https://www.tup.com.cn, https://www.wqxuetang.com
地　　址:北京清华大学学研大厦A座　　　邮　编:100084
社 总 机:010-83470000　　　邮　购:010-62786544
投稿与读者服务:010-62776969, c-service@tup.tsinghua.edu.cn
质量反馈:010-62772015, zhiliang@tup.tsinghua.edu.cn

印 装 者:三河市人民印务有限公司
经　销:全国新华书店
开　本:185mm×230mm　印 张:17.75　字　数:387千字
版　次:2011年4月第1版　2015年10月第2版　印　次:2025年2月第6次印刷
定　价:65.00元

产品编号:062075-04

再 版 序 言

现代科学、技术、工程中的大量数学模型都可以用微分方程来描述,很多近代自然科学的基本方程本身就是微分方程.在科学的计算机化进程中,科学与工程计算作为一门工具性、方法性、边缘交叉性的新学科开始了自己的新发展,微分方程的求解方法也得到了前所未有的发展和应用.求解方法总体上分为解析法和数值方法两大类,而绝大多数微分方程(特别是偏微分方程)定解问题都很难以使用解析形式来表示,本书主要关注数值方法.

本书为"科学与工程计算方法"课程的配套教材,书中主要讨论科学与工程研究中的数学建模,即得到微分方程的数学模型后,如何进行近似求解.国内这方面的优秀教材不少,但都存在理论陈述与应用分析之间的巨大鸿沟.科学与工程领域的工程师们在著书描述这些数值方法的时候,往往只关心如何在他们各自领域的应用,致使读者对数值方法基本原理的理解产生困难,妨碍他们对在其他领域应用的认知.另一方面,数学工作者撰写此类书时,只着重于理论分析而忽视应用方面的细节.比如,边界条件的处理、迭代法、软件的实施等细节往往被忽视.本书着力于以简短易懂的语言和方法介绍基本的计算方法,并兼顾应用.

由于科学与工程计算方法的前沿发展迅速,与第一版相比,本书的目标之一就是引领学生尽快进入本学科的前沿,因此本书在内容的广度和深度上有所取舍.有些传统的知识点在本书中不会特别详细的介绍,比如两点边值问题的数值解法、高维问题的数值解法等.纵观全书,本书将数值方法(差分法和有限元方法)的基本思想和数学软件联系在一起.通过对各种方法从理论上和实践上进行完整的描述,让读者更容易获取知识,进而帮助他们开发自己的应用程序或发展新的理论,也帮助从未接触过数值分析和编程的读者熟悉和掌握数值算法的分析技巧和相关编程技术.

基于目前本书受众以及北京理工大学学习本课程学生的实际情况反馈,本书的读者只需学过微积分和线性代数的知识即可.同时,在这些年的教学过程中,大部分同学一提到数学课程就头疼,一个字——"难".所以本书再版的宗旨就是让读者有兴趣、有能力去阅读数学,让"高大上"的数学远离,让朴素有用的数学回归.本书会预留一些容易推导的细节给读者,鼓励读者补充那些被编者"遗忘的"(甚至"不会的")细节作为课后习题.课后练习不是以往的"例行公事"或者"俗套化"的求解问题,而是要帮助读者理解概念和熟悉方法,循序渐进地诱导读者深入到数值方法的本质中去.

第二版增加的章节有:第1章、第2章、3.4节、4.1节、6.3节、7.5节、9.2节等,同时,删除了第一版的第8章统计计算以及部分方法,其他变化相对较小的内容在这里不一一表

述了. 章节增加的主要原因有如下几点:

① 基于学生的真实需求. 比如第 1 章、第 2 章、6.3 节的内容等, 这些内容在硕士研究生的数值分析课程中基本不会涉及. 在多年的一线教学中, 经常遇到学生问到这些方面的知识, 所以本次编写将它们增加进来, 但只是简单介绍, 旨在让读者初步地了解与以前课程所学知识的区别和联系.

② 源于课程生源结构的变化, 由原来的机械与机电专业而扩展到所有理工科专业, 于是在第 3 章的偏微分方程的数学建模中增加了许多工业、工程和经济方面的偏微分模型, 也即增加了 3.4 节.

③ 加深读者对难点知识的理解. 有些比较难懂抽象的知识点, 学生总是知其然不知所以然. 比如有限元方法, 为了让读者更加易于理解, 增加了 9.2 节和 9.4.2 节等, 目的是为了解释为什么要这样考虑, 或者为什么要继续下一步.

④ 尽量接近本学科的前沿. 多重网格方法是最近 20 年迭代求解最重要的方法, 于是增加了 7.5 节. 差分格式的修正和创新离不开对原有差分格式的理论分析, 因此数值色散关系是必不可少的工具, 于是在讲授完抛物方程和双曲方程后, 增加了此方面的内容, 即 6.3 节.

除了正文的内容的增减外, 课后习题也全部更换. 编者参考了众多国外的文献后, 重新编写了全书的所有习题. 这些习题有助于读者深入理解, 不再是例行公事般求解一个孤单的问题. 此外, 还应注意如下两点: ①很多学生在学习本课程之前, 没有接触过任何偏微分方程和数学软件的课程, 所以对方程的解一无所知. 为了增加同学们的感性与理性认识, 于是就有了如第 1 章的习题 6 类型的习题; ②有些习题的内容因课时所限, 无法讲授, 故安排在习题中, 通过分步提示来帮助解决问题, 让学生逐渐了解这些知识, 比如, 第 3 章习题 9、习题 10 和第 4 章习题 9 等. 习题是宝库, 花费了编者大量的精力, 值得读者去开采.

本书共分 9 章, 由北京理工大学熊春光老师和中国人民武装警察部队学院李育安老师合作编写, 各章内容如下:

第 1 章和第 2 章讲述常微分方程的数值求解, 分别介绍刚性问题和两点边值问题的数值求解方法, 它们是先行课程涉及偏少或者几乎不讲述的内容, 但非常有用. 第 1 章两点边值问题的求解, 简短地介绍了几种方法, 有些方法可以认为是后面内容偏微分方程数值方法的特例, 相当于偏微分方程数值方法的预热过程. 第 2 章刚性问题的数值方法, 简单罗列了隐式 Rung-Kuta 法和广义向后差分法, 是求解刚性问题的主要方法.

第 3 章基于大部分同学没有学习偏微分方程课程, 讲述偏微分方程的起源, 如何由实际问题导出经典方程, 然后讲述偏微分方程的基本理论. 为了让各专业的学生了解偏微分方程在他们各自专业中的应用, 最后再讲述工业与工程中出现的各种偏微分方程.

第 4 章到第 7 章, 是本书的核心之一, 主要讲述四大类的偏微分方程(抛物方程、双曲方程、对流扩散方程和椭圆方程)最主要的数值求解方法——差分方法. 介绍各种差分格式是如何精巧的构造出来的, 各种方法的性质和特点以及如何在实践中应用.

第 8 章和第 9 章讲述有限元方法. 第 8 章的变分法为第 9 章的有限元方法做准备工作,

是必不可少的一章,有助于学生理解为什么要这样"做"有限元.第8章主要讲述变分法的基本概念、相关的近似计算方法以及它们的缺点.第9章介绍有限元方法的基本思想和几类特殊的有限元(线性有限元、双线性有限元以及二次有限元),最后介绍有限元方法的收敛性.

全书各章内容相互独立,因此授课老师可以根据课时长短选取教学内容.使用本教材的课时建议(52～56学时):第1章(3学时)、第2章(2学时)、第3章(5学时)、第4章(8～10学时)、第5章(10学时)、第6章(6学时)、第7章(6学时)、第8章(4学时)、第9章(8～10学时).

本书的再版编写历时两年,期间得到了北京理工大学研究生院和数学学院的大力支持,在此表示衷心感谢.特别地,编者要深深地感谢第一版的读者们,他们纠正了很多错误并提出了非常宝贵的意见,特别是哈尔滨工程大学的沈艳老师.另外,感谢李志荣重新调试了全书新增的程序.最后,感谢清华大学出版社责任编辑的辛勤工作.

限于编者水平,书中定有不少错误,敬请读者指正.希望读者在使用本书时能反馈宝贵意见,不胜感激.

编 者

2015 年 6 月

给学生的建议

祝贺你，成为工科研究生，并选择了"科学与工程计算方法"这门课程，你的决策是如此的睿智和英明。自然界的各种规律基本都以常微分方程或者偏微分方程的语言进行描述。因此，它们大量出现在工程各个领域，成为终生不舍弃你的朋友。为了得到微分方程描述的最终结果，你必须求解它们，很不幸，99.999%的方程无法得到准确解，只能通过各种数学手段求它的近似解，这是一个五彩缤纷的神奇的世界。欢迎你的到来，你的到来会让它更加绚丽多彩，更加迷人。本书的目的就是帮助你畅游这个领域，像爱丽丝在绿野仙踪的世界里畅游一样。

"科学与工程计算方法"是工程与科学研究中出现的微分方程数学模型或者统计模型的数值近似求解的方法，目前这版本的教材暂时只涉及微分模型的数值计算。为了成功地阅读此书，你需要遵循如下几个步骤：

首先，你仅仅需要微积分和线性代数的基础，这对你阅读本书已经足够了（这真是个好消息啊！），因为此时的你已经能阅读其中95%的内容和习题了。当然如果你还有点数值分析的先验知识，那就更完美了，你完全可以胜任阅读完此书以及课后习题。

其次，中国有句古语"好记性不如烂笔头"，阅读数学书更是如此。在阅读本书的同时，你应该准备一支铅笔和一张白纸。"高大上"的数学书会留很多细节给读者自己进行推导演算，尽管本书不会留很多细节给你们，而是提供足够的细节让你们跟随它不费脑地讨论和学习，但是铅笔和白纸还是必需的，至少你需要简单验算或者证明书中讨论的结果。相信我，这些努力不会让你白费，它能帮助你理解加固所学习的内容，更加接近事物的本质。

最后，练习题是如此的重要，它是本书不可分割的有机组成部分。你应该尽力解决其中大部分甚至全部问题。除了少数习题是循规蹈矩的例行公事的求解问题外，大部分都是带有提示型激励你解决问题的习题、将分析与编程很协调地融为一体的习题，解决了它们将会飞速提升你的分析问题与编程的能力。

本书的练习题不仅是你巩固课堂学习内容的手段，也是你学习新知识的途径。比如，如果你是数值世界的新闯入者，尚未学习任何数值计算的工具，那么第2章题4将是你快速了解常微分方程求解方法基本思想最理想最便捷的途径；如果你是数值世界中贪得无厌的高手，那么下面很多习题就是你的私人定制，比如：第1章习题7、第2章习题4、第3章习题3、

第 4 章习题 7~11 等,每一章都有宝藏等你发掘. 习题对你们如此重要,千万别辜负编者的期望.

最后,作为过来人的建议:即使你被其中的某个问题阻碍,你依然要通过解决它来学习数学,哪怕是一次不成功的努力尝试也能帮你理解概念并巩固知识. 切记不要拒绝尝试,直接放弃,这是学习数学最大的忌讳.

目 录

第1章 两点边值问题的数值解法 1
  1.1 两点边值问题 1
    1.1.1 电线上的小鸟 2
    1.1.2 化学反应的动力学模型 2
  1.2 几种经典方法 2
    1.2.1 导数逼近方法(有限差分法) 2
    1.2.2 基函数法 3
    1.2.3 配置法 5
    1.2.4 最小二乘法 6
    1.2.5 打靶法 7
  1.3 非线性边值问题的数值解法 8
  1.4 其他边界条件的处理 10
  1.5 变分法 10
  练习题 11

第2章 刚性方程组的数值解法 14
  2.1 刚性方程组的基本概念 14
  2.2 刚性方程组的数值解法 17
    2.2.1 隐式 Runge-Kuta 法(隐式 RK 法) 17
    2.2.2 广义向后差分法 20
  练习题 21

第3章 偏微分方程的一般概念 25
  3.1 偏微分方程的定义 25
  3.2 典型方程的导出 25
    3.2.1 弦的振动方程 25
    3.2.2 热传导方程 27
    3.2.3 理想流体的力学问题 28
  3.3 定解问题及其适定性 29
  3.4 工程、经济和生物医学中的偏微分方程 33
  3.5 二阶线性方程的分类 39

练习题 ·· 41
附录　一些著名的常用的偏微分方程 ··· 44

第4章　抛物方程的差分格式　45
4.1　预备知识　45
4.1.1　微积分和线性代数基本概念回顾　45
4.1.2　差分方法的基本概念　48
4.2　三种古典差分格式　49
4.2.1　最简显式格式　49
4.2.2　最简隐式格式　51
4.2.3　Richardson 格式　55
4.3　稳定性、相容性、收敛性　58
4.3.1　稳定性　58
4.3.2　相容性　61
4.3.3　收敛性　61
4.4　判别稳定性的 Fourier 分析方法　62
4.4.1　最简显式格式　63
4.4.2　最简隐式格式　64
4.4.3　Richardson 格式的稳定性　65
4.5　常系数方程的其他差分格式　66
4.5.1　Crank-Nicolson 差分格式　66
4.5.2　加权隐式格式　69
4.5.3　三层显式格式　72
4.5.4　三层隐式格式　76
4.5.5　交替显隐式格式　80
4.5.6　紧差分格式　83
4.6　Richardson 外推法　87
4.7　变系数抛物方程的差分格式　87
4.7.1　显式格式　87
4.7.2　紧差分格式　88
4.7.3　Keller 盒式格式　88
4.7.4　积分插值方法　89
4.8　初边值问题的边界离散　89
4.8.1　第一类初边值问题　89
4.8.2　第二类或者第三类初边值问题　89
4.9　高维抛物方程　90

  4.9.1 一般古典格式 …… 90
  4.9.2 Crank-Nicolson 格式 …… 91
  4.9.3 交替显隐格式 …… 92
 练习题 …… 94
第5章 双曲方程的差分方法 …… 99
 5.1 一阶常系数双曲方程简介 …… 99
 5.2 几种显式差分格式 …… 101
  5.2.1 迎风格式 …… 101
  5.2.2 Lax 格式 …… 104
  5.2.3 Lax-Wendroff 格式 …… 106
  5.2.4 跳蛙格式(Leap-Fog) …… 111
 5.3 Courant 条件 …… 115
 5.4 几种隐式差分格式 …… 116
  5.4.1 最简隐式格式 …… 116
  5.4.2 Crank-Nicolson 格式 …… 118
  5.4.3 Wendroff 格式 …… 121
  5.4.4 紧差分格式 …… 123
 5.5 一阶常系数双曲方程组的差分格式 …… 124
  5.5.1 Lax 格式 …… 125
  5.5.2 Lax-Wendroff 格式 …… 125
  5.5.3 迎风格式 …… 126
  5.5.4 Wendroff 格式 …… 127
  5.5.5 蛙跳格式 …… 127
 5.6 二阶双曲方程的差分格式 …… 127
  5.6.1 显式格式 …… 129
  5.6.2 隐式格式 …… 132
  5.6.3 加权格式 …… 136
  5.6.4 紧差分格式 …… 139
 5.7 等价方程组的差分格式 …… 140
  5.7.1 Lax-Friedrichs 格式 …… 140
  5.7.2 Lax-Wendroff 格式 …… 140
  5.7.3 隐式格式 …… 141
  5.7.4 Crank-Nicolson 格式 …… 141
 5.8 双曲方程(组)的边值问题 …… 143
 5.9 高维双曲方程(组) …… 145

5.9.1 二维一阶双曲方程 … 146
5.9.2 二维一阶双曲方程组 … 147
5.9.3 二维波动方程的差分格式 … 149
5.10 变系数双曲方程的差分格式 … 156
5.10.1 一阶变系数对流方程的差分格式 … 156
5.10.2 变系数方程组 … 158
5.10.3 变系数波动方程 … 159
练习题 … 159

第6章 对流扩散方程的差分格式 … 165
6.1 几种差分格式 … 165
6.1.1 中心差分格式 … 165
6.1.2 修正中心显式格式 … 167
6.1.3 迎风格式 … 169
6.1.4 Samarskii 格式 … 171
6.1.5 Crank-Nicolson 格式 … 171
6.2 特征差分方法 … 174
6.2.1 线性插值的特征差分格式 … 175
6.2.2 基于二次插值的特征差分格式 … 176
6.3 数值耗散和数值色散 … 176
6.3.1 介绍 … 176
6.3.2 偏微分方程的耗散与色散 … 179
6.3.3 差分格式的数值耗散和数值色散 … 183
练习题 … 186

第7章 椭圆方程的差分格式 … 190
7.1 几种差分格式 … 190
7.1.1 五点差分格式 … 190
7.1.2 九点格式 … 192
7.1.3 积分方法的差分格式 … 196
7.2 椭圆方程的边界离散处理 … 198
7.2.1 矩形区域 … 198
7.2.2 一般区域 … 198
7.3 变系数椭圆方程 … 201
7.3.1 直接差分方法 … 201
7.3.2 有限体积法（积分差分方法） … 201
7.4 极坐标形式的差分格式 … 202

7.5 多重网格法 ……………………………………………………… 203
  练习题 …………………………………………………………… 206
第 8 章 变分问题的近似计算方法 …………………………………… 209
 8.1 古典变分问题的例子 …………………………………………… 209
 8.2 变分问题的等价问题 …………………………………………… 211
  8.2.1 二次函数的极值问题 …………………………………… 211
  8.2.2 泛函极值问题中的基本概念和 Euler 方程 …………… 212
  8.2.3 泛函极值问题的等价问题 ……………………………… 215
 8.3 变分问题的数值计算方法 ……………………………………… 218
  8.3.1 Ritz 方法 ………………………………………………… 218
  8.3.2 Galerkin 方法 …………………………………………… 219
  练习题 …………………………………………………………… 223
第 9 章 有限元方法 …………………………………………………… 226
 9.1 Lagrange 插值函数 ……………………………………………… 226
 9.2 微分方程的弱形式 ……………………………………………… 228
 9.3 一维问题的有限元方法 ………………………………………… 233
  9.3.1 线性有限元空间 ………………………………………… 233
  9.3.2 有限元方程的生成 ……………………………………… 235
  9.3.3 一维高次有限元 ………………………………………… 238
 9.4 二维有限元方法 ………………………………………………… 240
  9.4.1 三角线性有限元方法 …………………………………… 240
  9.4.2 有限元方法例题 ………………………………………… 242
  9.4.3 有限元方法的实现 ……………………………………… 245
 9.5 二维矩形双线性元 ……………………………………………… 255
 9.6 误差估计 ………………………………………………………… 260
  9.6.1 一维线性有限元的误差估计 …………………………… 260
  9.6.2 二维线性有限元的误差估计 …………………………… 263
  练习题 …………………………………………………………… 264
参考文献 ……………………………………………………………… 270

第 1 章 两点边值问题的数值解法

科学与工程计算方法,顾名思义,是讲述科学与工程中所用的数学方法,它一般包括微分方程的数值计算和统计上的数值计算. 目前,本教材只讲述微分方程的数值计算. 微分和方程的词语表示求解包含导数的方程,正如读者在中学时代花了大量的时间学习求解的

$$x^2 + 3x + 2 = 0$$

这样的带变量 x 的代数方程一样,在这门课程中,希望求解的是带有导数项

$$y'' + 2y' + 1 = x \quad \text{或者} \quad \frac{\partial u}{\partial t} + \frac{\partial^2 u}{\partial x^2} = \sin(xt)$$

这样的常微分方程或者偏微分方程.

数值计算又是什么含义呢? 对于 $x - \frac{5}{2} = \sin x$ 这样的方程,显然存在唯一解. 但是,通过以前所学的知识无法得到它的准确解,那么自然而然寻求比较接近准确解的近似解. 通过数学方法得到近似解的过程就是数值计算. 同样的问题也会出现在微分方程的求解过程中,我们无法得到微分方程的准确解或者解析解,只能求它的近似解. 比如下列方程.

1. 悬垂的电线所满足的微分方程:

$$y'' = \mu \sqrt{1+(y')^2}.$$

2. 冬天教室的暖气片的热量如何在教室传播,教室里的温度所满足的方程:

$$u_t = a^2(u_{xx} + u_{yy} + u_{zz}).$$

3. 当你将一滴墨水滴入盛水的容器中,墨水在水中扩散的规律所满足的方程:

$$u_t + \beta \cdot \nabla u + \varepsilon \Delta u = f(t, x, y, z).$$

4. 当你使劲地敲了下桌面,桌面振动时所满足的方程:

$$u_{tt} = a^2(u_{xx} + u_{yy}).$$

这类方程与我们的生活息息相关,因此我们要关注它们如何发生,如何发展,如何结束. 下面,从两点边值问题开始本书的内容.

1.1 两点边值问题

在具体求解常微分方程的特解时,必须附加某些定解条件. 定解条件一般分为两种:一种是与时间相关的初始条件,称为初值问题;另外一种是与空间位置相关的边界条件,称为边值问题. 由于本书仅介绍二阶常微分方程的数值解,需要定解区间两边端点的边界条件,

因此,又称为两点边值问题.首先,通过如下两个例子认识两点边值问题.

1.1.1 电线上的小鸟

假设一根两端固定的电线上面每个点都停留一只小鸟,每只小鸟的重量是关于它所在位置的函数,描述此问题的数学模型:

$$\begin{cases} \dfrac{\mathrm{d}^2 y}{\mathrm{d}x^2} = f(x), & 0 < x < l, \\ y(0) = y(l) = 0. \end{cases} \tag{1}$$

其中 y 为电线上每点的垂直方向上的位移,$f(x)$ 为 x 点处小鸟的重量.

1.1.2 化学反应的动力学模型

某种化学化合物的反应可以通过下面的问题描述:

$$\begin{cases} \dfrac{\mathrm{d}^2 y}{\mathrm{d}x^2} = -r\mathrm{e}^y, & 0 < x < l, \\ y\big|_{x=0} = y\big|_{x=l} = 0. \end{cases} \tag{2}$$

两点边值问题的一般形式为

$$\begin{cases} y'' = f(x, y, y'), & a < x < b, \\ y(a) = \alpha, \quad y(b) = \beta. \end{cases} \tag{3'}$$

首先讨论线性问题,也即考虑如下的问题:

$$\begin{cases} y'' + p(x)y' + q(x)y = f(x), & 0 < x < l, \\ y\big|_{x=0} = \alpha, \quad y\big|_{x=l} = \beta. \end{cases} \tag{3}$$

其中 l, α, β 为固定常数,$p(x), q(x)$ 连续函数,且 $q(x) \leqslant 0 (0 \leqslant x \leqslant l)$. 称问题(3′)或者(3)为两点边值问题(BVP).

1.2 几种经典方法

1.2.1 导数逼近方法(有限差分法)

第一步:将区间 $[0, l]$ 划分为 $0 = x_0 < x_1 < x_2 < \cdots < x_{N-1} < x_N = l$. 为了讨论方便,一般采用等距节点,即 $x_i = ih, i = 0, 1, 2, \cdots, N; h = \dfrac{l}{N}$,称 x_i 为节点,称 h 为步长.

第二步:考虑微分方程两边在节点 x_i 处的取值,即

$$y''(x_i) + p(x_i)y'(x_i) + q(x_i)y(x_i) = f(x_i). \tag{4}$$

第三步:使用适当的有限差商近似导数,如中心差商

$$y'(x_i) = \frac{y(x_{i+1}) - y(x_{i-1})}{2h} - \frac{1}{6} h^2 y'''(\eta_i), \quad \eta_i \in (x_{i-1}, x_{i+1}),$$

$$y''(x_i) = \frac{y(x_{i+1}) - 2y(x_i) + y(x_{i-1})}{h^2} - \frac{h^2}{12} y^{(4)}(\bar{\eta}_i), \quad \bar{\eta}_i \in (x_{i-1}, x_{i+1}),$$

则

$$\frac{y(x_{i+1}) - 2y(x_i) + y(x_{i-1})}{h^2} + p(x_i) \frac{y(x_{i+1}) - y(x_{i-1})}{2h} + q(x_i) y(x_i) + R_i = f(x_i). \tag{5}$$

其中

$$R_i = -\frac{h^2}{12} y^{(4)}(\bar{\eta}_i) - \frac{1}{6} h^2 y'''(\eta_i) p(x_i) = O(h^2), \tag{6}$$

称式(6)为局部截断误差.

将式(5)化简为

$$c_i y(x_{i+1}) - a_i y(x_i) + b_i y(x_{i-1}) + h^2 R_i = h^2 f(x_i), \tag{7}$$

其中

$$a_i = -2 + h^2 q(x_i), \quad b_i = 1 - \frac{h}{2} p(x_i), \quad c_i = 1 + \frac{h}{2} p(x_i).$$

第四步：忽略式(7)中的高阶无穷小项 $h^2 R_i$，并用 y_i 代替 $y(x_i)$ $(i=1,2,\cdots,N-1)$，得

$$\begin{cases} c_i y_{i+1} - a_i y_i + b_i y_{i-1} = h^2 f(x_i), & i = 1, 2, \cdots, N-1, \\ y_0 = \alpha, \quad y_N = \beta. \end{cases} \tag{8}$$

第五步：引入向量，将式(8)改写成矩阵的形式

$$\boldsymbol{y} = (y_1, y_2, \cdots, y_N)^{\mathrm{T}}, \quad \boldsymbol{b} = (h^2 f_1 - \alpha b_1, h^2 f_2, \cdots, h^2 f_{N-2}, h^2 f_{N-1} - \beta c_{N-1})^{\mathrm{T}}.$$

$$\boldsymbol{A} = \begin{pmatrix} a_1 & c_1 & & \\ b_2 & a_2 & \ddots & \\ & \ddots & \ddots & c_{N-2} \\ & & b_{N-1} & a_{N-1} \end{pmatrix},$$

则式(8)可以写为 $\boldsymbol{Ay} = \boldsymbol{b}$.

1.2.2 基函数法

设函数 $Y(x) = \sum_{k=0}^{N} a_k \phi_k$ 是式(3)的近似解，其中 ϕ_k 是基函数，a_k 是系数. 基函数的类型选取不同，得到的离散格式也不同，下面列举几种常用的基函数.

方法一：多项式插值型

取基函数 $\phi_k = x^k$，则 $Y(x) = \sum_{k=0}^{N} a_k x^k = a_0 + a_1 x + \cdots + a_N x^N$，将它代入 BVP 中，然后比较系数，得到关于系数 $a_0, a_1, \cdots, a_N$ 的代数方程组. 具体过程不在书中赘述，作为课后练习题，读者自行推导. 此方法实际上是 N 次 Lagrange 插值，它的致命缺点是：高次多项式会出现 Runge 现象.

方法二：B-样条插值型逼近方法

为了解决高次插值的 Runge 现象,在多项式插值中会采用分段 Lagrange 插值,但是在这里面对的对象二阶常微分方程,对插值函数需要满足一定的光滑性,即二阶连续可导.常用的三次 B-样条插值函数可以满足二阶可导的光滑性要求,故取三次样条插值的基函数作为这里的基函数,令 $\phi_k = B_k(x)$，$B_k(x)$ 表达式为

$$B_k(x) = \begin{cases} 0, & x \leqslant x_{k-2}, \\ \dfrac{(x-x_{k-2})^3}{6h^3}, & x_{k-2} < x \leqslant x_{k-1}, \\ \dfrac{1}{6} + \dfrac{x-x_{k-1}}{2h} + \dfrac{(x-x_{k-1})^2}{2h^2} - \dfrac{(x-x_{k-1})^3}{2h^3}, & x_{k-1} < x \leqslant x_k, \\ \dfrac{1}{6} - \dfrac{x-x_{k+1}}{2h} + \dfrac{(x-x_{k+1})^2}{2h^2} + \dfrac{(x-x_{k+1})^3}{2h^3}, & x_k < x \leqslant x_{k+1}, \\ -\dfrac{(x-x_{k+2})^3}{6h^3}, & x_{k+1} < x \leqslant x_{k+2}, \\ 0, & x_{k+2} < x. \end{cases} \quad (9)$$

$B_k(x)$ 从函数表达式来看,貌似有些繁琐,是一个分成六段的分段函数,仔细观察表达式,对应段之间是对称的,下面的函数图像也表明了这一点.关于它的二阶可导性,作为练习,读者可以自行验证.样条基函数的图像见图 1.1(以 $k=6$ 为例)：

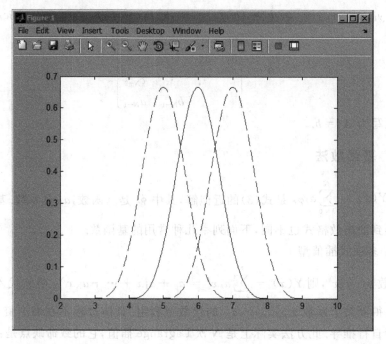

图 1.1

样条基函数的基本性质：每个基函数的图形对称；虚线是实线的平移，也即不同节点的基函数可以相互平移得到；函数的最大值是 $\frac{2}{3}$.

逼近函数可以设为 $Y(x) = \sum_{k=0}^{N+1} a_k B_k, 0 \leqslant x \leqslant l$，令 $x = x_i$，并代入基函数，计算可得

$$Y(x_i) = \frac{1}{6}(a_{i-1} + 4a_i + a_{i+1}), \quad Y'(x_i) = \frac{1}{2h}(a_{i-1} - a_{i+1}),$$

$$Y''(x_i) = \frac{1}{h^2}(a_{i-1} - 2a_i + a_{i+1}). \tag{10}$$

将式(10)代入式(4)可得

$$\frac{1}{h^2}(a_{i-1} - 2a_i + a_{i+1}) + p(x_i) \cdot \frac{1}{2h}(a_{i-1} - a_{i+1}) + q(x_i) \cdot \frac{1}{6}(a_{i-1} + 4a_i + a_{i+1}) = f(x_i).$$
$$\tag{11}$$

方法三：三角函数型插值或 Fourier 逼近法

如果说多项式型插值是幂级数展开式的自然截断逼近的话，那么 Fourier 逼近法就是 Fourier 级数展开或者三角级数展开的自然截断逼近. 比如取 $\phi_k = S_k = \sin\frac{k\pi x}{l}$，则设 $Y(x) = \sum_{k=1}^{N} a_k S_k(x)$，因为三角函数在边界上具有齐次性，即 $S_k(0) = S_k(l) = 0$，则 $Y(0) = Y(l) = 0$. 为了使用此基函数系，首先必须齐次化边界条件，通常采用的方法是：令 $y(x) = u(x) + L(x)$，其中 $L(x) = \alpha + \frac{(\beta - \alpha)x}{l}$，它是通过 $y(x)$ 的图像两边端点 $(0, \alpha)$，(l, β) 的直线方程. 显然有 $u(0) = u(l) = 0$. 将 $y(x) = u(x) + L(x)$ 代入方程有

$$\begin{cases} u'' + p(x)u' + q(x)u = f(x) - pL' - qL, & 0 < x < l, \\ u\big|_{x=0} = 0, \quad u\big|_{x=l} = 0. \end{cases}$$

后面的步骤相同于多项式插值型或者样条插值型.

1.2.3 配置法

基本思想：设 $Y(x)$ 是 $y(x)$ 的逼近函数，函数形式根据需求给定. 首先，在区间 $[0, l]$ 上选取适当的点 $x_k(i = 1, 2, \cdots, N)$. 其次，使残差

$$r(x) = Y''(x) + p(x)Y'(x) + q(x)Y(x) - f(x)$$

在这些点等于 0，即 $r(x_i) = 0 (i = 1, 2, \cdots, N)$. 最后，得到以逼近函数 $Y(x)$ 中参数为未知量的代数方程组. 具体解法见例 1.1.

注 配置点的总数等于逼近函数的自由度（未知量的总数）.

例 1.1 设 B-样条函数 $Y(x) = \sum_{k=0}^{N} a_k B_k$ 是配置法的逼近函数，组合系数 a_k 是未知量.

选取 B-样条插值中的节点作为配置点,请用配置法求 BVP 的近似解满足的代数方程组.

解 将节点代入逼近函数,得到公式(10),然后将式(10)代入微分方程,得到公式(11),化简后得到
$$(6+3hp_i+hq_i)a_{i+1}+4(-3+h^2q_i)a_i+(6-3hp_i+h^2q_i)a_{i-1}=6h^2f_i, \quad i=0,1,\cdots,N.$$
由边界条件可得
$$a_{-1}+4a_0+a_1=6\alpha, \quad a_{N-1}+4a_N+a_{N+1}=6\beta.$$

利用边界条件、第一个方程和第 $N+1$ 个方程消除两个虚拟未知量 a_{-1},a_{N+1},然后引入如下变量,得到矩阵形式 $\boldsymbol{Ba=W}$.

$$\boldsymbol{a}=\begin{bmatrix}a_0\\\vdots\\a_N\end{bmatrix}, \quad \boldsymbol{B}=\begin{bmatrix}g_0 & h_0 & & \\ d_1 & g_1 & \ddots & \\ & \ddots & \ddots & h_{N-1}\\ & & d_N & g_N\end{bmatrix}, \quad \boldsymbol{W}=\begin{bmatrix}6(h^2f_0-\alpha(6-3hp_0+h^2q_0))\\6h^2f_1\\\vdots\\6h^2f_{N-1}\\6(h^2f_N-\beta(6-3hp_N+h^2q_{N+1}))\end{bmatrix}$$

1.2.4 最小二乘法

在配置法中,只考虑在有限个配置点满足残差为零,除此之外,其他点基本不满足微分方程. 直观上,可以感觉到这样得到的结果不一定是整体最优的. 因此,自然会考虑残差整体性最小、整体性最好的度量,就是残差的平方在定解区域上进行积分,然后使它最小,也即
$$\min E=\int_0^l r^2(x)\mathrm{d}x,$$
称为最小二乘法.

由多元函数求极值
$$\frac{\partial E}{\partial a_i}=0 \Rightarrow \sum_{j=0}^N b_{ij}a_j=\beta_i,$$
其中
$$b_{ij}=\int_0^l (\phi_i''+p(x)\phi_i'+q(x)\phi_i)(\phi_j''+p(x)\phi_j'+q(x)\phi_j)\mathrm{d}x,$$
$$\beta_i=\int_0^l (\phi_i''+p(x)\phi_i'+q(x)\phi_i)f(x)\mathrm{d}x.$$

例 1.2 考虑方程 $\begin{cases}y''=f(x), & 0<x<l,\\ y(0)=\alpha, & y(l)=\beta,\end{cases}$ 分别使用配置法和最小二乘法进行求解.

解 设 $Y(x)=a_0+a_1x+a_2x^2$,残差 $r(x)=2a_2-f(x)$,由边界条件有
$$a_0=\alpha, \quad a_1l+a_2l^2=\beta-\alpha.$$
配置法:选取区间中点 $x_1=\dfrac{l}{2}$ 作为配置点,则 $r(x)=0$,即
$$a_1=\frac{1}{2}f(x_1), \quad a_2=\frac{\beta-\alpha}{l}-\frac{l}{2}f(x_1).$$

最小二乘法

$$E = \int_0^l (2a_2 - f(x))^2 \mathrm{d}x.$$

$$\frac{\partial E}{\partial a_2} = 0 \Rightarrow a_2 = \frac{1}{2l}\int_0^l f(x)\mathrm{d}x.$$

1.2.5 打靶法

基本思想：利用一阶初值问题的解法来求解二阶两点边值问题.

第一步：将二阶方程转化为一阶方程组.引进新的变量（一阶导函数作为新的变量），将二阶方程转化为一阶方程组

$$y'' + p(x)y' + q(x)y = f(x) \xrightarrow[y_2 = y_1']{y = y_1} \begin{cases} y_1' = y_2, \\ y_2' = -p(x)y_2 - q(x)y_1 + f(x), \end{cases} \quad (12)$$

令 $\tilde{y} = \begin{bmatrix} y_1 \\ y_2 \end{bmatrix}$，则式(12)可化为 $\tilde{y}' = \tilde{f}(x, y_1, y_2) = \begin{bmatrix} y_2 \\ -p(x)y_2 - q(x)y_1 + f(x) \end{bmatrix}.$

求解一阶的初值问题需要两个初始条件：初始的函数值 $y_1(0)$ 和初始的导数值 $y_2(0) = y'(0)$. $y_1(0)$ 已知，而 $y_2(0) = y'(0)$ 是未知的，所以需进行第二步.

第二步：选取初始条件. y_1 的初始条件 $y_1(0) = \alpha$，y_2 的初始条件设为 S，即 $y_2(0) = y'(0) = S$. $y_2(0)$ 未知，且是打靶法的关键，下面的第三步就是如何求 $y_2(0)$.

第三步：调整或修正 $y_2(0) = S$，根据要命中的目标 $y(l) = \beta$，调整瞄准方向.设辅助函数 $F(S) = y(l, S) - \beta$，$y(l, S) = y(l) = \beta$. 由此将如何调整 S 的问题转化为求辅助函数 $F(S)$ 的零点问题.辅助函数一般都是非线性代数方程，可以考虑使用迭代法求解，比如 Newton 迭代法：$S_{k+1} = S_k - \frac{F(S_k)}{F'(S_k)}.$

因为辅助函数 $F(S)$ 实际只是关于 S 的隐函数，并不知道 $F'(S)$，所以 Newton 迭代法必须进行其他方面的处理才能使用，这里不做介绍.为了避免求导数，可以用割线迭代法替代：

$$S_{k+1} = S_k - \frac{F(S_k)}{F(S_k) - F(S_{k-1})} \cdot (S_k - S_{k-1}).$$

割线法只要选取两个初始值就可以计算了.初值一般根据经验给出或者随机给出.根据给定的初值，使用初值问题的数值方法求 $y(l, S_0)$ 和 $y(l, S_1)$，然后再计算出 $F(S_0)(=y(l, S_0) - \beta)$ 和 $F(S_1)(=y(l, S_1) - \beta)$，如果 $|F(S_0)| < \varepsilon$ 或者 $|F(S_1)| < \varepsilon$（其中 ε 是容许误差），那么 $y(l, S_0)$ 或者 $y(l, S_1)$ 就是近似解.否则，使用割线法进行迭代，求 S_2，再次使用初值问题的数值解法求解 $y(l, S_2)$，再验证 $|F(S_2)| < \varepsilon$. 如此循环往复，直到某个 S 满足 $|F(S)| < \varepsilon$. 此时，由式(12)得到初值问题的近似解就是两点边值问题的近似解.

上述过程好比以斜率 S 作为瞄准方向，右端的边界条件是瞄准目标，也即靶心，所以此方法称为打靶法.

例 1.3 用打靶法求解非线性边值问题

$$\begin{cases} 4y'' + yy' = 2x^3 + 16, \\ y(2) = 8, \quad y(3) = 35/3. \end{cases}$$

要求误差不超过 0.5×10^{-6},问题的真解为 $y(x) = x^2 + \dfrac{8}{x}$.

解 将问题转化线性方程组的初值问题

$$\begin{cases} y' = z, \\ z' = -\dfrac{yz}{4} + \dfrac{x^3}{2} + 4, \\ y(2) = 8, \quad z(2) = S. \end{cases}$$

取步长为 0.2,初始值 $S_0 = 1.5$,$S_1 = 2.5$,分别通过割线法和 RK 方法求解,结果如表 1.1 和表 1.2 所示.

表 1.1 S 的迭代值和右端近似值

S_k	1.5	2.5	2.003224	1.999979	2.000000
$y(3, S_k)$	11.488914	11.842141	11.667805	11.666659	11.666667

表 1.2 近似值、真值和误差

x_i	y_i	$y(x_i)$	$|y(x_i) - y_i|$
2.0	8	8	0
2.2	8.4763636378	8.4763636364	0.13×10^{-8}
2.4	9.0933333352	9.0933333333	0.18×10^{-8}
2.6	9.8369230785	9.8369230769	0.16×10^{-8}
2.8	10.6971426562	10.6971428571	0.10×10^{-8}
3.0	11.6666666669	11.6666666667	0.30×10^{-9}

S_k 序列的计算通过割线公式得到,假设 S_3 已经计算出来,以 $k=3$ 为例说明计算过程.

$$\begin{aligned} S_{k+1} &= S_k - \frac{F(S_k)}{F(S_k) - F(S_{k-1})} \cdot (S_k - S_{k-1}) \\ &= 2.003224 - \frac{11.667805 - 35/3}{11.667805 - 11.842141} \times (2.003224 - 2.5) = 1.999979. \end{aligned}$$

1.3 非线性边值问题的数值解法

考虑问题

$$\begin{cases} y'' = f(x, y, y'), \quad 0 < x < l, \\ y(0) = \alpha, \quad y(l) = \beta, \end{cases} \tag{13}$$

其中 $f(x,y,y')$ 关于第二个变量或第三个变量是非线性的,比如 $f(x,y,y')=1+y^3$, $f(x,y,y')=yy'+x$, $f(x,y,y')=e^y+xy$ 等.

在这里,不讨论问题(12)的解的适定性问题,也即存在性与唯一性,本书统一假设所讨论的问题是适定的. 线性边值问题的数值解法基本都可以平行地推广到非线性边值问题上. 下面以导数逼近法或者差商法为例进行说明.

考虑差商法,用中心差商作为导数近似,代入式(13)中,即有

$$\begin{cases} \dfrac{y_{i+1}-2y_i+y_{i-1}}{h^2} = f\left(x_i, y_i, \dfrac{y_{i+1}-y_{i-1}}{2h}\right), \\ y_0 = \alpha, \quad y_{N+1} = \beta. \end{cases} \tag{14}$$

很显然式(14)是非线性代数方程组,一般来说,需要使用 Newton 迭代法求近似解,为了方便使用 Newton 迭代法,将式(14)改写成矩阵形式:

$$\tilde{y} = \begin{bmatrix} y_1 \\ \vdots \\ y_N \end{bmatrix}, \quad F = \begin{bmatrix} F_1 \\ \vdots \\ F_N \end{bmatrix},$$

其中

$$F_i = y_{i+1} - 2y_i + y_{i-1} - h^2 f\left(x_i, y_i, \dfrac{y_{i+1}-y_{i-1}}{2h}\right).$$

则式(14)被改为

$$F(\tilde{y}) = 0. \tag{15}$$

式(15)的 Newton 迭代法为

$$\tilde{y}_{k+1} = \tilde{y}_k - J_k^{-1} F_k, \quad J_k = \dfrac{\partial F}{\partial \tilde{y}}(\tilde{y}_k). \tag{16}$$

因为 F_i 只是关于 $\tilde{y}$ 中三个分量的函数,则 Jacobian 矩阵为

$$J_k = \begin{bmatrix} a_1 & c_1 & & \\ b_1 & a_2 & \ddots & \\ & \ddots & \ddots & c_{N-1} \\ & & b_N & a_N \end{bmatrix},$$

其中

$$a_i = -2 - h^2 \dfrac{\partial f}{\partial y}(x_i, y_i, z_i), \quad b_i = 1 - \dfrac{h}{2} \dfrac{\partial f}{\partial y'}(x_i, y_i, z_i),$$

$$c_i = 1 + \dfrac{h}{2} \dfrac{\partial f}{\partial y'}(x_i, y_i, z_i), \quad z_i = \dfrac{y_{i+1}-y_{i-1}}{2h}.$$

将式(16)改写为

$$J_k \tilde{y}_{k+1} = J_k \tilde{y}_k - F_k. \tag{17}$$

由于式(17)的系数矩阵是三对角阵,因此可以用追赶法求解.

1.4 其他边界条件的处理

混合性边界条件：$ay(0)+by'(0)=\alpha$.

为了保证边界点的离散精度与内部节点的离散精度的一致，$y'(0)$ 的离散也必须保证 h^2 的精度，一般采用两种方法来处理.

方法一：通过构造虚拟网格 x_{-1} 进行处理，此方法在本书后面的章节偏微分方程内容详细讲述；

方法二：选取高精度的单边离散逼近 $y'(0)$，比如

$$y'(0) = \frac{-y_2 + 4y_1 - 3y_0}{2h} + O(h^2),$$

则得到

$$ay_0 + b\frac{-y_2 + 4y_1 - 3y_0}{2h} = \alpha \Rightarrow y_0 = \frac{b}{2ah-3b}(y_2 - 4y_1) + \frac{2\alpha h}{2ah-3b}. \tag{18}$$

1.5 变 分 法

在本节中，简单地介绍一下变分法如何使用，本书第 8 章会详细讲述变分法.

起源：一些边值问题的解是某些泛函的极小值点.

考虑问题

$$\begin{cases} -(p(x)u'(x))' + q(x)u(x) = g(x), & x \in (a,b), \\ u(a) = \alpha, \quad u(b) = \beta, \end{cases} \tag{19}$$

其中 $p(x) \in C^1[a,b], q(x) \in C[a,b], p(x) \geqslant p_0 > 0, q(x) \geqslant 0$.

为了使讨论问题简单化，需齐次化边界条件，令 $y(x) = u(x) - l(x)$，其中 $l(x) = \alpha\frac{b-x}{b-a} + \beta\frac{a-x}{b-a}$，$l(a) = \alpha, l(b) = \beta$，则 $y(a) = y(b) = 0$，则方程(19)可化为

$$\begin{cases} -(py')' + qy = f, \\ y(a) = y(b) = 0, \end{cases} \tag{20}$$

其中 $f = -q(x)l + (pl')' + g(x)$. 在继续讨论之前，需要做一些准备工作：

(1) 引进函数集合：$Y = \{v \in C^2[a,b], v(a) = v(b) = 0\}$.

(2) 引进一些记号：$(u,v) = \int_a^b u(x)v(x)dx$，称为函数的内积. $J(y) = \frac{1}{2}\int_a^b (p(y')^2 + qy^2 - 2fy)dx$，称为关于函数 y 的函数，即泛函. 对方程(20)两边同时乘以 $v \in Y$，并积分

$$\int_a^b (-(py')'v + qyv)dx = \int_a^b fv dx,$$

对上式左边进行分部积分，并由边界条件可得

$$\int_a^b (py'v' + qyv)\mathrm{d}x = \int_a^b fv\mathrm{d}x, \tag{21}$$

引进符号 $B(y,v) = \int_a^b (py'v' + qyv)\mathrm{d}x$. 则式(20)可写为

$$B(y,v) = (f,v). \tag{22}$$

泛函可以改写为

$$J(y) = \frac{1}{2}B(y,y) - (f,y). \tag{23}$$

定理 $y \in C^2[a,b]$,y 是问题(20)的解当且仅当 y 是泛函(23)的最小值点,也即

$$J(y) = \min_{v \in Y} J(v). \tag{24}$$

定理表明求问题(20)的解可转化为求问题(24)的解.问题(24)的近似解可以用下面的方法求解:将在无穷维的函数空间上求极值的问题变更为在有限维子空间上求极值,即

$$J(y) = \min_{v \in S} J(v).$$

第一步:选取有限维子空间 $S \subset Y$,$\dim S = m$, S 的基底是 $\{u_1(x), u_2(x), \cdots, u_m(x)\}$,于是 $\forall v \in S$,都有 $v = c_1 u_1 + c_2 u_2 + \cdots + c_m u_m$.

第二步:将泛函求极值变为多元函数求极值.

$$J(v) = J(c_1 u_1 + \cdots + c_m u_m)$$
$$= \frac{1}{2}\int_a^b [p(c_1 u_1' + \cdots + c_m u_m')^2 + q(c_1 u_1 + \cdots + c_m u_m)^2 - (c_1 u_1 + \cdots + c_m u_m)f]\mathrm{d}x$$
$$= F(c_1, \cdots, c_m).$$

通过上面的等价代入,很简单地将泛函求极值转化为多元函数求极值的问题.

$$\min_{v \in S} J(v) = \min_{(c_1, \cdots, c_m) \in \mathbf{R}^m} F(c_1, \cdots, c_m).$$

第三步:求多元函数 $F(c_1, \cdots, c_m)$ 的极小值.

$$\frac{\partial F}{\partial c_i} = \int_a^b \left(pu_i' \sum_{j=1}^m c_j u_j' + qu_i \sum_{j=1}^m c_j u_j - fu_i \right)\mathrm{d}x = \sum_{j=1}^m \int_a^b (pu_i' u_j' + qu_i u_j)\mathrm{d}x \cdot c_j - \int_a^b fu_i \mathrm{d}x = 0.$$

记 $a_{ij} = \int_a^b (pu_i' u_j' + qu_i u_j)\mathrm{d}x$, $b_i = \int_a^b fu_i \mathrm{d}x$,引入矩阵和向量

$$\mathbf{A} = (a_{ij})_{m \times m}, \quad \mathbf{b} = (b_1, \cdots, b_m)^{\mathrm{T}}, \quad \mathbf{c} = (c_1, \cdots, c_m)^{\mathrm{T}},$$

得到方程组 $\mathbf{Ac} = \mathbf{b}$.

第四步:解方程组 $\mathbf{Ac} = \mathbf{b}$,解记为 $\mathbf{c}^\circ$.

第五步:近似解为 $y_n = c_1^\circ u_1 + \cdots + c_m^\circ u_m$.

练 习 题

1. 请推导多项式型插值逼近的代数方程组.
2. 请验证 B-样条基函数具有二阶可导性.

3. 请求出例 1.1 中的三对角矩阵每个非零元素的具体表达式.

4. 考虑问题 $\begin{cases} y''+(1+x^2)y+1=0, \\ y(-1)=y(1)=0, \end{cases}$ $-1<x<1$,真解 $y=\dfrac{3969-4200x^2+231x^4}{4253}$.

① 运用中心差分格式,在网格分别为 $h=\dfrac{1}{5},\dfrac{1}{13},\dfrac{1}{34},\dfrac{1}{89}$ 求近似解,并画出图.

② 在第一问所求节点近似值基础上进行 B-样条插值,在同一坐标系下画出近似解,也即 B-样条插值函数.

③ 当网格分别为 $h=\dfrac{1}{5},\dfrac{1}{13},\dfrac{1}{34},\dfrac{1}{89}$ 时,用打靶法求近似解,并画近似解图.

④ 请根据①、③问所求的最大误差 $e_\infty = \max\limits_{1\leqslant i \leqslant N} |y(t_i)-y_i|$,作出如下要求的图:以网格总数作为横坐标,以误差作为纵坐标进行作图,也即求网格尺寸与误差之间的关系.

5. 考虑问题: $\begin{cases} \varepsilon y''-x^2 y'-y=0, \quad 0<x<1, \\ y(0)=y(1)=1, \quad \varepsilon=10^{-2}, \end{cases}$ 分别取步长为 $h=\dfrac{1}{11},\dfrac{1}{21}$ 和 $h=\dfrac{1}{121}$.

① 分别运用中心差分格式和打靶法求近似解,并画出近似解图.

② 根据计算结果图,指出发现了什么现象?

③ 比较两种方法,说明其原因.

④ 再分别取 $\varepsilon=0.1,0.5,1,10$,重复①的工作,并画图.

⑤ 对比不同参数 ε 的值的计算结果,试说明问题①中的两种方法的数值现象是如何随参数变化的,哪种方法的数值现象更能反映真解的情况?

⑥ 根据⑤的回答,请说明方程的解是如何依赖参数 ε 的.

6. 考虑问题: $\begin{cases} y''=4(x-1)e^{-2x}, \\ y(0)=0, \quad y(1)=e^{-2}, \end{cases}$ $0<x<1$,真解 $y=xe^{-2x}$.

① 网格为 $h=\dfrac{1}{20}$,分别用配置法和最小二乘法求近似计算.

② 网格为 $h=\dfrac{1}{4},\dfrac{1}{7}$ 时,用 B-样条基函数法求近似解.

③ 通过求不同网格尺寸下的误差 $e_\infty = \max\limits_{1\leqslant i \leqslant N} |y(t_i)-y_i|$,作图:最大误差与网格节点总数的关系图,根据图讨论误差与网格之间的关系.

7. 考虑 $\begin{cases} y''-\alpha(2x-1)y'-\alpha y=0, \\ y(0)=y(1)=1, \end{cases}$ $0<x<1$.

① 证明 $y=e^{-\alpha x(1-x)}$ 是方程的解.

② 构造 ODE 的差分格式,写出它的矩阵形式,并讨论差分格式在 $h\to 0$ 时的极限.

③ 当网格为 $h=\dfrac{1}{11}$ 和 $\alpha=10$ 时,将数值解和真解画在同一坐标系.

④ 作图,在 $\alpha=10$ 时,分别求不同网格 $h=\dfrac{1}{11},\dfrac{1}{21},\dfrac{1}{41},\dfrac{1}{81}$ 下的最大误差 $e_\infty = \max\limits_{1\leqslant i \leqslant N} |y(t_i)-$

$y_i|$ 的对数,然后以 $-\ln(h*h)$ 为横坐标误差的对数为纵坐标作 ln-ln 图. 根据截断误差解释图中的现象.

8. 考虑问题 $\begin{cases} y''-y=x, \\ y(0)=0, \quad y(1)=1, \end{cases} 0<x<1.$

① 证明 $y=\dfrac{2(e^x-e^{-x})}{e-e^{-1}}-x$ 是方程的解.

② 构造 ODE 的差分格式,写出它的矩阵形式,并讨论差分格式在 $h\to 0$ 时的极限.

③ 当网格为 $h=\dfrac{1}{11}$ 时,将数值解和真解画在同一坐标系.

④ 分别求不同网格 $h=\dfrac{1}{11},\dfrac{1}{21},\dfrac{1}{41},\dfrac{1}{81}$ 下的最大误差 $e_\infty=\max\limits_{1\leqslant i\leqslant N}|y(t_i)-y_i|$ 的对数,然后以 $-\ln(h*h)$ 为横坐标误差的对数为纵坐标作 ln-ln 图. 根据截断误差解释图中的现象.

⑤ 写出方程的变分形式,即泛函.

⑥ 用变分法求近似解.

9. 考虑悬垂电线的数学模型: $\begin{cases} y''=\mu\sqrt{1+(y')^2}, \\ y(0)=\alpha, \quad y(1)=\beta, \end{cases} 0<x<1,\mu>0.$

① 写出方程的中心差分格式,并求出 Newton 迭代法中的 J 矩阵和向量函数 F.

② 参数 $\mu=9,\alpha=8,\beta=6$,网格 $h=\dfrac{1}{10}$ 时,选取合适的差分格式求近似解.

③ 真解形如 $y(x)=B+\dfrac{1}{\mu}\cosh(\mu x+A)$,常数 A,B 由边界条件决定,在同一坐标系画出值解和真解.

④ 请根据②、③所求的误差,作出如下要求的图:以网格总数的对数作为横坐标,以误差最大值 $e_\infty=\max\limits_{1\leqslant i\leqslant N}|y(t_i)-y_i|$ 的对数作为纵坐标进行作图,也即求网格尺寸与误差之间的关系.

10. 取 $D=\{u\mid u(0)=0,u\in C^2[0,1]\},F(u)=\dfrac{1}{2}\int_0^1[(u'(x))^2+2f(x,u(x))]dx+p(u(1))$,并假设 $f_{uu}(x,u)\geqslant 0,p''(u)\geqslant 0$. 证明: $y(x)$ 是问题

$$\begin{cases} y''-f(x,y)=0, \\ y(0)=0, \quad y'(1)+p'(y(1))=0 \end{cases}$$

的解当且仅当是问题 $J(y)=\min\limits_{u\in D}F(u)$ 的解.

第 2 章 刚性方程组的数值解法

2.1 刚性方程组的基本概念

刚性系统源于力学中弹簧系统的研究.一般来说,如果弹簧系数很大,那么就称弹簧是刚性的.在刚性弹簧系统中,它引起质点的运动是快变的.这里的刚性是针对初值问题的数值解法来说的,因为常微分方程的解一般是由若干因素叠加在一起而产生的,这些因素中有些是快变的,会很快衰减到稳定状态,有些是慢变的,到达稳定状态需要很长的时间.下面通过一个实际应用的例子和一个数学理论的例子来认识刚性系统以及它对数值解法的影响.

本章内容只是简单地介绍刚性方程组的基本概念,罗列基本的数值解法,并假定读者已经学习过数值分析课程中的常微分方程初值问题的数值解法,这里不涉及任何稳定性方面的知识,此内容只是数值解法的延伸.

例 2.1 考虑下面的化学反应模型(Rebertson):

$$A \xrightarrow{0.04} B(慢), \quad B+B \xrightarrow{3\times 10^7} C+B(快), \quad C+B \xrightarrow{10^4} C+A(快)$$

设 y_1,y_2 和 y_3 分别对应 A,B 和 C 三种物质在化学反应过程的百分比,通过数学建模可以得到如下方程组:

$$\begin{cases} y_1' = -0.04 y_1 + 10^4 y_2 y_3, \\ y_2' = 0.04 y_1 - 10^4 y_2 y_3 - 3\times 10^7 y_2^2, \\ y_3' = 3\times 10^7 y_2^2, \\ y_1(0) = 1, \quad y_2(0) = y_3(0) = 0. \end{cases}$$

记 $y=(y_1,y_2,y_3)^T$,则方程组可以改写为 $y'=f(y), y(0)=(1,0,0)^T$.

Robertson 系统很显然是非线性系统,讨论它的性质需要知道线性化后系统的特征值,即系统的 Jacobian 矩阵的特征值. Robertson 系统的 Jacobian 矩阵为

$$\frac{\partial f}{\partial y} = \begin{bmatrix} -0.04 & 10^4 y_3 & 10^4 y_2 \\ 0.04 & -10^4 y_3 - 6\times 10^7 y_2 & -10^4 y_2 \\ 0 & 6\times 10^7 y_2 & 0 \end{bmatrix}.$$

容易证明,$\frac{\partial f}{\partial y}$ 是奇异的,其三个特征值分别由 $\lambda_1=0$ 和

$$\lambda^2 + (0.04 + 10^4 y_3 + 6\times 10^7 y_2)\lambda + (0.24\times 10^7 y_2 + 6\times 10^{11} y_2^2) = 0$$

的两个根 λ_2 和 λ_3 给出,下表给出 $\frac{\partial f}{\partial y}$ 的特征值随时间变化的情况.

t	λ_1	λ_2	λ_3
0	0	0	-0.04
10^{-2}	0	-0.36	-2180
100	0	-0.0048	-4240
∞	0	0	-10^4

上表说明随着时间的增加，$\dfrac{\partial f}{\partial y}$ 的最大特征值与最小特征值的差值越来越大．读者可能很奇怪，为什么这么关心特征值呢？例 2.2 会告诉读者在线性系统中，特征值是唯一反映系统未来如何发展的量．

例 2.2 考虑线性常微分方程组

$$\mathbf{y}' = \begin{bmatrix} y_1 \\ y_2 \\ y_3 \end{bmatrix}' = \begin{bmatrix} -0.1 & -49.9 & 0 \\ 0 & -40 & 0 \\ 0 & 70 & -300 \end{bmatrix} \begin{bmatrix} y_1 \\ y_2 \\ y_3 \end{bmatrix}, \quad \mathbf{y}(0) = \begin{bmatrix} 2 \\ 1 \\ 2 \end{bmatrix}.$$

解 系数矩阵的特征值为 $\lambda_1 = -0.1, \lambda_2 = -40, \lambda_3 = -300$，方程组的解为

$$\begin{bmatrix} y_1 \\ y_2 \\ y_3 \end{bmatrix} = \begin{bmatrix} e^{-0.1t} + e^{-40t} \\ e^{-40t} \\ e^{-50t} + e^{-300t} \end{bmatrix}.$$

很显然，当 $t \to \infty$ 时，$(y_1, y_2, y_3)^T \to (0,0,0)$，显然 $\mathbf{y} \to \mathbf{0}$ 的速度是由 $e^{-0.1t}$ 决定的．但是在数值计算中，并非如此，下面以显式格式中稳定条件比较好的四阶经典 RK 方法为例说明．分别取步长 $h = 0.005$ 和 $h = 0.01$ 时求近似解的计算结果．

从图 2.1 可以看出，当步长 $h = 0.005$ 时，数值是收敛的，与此同时也反映了解的分量 y_2 和 y_3 收敛很快，而分量 y_1 的收敛速度很慢．

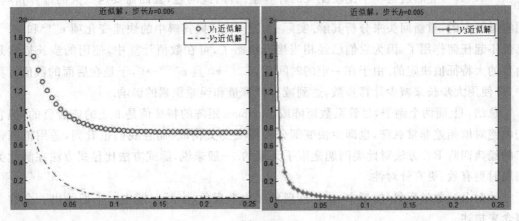

图 2.1

从图 2.2 可以看出，分量 y_1 的近似解在一定的时间后依然变化相当缓慢（这是与真解的性质相吻合的），然而 y_3 的近似解是随时间迅速增大. 实际上，真解 y_3 应该是最快达到稳定的，可数值结果与真解的性质截然相反，原因在哪里？在于数值方法破坏了稳定性. 难道稳定性与步长相关？下面简单地从理论上回答这个疑问.

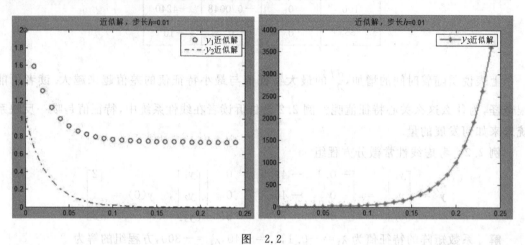

图 2.2

根据经典四阶 RK 方法的稳定性条件知 $|h\lambda_i|<2.78$ $(i=1,2,3)$，也即 $|h\rho|<2.78$，其中 ρ 为系数矩阵的谱半径，即 $\rho=\max\limits_{1\leqslant i\leqslant 3}|\lambda_i|$. 于是，步长 h 要满足：$h<\dfrac{2.78}{300}\approx 10^{-2}$. 于是解释了图 2.2 中的数值现象，$y_3$ 是发散的，也可以说，图 2.2 中的数值现象验证了上面的稳定性条件.

然而根据其解可知，要使解迅速地达到稳定状态，即要使解当中变化缓慢的项 $e^{-0.1t}$ 达到稳态. 例如，要使 $y_1<e^{-4}\Rightarrow e^{-0.1t}<e^{-4}$，于是 $t>40$. 根据稳定性条件 $h<10^{-2}$，可得 $n>\dfrac{40}{10^{-2}}=4\times 10^3$，显然这是一个比较庞大的计算量. 针对此问题，真的需要这么大的计算量吗？回答是**否定的**，重新回头来分析其解. 实际上，当 $t>1$ 时，其解中的快速变化项 e^{-40t} 和 e^{-300t} 已经不起任何作用了，因为它们已经相当接近稳态了，可在数值计算中，使用的步长依然是由负的大特征值决定的. 由于在一定的时间后，$e^{-40t}\to 0$ 且 $e^{-300t}\to 0$，于是在后面的数值计算中，可使用大步长来减少计算步数，达到减少计算量和误差积累的影响.

总结：上面两个例子，尽管系数矩阵或 Jacobian 矩阵的特征值是非正的或者负的，但它们的绝对值相差非常悬殊，也即由快变部分和慢变部分构成，而且我们也看到，适用范围很广的经典四阶 RK 方法对此类问题是束手无策的. 一般来说，隐式方法比显式方法在解此类问题时更有效、更有针对性.

针对上述数学现象（模型中）或物理现象和化学现象（实际问题中），下面给出一个数学概念来描述.

定义 线性方程组 $y' = Ay + \varphi(t)$ 称作刚性线性方程组，如果有

(1) $\text{Re}\lambda_k < 0, R = 1, 2, \cdots, n$；

(2) $r = \dfrac{\max\limits_{1 \leqslant k \leqslant n} |\text{Re}\lambda_k|}{\min\limits_{1 \leqslant k \leqslant n} |\text{Re}\lambda_k|} \gg 1$ (r 称为刚性比)，其中 $y \in \mathbf{R}^n$, $A \in \mathbf{R}^{n \times n}$, $\varphi(x): \mathbf{R} \to \mathbf{R}^n$.

定义 非线性方程组 $y' = f(t, y)$ 称作刚性线性方程组，如果有

(1) $\text{Re}\lambda_k < 0, R = 1, 2, \cdots, n$；

(2) $r = \dfrac{\max\limits_{1 \leqslant k \leqslant n} |\text{Re}\lambda_k|}{\min\limits_{1 \leqslant k \leqslant n} |\text{Re}\lambda_k|} \gg 1$ (r 称为刚性比)，其中 λ_k 为 Jacobian 矩阵 $J(y) = \dfrac{\partial f}{\partial y}$ 的特征值.

刚性方程又称为病态方程组. 这类方程组在自动控制、电子网络、生物学、物理和化学动力学中经常遇到. 例如: 在控制系统中, 控制部件一般是反应相当灵敏和快速的, 具有小时间常数, 而被控制体具有惯性, 却是缓慢的, 具有大时间常数; 航空航天中的运载器, 一般是通过控制部件来控制质心的运动, 姿态运动是快速的, 而质心运动是缓慢的.

2.2 刚性方程组的数值解法

2.1 节已经谈到对于刚性问题的数值解法偏向于隐式格式, 原因在于隐式格式的稳定性比较好, 一般来说, 步长可以取得大一些, 甚至对步长无限制. 比如: 在数值分析课程中所讲的几种隐式格式: 向后 Euler 法、梯形法、中点法或中矩形法和隐式线性多步长法. 在本书中, 简单介绍另外两种方法: 隐式 RK 法和广义向后差分法.

考虑 m 维非线性方程组初值问题

$$\begin{cases} y' = f(t, y), \\ y(0) = y_0. \end{cases} \tag{1}$$

其中 $y^\mathrm{T} = (y_1, y_2, \cdots, y_m)$, $f(t, y)^\mathrm{T} = (f_1(t, y), f_2(t, y), \cdots, f_m(t, y))$.

2.2.1 隐式 Runge-Kuta 法（隐式 RK 法）

问题 (1) 的 s 级的 Runge-Kuta 公式的一般形式为

$$\begin{cases} y_{n+1} = y_n + h \sum\limits_{i=1}^{s} b_i K_i, \\ K_i = f\left(t_n + c_i h, y_n + h \sum\limits_{j=1}^{s} a_{ij} K_j\right), \end{cases} \tag{2}$$

其中: $t_n = t_0 + nh (n = 1, 2, \cdots)$, h 为步长, $c_1, c_2, \cdots, c_s$ 称为 RK 方法的节点, $b_1, b_2, \cdots, b_s$ 为权系数, $A = (a_{ij})_{s \times s} (i, j = 1, 2, \cdots, s)$ 称为方法的系数矩阵, 并满足条件 $c_i = \sum\limits_{j=1}^{s} a_{ij}$.

为了方便记忆和理解以及书写的简单，RK 的一般形式(2)可以用下面的表框图简洁的表示：

$$
\begin{array}{c|cccc}
c_1 & a_{11} & \cdots & a_{1s} \\
c_2 & a_{21} & \cdots & a_{2s} \\
\vdots & \vdots & \vdots & \vdots \\
c_s & a_{s1} & \cdots & a_{ss} \\
\hline
 & b_1 & \cdots & b_s
\end{array}
$$

或

$$
\begin{array}{c|c}
C & A \\
\hline
 & B^{\mathrm{T}}
\end{array}
$$

注 (1) 矩阵 A 是主对角元素均为 0 的下三角形矩阵时，相应的 RK 方法是显式的，也即数值分析课程中所讲的 RK 方法(经典三阶、经典四阶 RK 方法).

(2) A 是主对角元为非 0 的下三角矩阵时，相应的 RK 方法是半隐式的，此时方法(2)中的每个方程的右端分别只含有 $K_1,K_2,\cdots,K_i$，求解 K_i 时只需求解含 K_i 的方程即可.

(3) 否则，相应的 RK 方法是隐式的，求解 K_i 时需要 s 个方程联合求解，也即未知数 K_i 是相互耦合的.

在这里，只是简单地列举三种不同类型的隐式 RK 方法，并告诉大家每种方法是几级几阶的，不做任何理论上的分析阐述. 每种类型是对应到相应的数值积分类型上的，比如高斯型求积公式，这里对应到高斯型 RK 方法.

1. 基于 Gauss 型求积公式的 RK 方法

① 一级 2 阶的中点公式，即 $s=1, r=2$.

$$
\begin{array}{c|c}
\frac{1}{2} & \frac{1}{2} \\
\hline
 & 1
\end{array}
$$

② 二级 4 阶方法，即 $s=2, r=4$.

$$
\begin{array}{c|cc}
\frac{3-\sqrt{3}}{6} & \frac{1}{4} & \frac{3-2\sqrt{3}}{12}
\end{array}
$$

2.2 刚性方程组的数值解法

$\frac{3+\sqrt{3}}{6}$	$\frac{3+2\sqrt{3}}{12}$	$\frac{1}{4}$
	$\frac{1}{2}$	$\frac{1}{2}$

③ 三级 6 阶方法，即 $s=3, r=6$.

$\frac{5-\sqrt{15}}{10}$	$\frac{5}{36}$	$\frac{10-3\sqrt{15}}{45}$	$\frac{25-6\sqrt{15}}{180}$
$\frac{1}{2}$	$\frac{10+3\sqrt{15}}{72}$	$\frac{2}{9}$	$\frac{10-3\sqrt{15}}{72}$
$\frac{5+\sqrt{15}}{10}$	$\frac{26+6\sqrt{15}}{180}$	$\frac{10+3\sqrt{15}}{45}$	$\frac{5}{36}$
	$\frac{5}{18}$	$\frac{4}{9}$	$\frac{5}{18}$

2. 基于 Radau 型求积公式的 RK 方法

① 二级 3 阶方法，即 $s=2, r=3$.

$\frac{1}{3}$	$\frac{1}{3}$	0
1	1	0
	$\frac{3}{4}$	$\frac{1}{4}$

② 三级 5 阶，即 $s=3, r=5$.

$\frac{4-\sqrt{6}}{10}$	$\frac{24-\sqrt{6}}{120}$	$\frac{24-11\sqrt{6}}{120}$	0
$\frac{4+\sqrt{6}}{10}$	$\frac{24+11\sqrt{6}}{120}$	$\frac{24+\sqrt{6}}{120}$	0
1	$\frac{6-\sqrt{6}}{12}$	$\frac{6+\sqrt{6}}{12}$	0
	$\frac{16-\sqrt{6}}{36}$	$\frac{16+\sqrt{6}}{36}$	$\frac{1}{9}$

3. 基于 Labatto 型求积公式的 RK 方法

① 三级 4 阶方法,即 $s=3, r=4$.

0	0	0	0
$\frac{1}{2}$	$\frac{1}{4}$	$\frac{1}{4}$	0
1	0	1	0
	$\frac{1}{6}$	$\frac{4}{6}$	$\frac{1}{6}$

② 四级 6 阶,即 $s=4, r=6$.

0	0	0	0	0
$\frac{5-\sqrt{5}}{10}$	$\frac{5+\sqrt{5}}{60}$	$\frac{1}{6}$	$\frac{15-7\sqrt{5}}{60}$	0
$\frac{5+\sqrt{5}}{10}$	$\frac{5-\sqrt{5}}{60}$	$\frac{15+7\sqrt{5}}{60}$	$\frac{1}{6}$	0
1	$\frac{1}{6}$	$\frac{5-\sqrt{5}}{12}$	$\frac{5+\sqrt{5}}{12}$	0
	$\frac{1}{12}$	$\frac{5}{12}$	$\frac{5}{12}$	$\frac{1}{12}$

2.2.2 广义向后差分法

基本思想通过插值多项式来近似真解 $y(t)$,然后求导得到导数的近似,代入微分方程中,导出差分格式. 比如:以 $t_{n-j}, t_{n-j+1}, \cdots, t_n, t_{n+1}$ 作为插值节点、$P(t)$ 为真解 $y(t)$ 的插值多项式. 令 $P'(t_{n+1}) = f(t_{n+1}, y_{n+1})$,则得到差分格式.

设多项式通过 Lagrange 插值方法给出,表达式如下:

$$P(t) = l_{n-j}(t)y(t_{n-j}) + l_{n-j+1}(t)y(t_{n-j+1}) + \cdots + l_n(t)y(t_n) + l_{n+1}(t)y(t_{n+1}).$$

其中:$l_{n-m}(t)(m = j, j-1, \cdots, 0, -1)$ 表示在 t_{n-m} 的 Lagrange 基函数.

令 $P'(t_{n+1}) = f(t_{n+1}, y_{n+1})$,并将所设多项式代入此方程中,可得到差分格式的一般形式:

$$y_{n+1} = \sum_{l=1}^{j} a_l y_{n-l} + h b_{-1} f_{n+1},$$

称此式为**广义向后差分法**. 当 $j=0$ 时,就是常用的向后 Euler 法.方法的截断误差为

$$R_n = -\frac{b_{-1}}{j+1}h^{j+1}y^{(j+1)}(\xi_n), \quad t_{n-j} \leqslant \xi_n \leqslant t_{n+1}.$$

方法中的系数,由下表给出

j	a_0	a_1	a_2	a_3	a_4	a_5	b_{-1}
0	1	0	0	0	0	0	1
1	$\frac{4}{3}$	$-\frac{1}{3}$	0	0	0	0	$\frac{2}{3}$
2	$\frac{8}{11}$	$-\frac{9}{11}$	$\frac{2}{11}$	0	0	0	$\frac{6}{11}$
3	$\frac{48}{25}$	$-\frac{36}{25}$	$\frac{16}{25}$	$-\frac{3}{25}$	0	0	$\frac{12}{25}$
4	$\frac{300}{137}$	$-\frac{300}{137}$	$\frac{200}{137}$	$-\frac{75}{137}$	$\frac{12}{137}$	0	$\frac{60}{137}$
5	$\frac{360}{147}$	$-\frac{450}{147}$	$\frac{400}{147}$	$-\frac{225}{147}$	$\frac{72}{147}$	$-\frac{10}{147}$	$\frac{60}{147}$

注 当 $j=0$ 和 $j=1$ 时,方法的稳定性是很好的—A 稳定的;当 $2\leqslant j\leqslant 5$ 时,尽管方法的稳定性是绝对稳定的,但是随 j 的增大,稳定性区域却在减小;当 $6\leqslant j$ 时,对刚性问题,它的稳定性已经变差,无法使用了. 具体细节不属于本书讨论的内容,读者可以参考相关的文献.

练 习 题

1. 写出下面矩阵形式的 Rung-Kuta 方法的具体表达式,并求下面二级 RK 方法和三级 RK 方法是几阶方法:

①

$\frac{1}{3}$	$\frac{1}{3}$	0
1	1	0
	$\frac{3}{4}$	$\frac{1}{4}$

②

0	0	0	0
$\frac{1}{2}$	$\frac{1}{4}$	$\frac{1}{4}$	0
1	0	1	0
	$\frac{1}{6}$	$\frac{4}{6}$	$\frac{1}{6}$

③

0	0	0	0
$\frac{1}{2}$	$\frac{5}{24}$	$\frac{1}{3}$	$\frac{1}{24}$
1	$\frac{1}{6}$	$\frac{4}{6}$	$\frac{1}{6}$
	$\frac{1}{6}$	$\frac{4}{6}$	$\frac{1}{6}$

2. 请用插值多项式的方法推导出下面的广义向后差分格式：
① $y_{n+1} = \frac{4}{3}y_n - \frac{1}{3}y_{n-1} + \frac{2}{3}f_{n+1}$. ② $y_{n+1} = \frac{18}{11}y_n - \frac{9}{11}y_{n-1} + \frac{2}{11}y_{n-2} + \frac{6}{11}f_{n+1}$.

3. 考虑方程 $y' = \alpha(h(t) - y) + h'(t), t > 0, y(0) = \beta$，分别使用向后 Euler 方法、梯形法、RK4 和隐式 RK（四阶）求解方程，并回答如下问题：

① 若 $h(0) = 0$，则 $y = h(t) + \beta e^{-\alpha t}$ 是真解.

② 设 $\alpha = 40, \beta = 1, h(t) = \sin t$，求解区间为 $[0,3]$，等分数 $N = 40$，将 4 种方法的数值解画在同一坐标系下.

③ 分别取等分数 $N = 20$ 和 $N = 80$，重复第②问，并根据计算结果，请问哪种方法是不稳定的？

④ 基于前③问的结果，解释在误差讨论中使用 $e_\infty = \max\limits_{1 \leqslant i \leqslant N} |y(t_i) - y_i|$ 比 $e_N = y(t_i) - y_i$ 好. 画出 e_∞ 与节点数 N 的 ln-ln 图，其中 $N = 80, 160, 320, 640, 1280, 2560$（在同一坐标系下）.

⑤ 基于前四问的结果，请从计算速度、精度和稳定性三个方面比较四种方法.

4. 考虑常微分方程
$$\begin{cases} y' = f(t, y), & t > 0, \\ y(0) = y_0. \end{cases}$$

第一部分：取 $f(t,y)=-y$, $y_0=1$.

① 证明：$\dfrac{y(t_{n+1})-y(t_n)}{h}$ 可以作为导数值 $y'(t_n)$ 的近似.

② 向前 Euler 公式：$y_{n+1}=y_n+hf(t_n,y_n)$，它生成得到数列 y_n，证明：$y_n=(1-h)^n$.

③ 证明：在 $t=1$ 时刻，当 $h\to 0$ 时，②中的数列的极限是方程的真解函数值，即 $y_n\to e^{-1}$.

④ 证明：$\dfrac{y(t_{n+1})-y(t_n)}{h}$ 可以作为导数值 $y'(t_{n+1})$ 的近似.

⑤ 向后 Euler 公式：$y_{n+1}=y_{n+1}+hf(t_{n+1},y_{n+1})$，它生成得到数列 y_n，证明：$y_n=(1+h)^{-n}$.

⑥ 证明：在 $t=1$ 时刻，当 $h\to 0$ 时，⑤中的数列的极限是方程的真解函数值，即 $y_n\to e^{-1}$.

⑦ 证明：$\dfrac{y(t_{n+1})-y(t_n)}{h}$ 可以用 $\dfrac{1}{2}[f(t_n,y(t_n))+f(t_{n+1},y(t_{n+1}))]$ 作为近似.

⑧ 在⑦基础上，设 $y_{n+1}=y_n+\dfrac{h}{2}[f(t_n,y_n)+f(t_{n+1},y_{n+1})]$，称为梯形公式. 证明：$y_n=\left(\dfrac{2-h}{2+h}\right)^n$.

⑨ 证明：在 $t=1$ 时刻，当 $h\to 0$ 时，⑧中的数列的极限是方程的真解函数值，即 $y_n\to e^{-1}$.

⑩ 将⑧中右边的 y_{n+1} 用 y_n^* 代替，其中 $y_n^*=y_n+hf(t_n,y_n)$，则得到
$$y_{n+1}=y_n+\dfrac{h}{2}[f(t_n,y_n)+f(t_{n+1},y_n^*)],$$
称为改进 Euler 格式或者二阶 Rung-Kuta 方法. 证明：在 $t=1$ 时刻，当 $h\to 0$ 时，数列的极限是方程的真解函数值，即 $y_n\to e^{-1}$.

⑪ 用 $\dfrac{1}{6}(K_1+2K_2+2K_3+K_4)$ 作为 $\dfrac{y(t_{n+1})-y(t_n)}{h}$ 的近似，其中
$$K_1=hf(t_n,y_n),\quad K_2=hf\left(t_n+\dfrac{h}{2},y_n+\dfrac{1}{2}K_1\right),$$
$$K_3=hf\left(t_n+\dfrac{h}{2},y_n+\dfrac{1}{2}K_2\right),\quad K_4=hf(t_n+h,y_n+K_3).$$
称为经典四阶 Rung-Kuta 方法. 证明：在 $t=1$ 时刻，当 $h\to 0$ 时，数列的极限是方程的真解函数值，即 $y_n\to e^{-1}$.

⑫ 编程分别实现②、④、⑧、⑩、⑪中的五种方法的近似解，步长分别为 $h=10^{-1},10^{-2},10^{-3},10^{-4},10^{-5},10^{-6}$，分别计算误差 $E(h)$ 和 $\dfrac{E(h)}{h}$，然后将这些数据制作为一个表格，表格的纵坐标是步长，横坐标是各种方法的 $E(h)$ 和 $\dfrac{E(h)}{h}$.

⑬ 根据你得到的表格,指出各种方法的精确性排序以及各自的精度.

第二部分:取 $f(t,y)=-y^3$, $y_0=1$.

⑭ 编程重新实现②、④和⑧、⑩的方法. 分别计算不同方法的计算机的运行时间,体会从⑧变成⑩的必要性.

⑮ 重复⑬问的制作表格的工作.

本题设计的目的:为从未学习数值分析的同学设计的,为了让这部分学生或者读者很快进入本书的学习角色中去. 本题的内容包括了常微分方程数值计算中的几种基本方法,设计的问题是逐步诱"敌"深入,让新手完成本题后,对常微分方程的数值计算的基本思想有比较清晰的了解.

第 3 章 偏微分方程的一般概念

3.1 偏微分方程的定义

在高等数学中,我们学习了常微分方程;在数值分析以及本书前两章中我们研究了求解常微分方程的数值方法.然而,在很多重要的物理、力学、电气和无线电技术等各类工程中,其涉及的基本方程均是偏微分方程,也即多元函数的微分方程.

如果未知函数 $z=f(x,y)$ 是二元函数,则在一般情况下,这个带有一阶偏导数的微分方程

$$F\left(x,y,z,\frac{\partial z}{\partial x},\frac{\partial z}{\partial y}\right)=0,$$

称为一阶偏微分方程.如果是

$$F\left(x,y,z,\frac{\partial z}{\partial x},\frac{\partial z}{\partial y},\frac{\partial^2 z}{\partial x^2},\frac{\partial^2 z}{\partial x \partial y},\frac{\partial^2 z}{\partial y^2}\right)=0,$$

则称为二阶偏微分方程.类似地,可以定义 n 阶偏微分方程.

此外,还可以给出线性(齐次或者非齐次)偏微分方程、非线性(齐次或者非齐次)偏微分方程的定义,在此就不一一说明了.下面的内容讲述偏微分方程源自何方.

3.2 典型方程的导出

3.2.1 弦的振动方程

如图 3.1 所示,考虑一根拉紧的柔软且有弹性的弦的微小振动,弦上各点的位移与弦的平衡位置垂直.设弦长为 l,两端固定在 x 轴的 O 点和 l 点,求弦在平衡位置的附近作微小振动时的表达式.

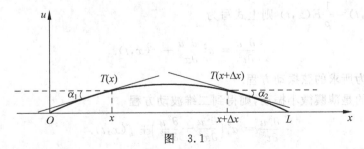

图 3.1

设 $u(x,t)$ 表示弦上的点 x 在 t 时刻的位移，$T(x,t)$ 表示弦上的点 x 在 t 时刻的张力大小，弦的线密度为 ρ. 由于假设弦是柔软的，不抵抗弯曲，则其方向是切线方向.

考虑在任一时刻 t，在 x 轴任取一段 $[x, x+\Delta x]$. 研究此时相对应弦的状态，由高等数学的知识，此段的弧长为

$$\Delta s = \int_x^{x+\Delta x} \sqrt{1+\left(\frac{\partial u}{\partial x}\right)^2}\, dx.$$

假设弦的振动很小，即每点的位移 $u(x,t)$ 很小，$\frac{\partial u}{\partial x}$ 也很小，因此可以忽略高阶无穷小项，

$$\Delta s = \int_x^{x+\Delta x} \sqrt{1+\left(\frac{\partial u}{\partial x}\right)^2}\, dx \approx \Delta x.$$

上式表明，在振动的过程中，弧的长度与时间无关，即在振动过程中弦的长度看成是不变的. 由此可以得到，各点的张力的大小与时间无关.

因为质点只在垂直方向运动，在 x 方向保持平衡，由牛顿第二定理有

$$T(x+\Delta x)\cos\alpha_2 = T(x)\cos\alpha_1, \tag{1}$$

$$\rho\Delta x \frac{\partial^2 u}{\partial t^2} = T(x+\Delta x)\sin\alpha_2 - T(x)\sin\alpha_1 + \int_x^{x+\Delta x} F(x,t)\, dx, \tag{2}$$

其中 α_1 和 α_2 分别是在点 x 和 $x+\Delta x$ 切线与 x 轴的夹角，$F(x,t)$ 是外力的线密度.

因为振动是微小的，则张力方向与 x 轴的夹角很小，趋近于 0，即 $\alpha_i \approx 0$. 所以

$$\cos\alpha_1 \approx 1, \quad \sin\alpha_1 \approx \tan\alpha_1 = \frac{\partial u}{\partial x}\bigg|_{(x,t)}.$$

同理有

$$\sin\alpha_2 \approx \frac{\partial u}{\partial x}\bigg|_{(x+\Delta x, t)}.$$

并且还可以得到 $T(x) = T(x+\Delta x)$，即弦的张力的大小与质点的位置无关，记为 T. 对式 (2) 中的积分利用积分的矩形公式，得到

$$\rho\Delta x \frac{\partial^2 u}{\partial t^2} = T\left(\frac{\partial u}{\partial x}\bigg|_{(x+\Delta x,t)} - \frac{\partial u}{\partial x}\bigg|_{(x,t)}\right) + F(\xi,t)\Delta x, \quad \xi \in (x, x+\Delta x).$$

对上式两边同时除以 Δx，并对其求极限有

$$\rho\frac{\partial^2 u}{\partial t^2} = T\frac{\partial^2 u}{\partial x^2} + F(x,t).$$

令 $\frac{T}{\rho} = a^2$，$f(x,t) = \frac{1}{\rho}F(x,t)$ 则上式写为

$$\frac{\partial^2 u}{\partial t^2} = a^2 \frac{\partial^2 u}{\partial x^2} + f(x,t). \tag{3}$$

于是，方程 (3) 为所求的弦振动方程.

如果研究的是薄膜微小振动，则得到二维波动方程

$$\frac{\partial^2 u}{\partial t^2} = a^2\left(\frac{\partial^2 u}{\partial x^2} + \frac{\partial^2 u}{\partial y^2}\right) + f(x,t).$$

3.2.2 热传导方程

在工程技术中,经常研究物体的散热状况及温度分布. 因为温度分布不均,热量会传播,于是产生热传导现象.

如图 3.2 所示,考虑某空间物体 Ω 的热传导问题. 假设物体均匀、各向同性,内部有热源,并且与周围介质有热交换. 设 $u(x,y,z,t)$ 表示物体上的点 (x,y,z) 在 t 时刻的温度.

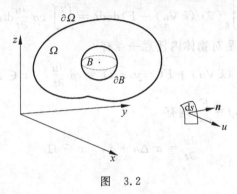

图 3.2

在研究热传导问题之前,先给出热传导 Fourier 定律.

在时间 dt 内,流过物体表面一小面积 ds 的热量 dQ 与物体的温度沿曲面 ds 的法线方向的方向导数 $\dfrac{\partial u}{\partial n}$ 成正比,即

$$dQ = -k(x,y,z)\frac{\partial u}{\partial n}dsdt.$$

其中 $k(x,y,z)$ 是物体在点 (x,y,z) 处的热传导系数,取正值. 规定 n 所指的那一侧为曲面的正侧. dQ 表示从负侧流向正侧的热量,即用"—"来表示热流量方向与温度梯度的正方向相反.

如图 3.2 所示,在物体内部任取一闭曲面 ∂B,它所包围的区域记为 B,从 t_1 时刻到 t_2 时刻经过曲面上一小块 $ds \subset \partial B$ 的热量为

$$Q_1 = -\int_{t_1}^{t_2}\oiint_{\Gamma} k(x,y,z)\frac{\partial u}{\partial n}dsdt.$$

对上式由 Gauss 公式有

$$-\int_{t_1}^{t_2}\oiint_{\partial B} k(x,y,z)\frac{\partial u}{\partial n}dsdt \xrightarrow{\text{Gauss 公式}} \int_{t_1}^{t_2}\int_B \nabla \cdot (k\nabla u)dxdydzdt.$$

设物体内部有热源,其热源密度为 $F(x,y,z,t)>0$,则在时间 $[t_1,t_2]$ 内物体所产生的热量为

$$Q_2 = \int_{t_1}^{t_2}\int_B F(x,y,z,t)dvdt.$$

如果 $F(x,y,z,t)<0$,则表示热源吸收的热量.

从 t_1 时刻到 t_2 时刻,物体根据温度变化所需要的热量

$$Q_3 = \int_B c\rho [u(x,y,z,t_1) - u(x,y,z,t_1)]\mathrm{d}v\mathrm{d}t = \int_{t_1}^{t_2}\int_B c\rho \frac{\partial u}{\partial t}\mathrm{d}t\mathrm{d}v.$$

其中 $c(x,y,z)$ 为物体的比热容,$\rho(x,y,z)$ 为物体的密度,$\mathrm{d}v$ 表示物体的体积元.

根据热量守恒定理有

$$Q_1 + Q_2 = Q_3,$$

$$\int_{t_1}^{t_2}\int_B (\nabla \cdot (k\nabla u) + F)\mathrm{d}v\mathrm{d}t = \int_{t_1}^{t_2}\int_B c\rho \frac{\partial u}{\partial t}\mathrm{d}t\mathrm{d}v.$$

由于 B, t_1, t_2 是任意的,于是对物体内任意一点有

$$\nabla \cdot (k\nabla u) + F(x,y,z,t) = c\rho \frac{\partial u}{\partial t}, \quad x \in \Omega.$$

如果 k 为常数,令 $a^2 = \dfrac{K}{c\rho}, f = \dfrac{F}{c\rho}$,则有

$$\frac{\partial u}{\partial t} = a^2 \Delta u + f, \quad x \in \Omega.$$

这是三维热传导方程.

3.2.3 理想流体的力学问题

考虑理想流体,即没有黏性,每个面上的应力都沿法线方向,与面的方向无关.

设流体的物理量,密度是 $\rho(x_1,x_2,x_3,t)$,速度是 $u(x_1,x_2,x_3,t)$,u_i 是 u 沿空间三个坐标轴方向的分量.假设这些函数都是连续可微的,满足我们讨论中所需要的任何要求.考虑任意一时间段 $[t,t+\mathrm{d}t]$,在流体内任取闭曲面 S,包围的区域为 Ω. 从时间 t 到 $t+\mathrm{d}t$ 内,通过曲面 S 上一小块曲面 $\mathrm{d}s$ 的流量 $\mathrm{d}Q_1$ 为 $\rho u_n \mathrm{d}t\mathrm{d}s$,$\boldsymbol{n}$ 表示曲面的外法线方向,u_n 表示 u 在 $\boldsymbol{n}$ 方向上的分量.

$$Q_1 = \int_t^{t+\mathrm{d}t}\mathrm{d}t\int_S \rho u_n \mathrm{d}s = \int_t^{t+\mathrm{d}t}\mathrm{d}t\int_S [\rho u_1 \cos(\boldsymbol{n},x_1) + \rho u_2\cos(\boldsymbol{n},x_2) + \rho u_3 \cos(\boldsymbol{n},x_3)]\mathrm{d}s$$

$$\xrightarrow{\text{Gauss 公式}} \int_t^{t+\mathrm{d}t}\mathrm{d}t\int_\Omega \left(\frac{\partial(\rho u_1)}{\partial x_1} + \frac{\partial(\rho u_2)}{\partial x_2} + \frac{\partial(\rho u_3)}{\partial x_3}\right)\mathrm{d}v,$$

在 S 内从时间 t 到 $t+\mathrm{d}t$ 内,流体密度的变化所需要的流量是

$$Q_2 = \int_\Omega (\rho|_{t+\mathrm{d}t} - \rho|_t)\mathrm{d}v = \int_t^{t+\mathrm{d}t}\mathrm{d}t\int_\Omega \frac{\partial \rho}{\partial t}\mathrm{d}v.$$

假设流体内部不产生质量,于是由质量守恒定律有

$$Q_1 = -Q_2,$$

即

$$\int_t^{t+\mathrm{d}t}\mathrm{d}t\int_\Omega \left(\frac{\partial \rho}{\partial t} + \frac{\partial(\rho u_1)}{\partial x_1} + \frac{\partial(\rho u_2)}{\partial x_2} + \frac{\partial(\rho u_3)}{\partial x_3}\right)\mathrm{d}v = 0.$$

由于时间段和闭曲面的任意性,于是得到

$$\frac{\partial \rho}{\partial t} + \sum_{i=1}^{3} \frac{\partial(\rho u_i)}{\partial x_i} = 0.$$

上式称为流体的连续性方程.

另外,理想流体处于平衡状态或者运动状态时,流体之间的相互压力为法向压力. 设单位面积上的压力为 p,ds 表示有向曲面的面积元,方向为曲面的法向 $\boldsymbol{n}$, $\boldsymbol{n}_j$ 表示 j 方向的单位向量. 对于任何时刻 t,曲面 S 上所受的压力为

$$-\int_s p\,\mathrm{d}s = -\int_s \sum_{j=1}^{3} p\cos(\boldsymbol{n},x_j)\boldsymbol{n}_j\,\mathrm{d}s = -\int_\Omega \sum_{j=1}^{3} \frac{\partial p}{\partial x_j}\boldsymbol{n}_j\,\mathrm{d}v = -\int_\Omega \nabla p\,\mathrm{d}v,$$

假设在整个 Ω 上的外力为 $\int_\Omega \boldsymbol{F}\,\mathrm{d}v$. 假设 $\boldsymbol{a}$ 为流体加速度,由牛顿第二运动定律有

$$\int_\Omega \rho \boldsymbol{a}\,\mathrm{d}v = \int_\Omega \rho \boldsymbol{F}\,\mathrm{d}v - \int_\Omega \nabla p\,\mathrm{d}v.$$

由体积元的任意性可得

$$\rho \boldsymbol{a} - \rho \boldsymbol{F} + \nabla p = 0.$$

又因为

$$a_i = \frac{\mathrm{d}u_i}{\mathrm{d}t} = \frac{\partial u_i}{\partial t} + \sum_{j=1}^{3} \frac{\partial u_i}{\partial x_j}\frac{\partial x_j}{\partial t} = \frac{\partial u_i}{\partial t} + \sum_{j=1}^{3} \frac{\partial u_i}{\partial x_j} u_j,$$

由此得到

$$\frac{\partial u_i}{\partial t} + \sum_{j=1}^{3} \frac{\partial u_i}{\partial x_j} u_j + \frac{1}{\rho}\nabla p = f_i, \quad i = 1,2,3.$$

这就是理想流体的运动方程组.

最后考虑流体的能量. 为了讨论的简单,假设流体与外界无能量交换. 在 $[t, t+\mathrm{d}t]$ 时间内能量的增加量等于外力和表面力做功之和. 设流体单位质量的内能是 e. 根据能量守恒定律有

$$\int_\Omega \rho\left(e + \frac{1}{2}|u|^2\right)\Big|_t \mathrm{d}v - \int_\Omega \rho\left(e + \frac{1}{2}|u|^2\right)\Big|_{t+\mathrm{d}t} \mathrm{d}v$$
$$= -\int_t^{t+\mathrm{d}t} \mathrm{d}t \oint_S \rho p u\boldsymbol{n}\,\mathrm{d}s - \int_t^{t+\mathrm{d}t}\mathrm{d}t \int_\Omega \rho \boldsymbol{F} u\,\mathrm{d}v\mathrm{d}t.$$

由时间和区域的任意性可得

$$\frac{\partial}{\partial t}\left[\rho\left(e + \frac{1}{2}|u|^2\right)\right] = \nabla\cdot(\rho p u) + \rho \boldsymbol{F} u.$$

此式称为能量方程.

3.3 定解问题及其适定性

在上面章节讨论中,由物理现象得到数学模型,然后推导出各种方程. 这些方程反过来也描述了相应物理过程的一般规律. 例如,热传导方程是热学定律的数学形式,只要热传导

服从 Fourier 定律,温度函数就是热传导方程的解. 然而我们所观察到的物理现象是具体的状态,由此所得到的微分方程不能唯一地确定一个物理过程的具体状态. 例如,弹性体、流体和电磁现象都是由波动方程进行描述的. 即使在同一个物理现象中,不同的问题又有各自的特殊性,例如,对同一根弦,当我们用不同材质的东西去拨弄时,发出的声音是不同的. 有的声音极其刺耳,而有的却是和谐悦耳的. 这是因为初始时刻振动的情况不一样,后面的振动情况也不一样. 因此,为了唯一地描述一个物理过程,就不能只依赖微分方程,还需要一些条件,比如物体所处初始状态或者边界的状态. 如, $u = x^2 + t^2$, $v = e^{x \pm t}$ 都是齐次弦振动方程 $u_{tt} - u_{xx} = 0$ 的解,于是它们的任意线性组合也是方程的解,有无穷多个解. 于是需要相关的条件来确定唯一解以反映物理现象. 在数学上,把这些状态称为定解条件. 适当的定解条件和微分方程一起构成定解问题.

1. 弦振动的定解条件

初始条件 已知在弦上各点的初始速度和位移. 即

$$u(x,0) = \varphi(x), \quad \frac{\partial u(x,0)}{\partial t} = \phi(x).$$

边界条件

(1) 已知弦两端点的位移变化.

$$u(0,t) = g_1(t), \quad u(L,t) = g_2(t).$$

当两端固定时, $u(0,t) = u(L,t) = 0$.

(2) 已知弦的端点所受的垂直于弦线外力的作用,即

$$k\frac{\partial u}{\partial x}(0,t) = g_1(t), \quad k\frac{\partial u}{\partial x}(L,t) = g_2(t).$$

当两端固定时,则 $g_1(t) = g_2(t) = 0$.

(3) 已知端点的位移与所受垂直于弦线外力的作用,即

$$-k\frac{\partial u}{\partial x}(0,t) + \alpha u(0,t) = g_1(t),$$

$$-k\frac{\partial u}{\partial x}(L,t) + \beta u(0,t) = g_2(t).$$

其中当 $g_1(t) = g_2(L,t) = 0$ 时,表示弦的端点固定在弹性支撑上, α, β 是支撑的弹性系数.

注 (1) 可以类似给出关于弦振动半无界问题的方程.

(2) 此方程不仅表示横振动,也可以表示纵向振动,比如杆在外力作用下沿杆长方向做微小振动.

2. 热传导问题的定解问题

初始条件 已知在开始时刻物体的温度的分布情况,即 $u|_{t=0} = \varphi(x,y,z)$, $\phi(x,y,z)$ 表示在点 $M(x,y,z)$ 的温度值.

边界条件

(1) 已知边界上的温度分布状况, $u|_{\Gamma} = \mu(x,y,z,t)$, 当 μ 时常数时,表示物体表面是

恒温.

(2) 已知通过边界的热量,即
$$\left.\frac{\partial u}{\partial \boldsymbol{n}}\right|_{\Gamma} = \mu(x,y,z,t).$$

其中 $\mu \geqslant 0$ 表示由热量流入,$\mu \leqslant 0$ 表示由热量流出,$\mu = 0$ 表示绝热.

(3) 已知物体通过边界与外界进行热交换,即
$$\left.\frac{\partial u}{\partial \boldsymbol{n}}\right|_{\Gamma} + \alpha u = \mu(x,y,z,t).$$

μ 表示外界介质温度,α 表示热交换系数.

称初值问题为 Cauchy 问题. 上述边界问题中,第一种情况称为第一类边界问题或者 Dirichlet 问题,第二种情况称为第二边值问题或者 Neumann 条件,第三种情况称为第三边值问题或者 Rokin 问题. 如果微分方程配以初始条件,则构成初值问题;如果配以边界条件,则称为边界问题;如果配以初值条件和两个边界条件,则称为混合条件.

在数学上,如果一个定解问题的解存在,而且是唯一和稳定的,那么就称此定解问题是适定的. 解的存在性与唯一性对于一个确定的物理过程来说,是必须的. 否则就不符合客观物理过程. 在定解问题中,一些已知量,比如边界条件、初始条件以及方程右端的函数都是通过测量得到的,因此不可避免地存在一定的小误差. 解的稳定性是当已知量发生微小的变化时,相应定解问题的解的偏差可以控制在任意给定的误差范围内.

而不适定的问题是存在的,下面给出两个例子,分别是从存在性和稳定性的角度来说明不适定的方程.

例 3.1 考虑双曲方程 $\frac{\partial^2 u}{\partial x \partial y} = 0, (x,y) \in \Omega = (0,1)^2$,边界条件如下:
$$\begin{cases} u|_{x=0} = \varphi_1(x), & u|_{x=1} = \varphi_2(x), \\ u|_{y=0} = \phi_1(x), & u|_{y=1} = \phi_2(x). \end{cases}$$

解 很容易求出方程的通解为 $u(x,y) = f(x) + g(y)$. 显然,此函数不可能同时满足这四个边界条件. 可以验证,如果要满足四个边界条件,则边界条件右边的函数必须有如下关系:φ_1 和 φ_2 相差常数,ϕ_1 和 ϕ_2 相差常数. 一般这是不可能的,所以边界条件不能随便给出,否则方程的解不存在.

例 3.2 著名的 Hadamard 不适定问题:
$$\begin{cases} \dfrac{\partial^2 u}{\partial x^2} + \dfrac{\partial^2 u}{\partial y^2} = 0, \\ u|_{x=0} = 0, \quad u|_{y=0} = 0, \\ u|_{x=\pi} = 0, \quad \left.\dfrac{\partial u}{\partial y}\right|_{y=0} = \dfrac{1}{n}\sin nx. \end{cases}$$

方程存在唯一解

$$u(x,y) = \frac{1}{n^2}\sin nx\, \mathrm{sh}\, ny.$$

显然,当 $n\to\infty$ 时,边界条件一致地趋近到 0,然而对于任何固定非零的 y,当 $n\to\infty$ 时,方程唯一的解 $u(x,y) = \frac{1}{n^2}\sin nx\,\mathrm{sh}\,ny$ 无界,因此解是不稳定的,这说明 Laplace 方程是不适定的.

尽管适定性对于定解问题的求解,以及对物理过程的确定都很重要,但这并不意味着非适定性的问题就没有用了,随着技术的发展,不适定问题也在实际应用中可以找到自己的位置,比如,利用静电场作物理探矿中就可以用到不适定的场位方程的初值问题.

另外,很长时间以来,人们认为对偏微分方程,如果不给定解条件,就会有很多解,比如,弦振动或者薄膜振动方程都有通解. 然而,事实上并非如此. 有人证明了,在方程中,所有已知的函数(系数函数和右端的函数)都是解析的,才能保证一定存在. 即使方程中所有已知函数都是无穷阶可导的,也不能保证方程的解的存在. 1957 年,Levy 给出这样的例子,考虑方程

$$\frac{\partial u}{\partial x} + \mathrm{i}\frac{\partial u}{\partial y} - 2\mathrm{i}(x+\mathrm{i}y)\frac{\partial u}{\partial t} = f(t).$$

如果 $f(t)$ 是无穷阶导数存在,但不解析,则此方程的解不存在,因为有如下定理存在.

定理 已知 $f(t)$ 是仅仅依赖于 t 的实连续函数,如果存在一个函数 $u(x,y,t)$ 是一阶可微的,并且在原点的某个邻域中满足上面的方程,则 $f(t)$ 关于 t 在原点附近是解析的.

下面的两个例子也会突破大家的习惯思维:认为是几阶微分方程,方程的解也应该具有相应的光滑性.

例 3.3 考虑椭圆方程 $-\Delta u = 0, (x,y)\in\Omega = (0,1)^2$,边界条件 $u\big|_\Gamma = x^2$.

解 尽管是齐次方程,边界条件也很好,但此边值问题的解的光滑性并非大家想象中的好,事实上,$u\notin C^2(\overline{\Omega})$,因为 $u_{xx}(0,0) + u_{yy}(0,0) = 2 \neq 0$ 是与方程矛盾的.

例 3.4 考虑椭圆方程 $-\Delta u = 0, (x,y)\in\Omega = \{(x,y): x^2 + y^2 < 1, x<0 \text{ 或 } y>0\}$,注意区域是单位圆盘除掉第四象限后剩下的 $\frac{3}{4}$ 的圆周. 边界条件如下:

$$\begin{cases} u\big|_{r=1} = \sin\left(\frac{2}{3}\varphi\right), \\ u\big|_{x=0,-1<y<0} = u\big|_{y=0,-1<x<0} = 0. \end{cases}$$

解 边值问题的真解是 $u(r,\varphi) = r^{\frac{2}{3}}\sin\left(\frac{2}{3}\varphi\right)$. 可以验证解的一阶导数是无界的,也即解在坐标原点的一阶导数不存在.

3.4 工程、经济和生物医学中的偏微分方程[*]

1. 油漆流动问题

考虑油漆沿墙壁流动的过程如图 3.3 所示. 考虑这个问题的数学建模, 需要如下几个假设:

(1) 油层很薄, 于是可以假设速度 $u(x,y,t)$ 的方向 $u(x,y,z)$ 只沿墙壁向下一个方向, 即 x 方向;

(2) 剪应力与速度的梯度 $\dfrac{\partial u}{\partial y}$ 成正比;

(3) 油漆粘附着在墙上, 其含义是粘附在墙面的油漆速度为 0, 即 $u\big|_{y=0}=0$;

(4) 油漆表面 $y=h(x,t)$ 的油漆不受剪应力的作用, 即 $\dfrac{\partial u}{\partial y}\big|_{y=h(x,t)}=0$.

由流体微元的力平衡如图 3.3 所示可得

$$\frac{\partial u}{\partial y}\delta x - \left(\frac{\partial u}{\partial y}+\frac{\partial^2 u}{\partial y^2}\delta y\right)\delta x = c\rho g\delta x\delta y,$$

$$\Rightarrow \begin{cases} \dfrac{\partial^2 u}{\partial y^2}=-c\rho g, \\ u\big|_{y=0}=0, \quad \dfrac{\partial u}{\partial y}\big|_{y=h(x,t)}=0. \end{cases}$$

$$\Rightarrow u=\frac{1}{2}c\rho g y(2h-y).$$

记流量为 $q(x,t)=\displaystyle\int_0^h u\,\mathrm{d}y$. 由质量守恒定律: 油漆厚度的变化速度与沿墙向下的油漆流的流量在速度方向(x 方向)的变化是平衡的. 考虑一小段时间 δt 的小单元 δx 质量损失了($q(x+$

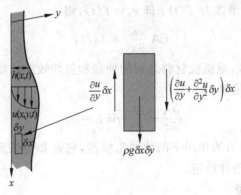

图 3.3

---

[*] 本节大部分实际应用问题来源于参考文献[8].

$\delta x, t) - q(x,t))\delta t$,质量的增加量为$(h(x, t+\delta t) - h(x,t))\delta x$,于是

$$-(q(x+\delta x, t) - q(x,t))\delta t = (h(x,t+\delta t) - h(x,t))\delta x$$

$$\Rightarrow \frac{\partial h}{\partial t} + \frac{\partial q}{\partial x} = 0 \Rightarrow \frac{\partial h}{\partial t} + \frac{\partial}{\partial x}\int_0^h u\mathrm{d}y = 0.$$

于是可得

$$\frac{\partial h}{\partial x} + c\rho gh^2 \frac{\partial h}{\partial x} = 0.$$

2. 光纤的伸展流模型

伸展流模型是考虑光纤以一定的速度做单向牵引的运动过程(如图3.4).

$A(x,t)$: t时刻x处的横截面积; $u(x,t)$: t时刻x处的速度; σ_x: 正应力或粘滞力,与$A\frac{\partial u}{\partial x}$成正比(如图3.5),即$\sigma_x = cA\frac{\partial u}{\partial x}$.

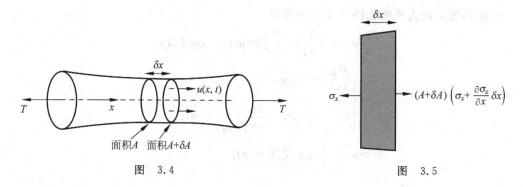

图 3.4　　　　　　　　图 3.5

假设光纤截面受力是均匀的,忽略光纤之间的惯性力,以及动量平衡,于是$\frac{\partial \sigma_x}{\partial x} = 0$. 由力的平衡:正应力等于纤维张力$T(t)$,即$\sigma_x = T(t)$,则

$$CA\frac{\partial u}{\partial x} = T(t),$$

其中C是光纤的黏性系数,是抵抗材料之间的伸展和剪切效应的物理量.

此外,光纤质量守恒定律:

$$\frac{\partial A}{\partial t} + \frac{\partial}{\partial x}(Au) = 0.$$

由此得到光纤在牵引力的作用下的伸展流模型,它是非传统意义下的一阶偏微分方程组.其中纤维张力由边界条件给定.

3. 欧式期权数学模型

由于潜在的资产是能在$0 < t < T$内增值的股份,但其价格服从不可预见的波动,于是将资产进行投资组合,考虑按照一定的比例匹配期权和股份.要购买的是期权而不是股份.为了描述问题,需要很多符号,下面是符号说明:

t：时间；
S：资产的名义价值；
$V(S,t)$：T 时刻购入股份的期权的价值，它是 S,t 的函数；
M：现金余额；
Δ：持有期权的数目，可以随时间变化；
P：投资组合的价值，$P=M+S\Delta+V$；
r：利率，注：现金余额会随着买进或卖出资产而发生变化；
dt：一段时间；$rM dt$：利息；$-S d\Delta$：资产上的变化；
dS：资产的名义价值的变化；
dV：期权价值的变化；
投资组合的整体变化：
$$dP = rM dt - S d\Delta + S d\Delta + \Delta dS + dV = rM dt + \Delta dS + dV.$$
在开始建立数学模型之前，需要如下三个基本的假设.

假设 1：资产瞬间"回报率"是随机变化，即
$$\frac{dS}{S} = \mu dt + \sigma dX.$$

其中，μ 为确定的资产增长率；dX 为均值为 0、方差为 dt 的正态随机变量，它反映股份价值在面对新信息时的不确定的反应；σ 为反映股份价值波动程度的参数.

由 Taylor 公式：
$$dV = \frac{\partial V}{\partial t} dt + \frac{\partial V}{\partial S} dS + \frac{1}{2} \frac{\partial^2 V}{\partial S^2} (dS)^2 + \cdots.$$

假设 2：随机变量 X 满足均值为 0、方差为 dt，于是假设 $(dS)^2$ 做出最大贡献的是 $\sigma^2 S^2 dX^2$，可以近似认为 $(dS)^2 = \sigma^2 S^2 dX^2$. 因为
$$EX = 0, \quad DX = dt \Rightarrow dt = dX^2.$$

将上面的这些等式代入投资组合的变化式子中，于是投资组合变化改写为
$$dP = rM dt + \Delta dS + \frac{\partial V}{\partial t} dt + \frac{\partial V}{\partial S} dS + \frac{1}{2} \sigma^2 S^2 \frac{\partial^2 V}{\partial S^2} dt + o(dt).$$

为了消除 dS 的随机性，取
$$\Delta = -\frac{\partial V}{\partial S}.$$

假设 3：无套利的行为思想（即不存在"免费午餐"的技术假设）.其含义是对于一个无风险的投资组合，所获收益不可能超过无风险利率 r，于是
$$dP = rP dt.$$

组合上面的三个等式，并进行简单的代数运算得到
$$\frac{\partial V}{\partial t} + \frac{1}{2} \sigma^2 S^2 \frac{\partial^2 V}{\partial S^2} = r\left(V - S \frac{\partial V}{\partial S}\right).$$

这是关于期权价值的模型方程，称为 Black-Scholes 方程.

E：执行价格（事先约定的价格）．

若 $S>E$，则 $V\big|_T=S-E$，表示使用期权并迅速将资产卖出去；

若 $S<E$，则 $V\big|_T=0$，表示持有者不愿意付出超过资产本身的价值的钱；

若 $S=0$，则 $V=0$，于是 $V\big|_{S=0}=0$ 是方程的边界条件．

4. 交通流问题

考虑在笔直高速公路上行驶车辆的流动问题，它的数学模型是

$$\begin{cases}\dfrac{\partial u}{\partial t}+\dfrac{\partial q(u)}{\partial t}=0,\\ u(x,0)=u_0(x).\end{cases}$$

其中：$u(x,t)$ 表示 t 时刻在公路 x 处的车辆分布密度，$q(x,t)$ 为 t 时刻车辆通过 x 处的流通密度．由统计资料可知，它依赖于车辆的分布密度，即 $q(u)=-\dfrac{v_f}{v_j}u(u-u_j)$，其中 v_f,v_j 分别为交通不堵塞和堵塞时的车辆速度，u_j 为交通堵塞时的车辆分布密度．

5. 机翼的数学模型

假设：(1) 如图 3.6 所示，二维机翼的几何形状是 $y=f_\pm(x)$，$0<x<c$，非常细，几乎与流体成一直线，也即与 $y=0$，$0<x<c$ 非常接近；(2) 流体沿 x 轴方向的速度是 U．

假设认为速度势函数 Φ 线性近似等于 Ux，令 $\Phi=Ux+\tilde{\Phi}$，其中 $\tilde{\Phi}$ 满足

$$\nabla^2\tilde{\Phi}=0,\quad |\nabla\tilde{\Phi}|\to 0,\quad |x|\to\infty.$$

要满足的边界条件为

$$\dfrac{\partial\tilde{\Phi}}{\partial y}\bigg|_{y=0}=Uf'_\pm(x),\quad 0<x<c.$$

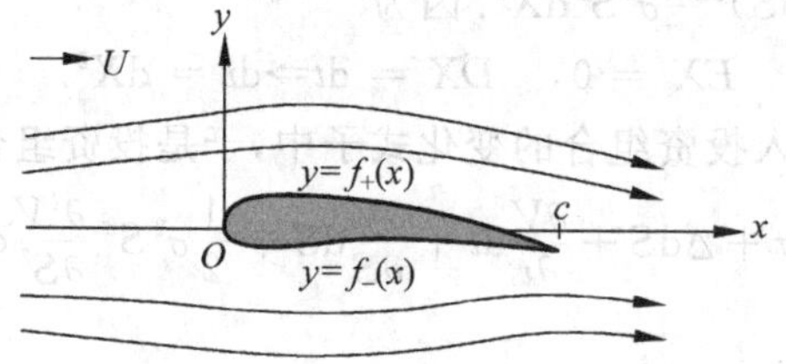

图 3.6

6. 脆性断裂模型

问题：如图 3.7 所示，在 y 方向压力的情况下，平面应变的材料内发生断裂，即 $y=0,-c<x<c,\boldsymbol{u}=(0,0,w(x,y))$：位移场，其中 w 是调和函数，即 $\nabla^2 w=0$．

下面讨论边界条件：

(1) 因为裂缝表面不受拉力，所以在裂缝上下部有

$$\dfrac{\partial w}{\partial y}\bigg|\to 0,\quad 当 y\to 0,|x|<c.$$

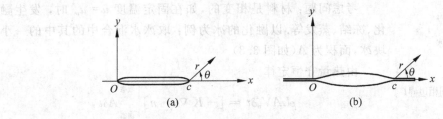

图 3.7

(2) 裂缝具有对称性,即
$$w = 0, \quad \text{当 } y \to 0, |x| < c.$$
(3) 假设裂缝在无穷远处受均匀剪切力,即
$$w \to \tau y, \quad \text{当 } |y| \to +\infty.$$
上面的边界条件是混合边值问题,部分为 Neumann 条件,部分为 Dirichlet 条件。

7. 心脏运动机理模型：FitzHugh-Nagumo 模型

心肌通过对沿着心脏外壁的流动的生物电流反应收缩,迫使血液流动.这些生物电流是由于电子流穿过细胞壁以及电势差的扩散产生的.生物电流满足下面的偏微分方程：
$$\frac{\partial}{\partial t}\begin{bmatrix}v\\r\end{bmatrix} = \begin{bmatrix}\nabla_x(D\,\nabla_x v) + f(v,r)\\g(v,r)\end{bmatrix}, \quad \forall x \in \Omega, \forall t > 0.$$
$$\begin{bmatrix}v\\r\end{bmatrix}(x,0) = \begin{bmatrix}v_0\\r_0\end{bmatrix}(x), \quad \forall x \in \Omega,$$
$$n \cdot D\,\nabla_x v = 0, \quad \forall x \in \partial\Omega, \forall t > 0.$$

$v(x,t)$ 表示电势,$r(x,t)$ 是一个恢复变量,表示在控制离子流过程中细胞膜的功能.函数 $f(v,r)$,$g(v,r)$ 描述局部的动力学,表达式如下：
$$f(v,r) = Hv(v - V_0)(V_m - v) - r,$$
$$g(v,r) = Hav - br.$$

矩阵 $D(x)$ 表示电势的耗散系数.在此模型中,参数 H, V_0, V_m, a, b 都是常数,但要满足如下条件：$v_0 < \frac{1}{2}$ 和 $a > \frac{b(1-V_0)^2}{4}$.比如,可以选取这样的特殊值,
$$D = 0.01, \quad H = 100, \quad V_m = 1, \quad V_0 = \frac{1}{4}, \quad a = 1, \quad b = 0.3.$$

8. 自由边界问题

(1) Stefan 问题（冰的融化模型）

应用范围：从工业应用方面的金属制造到经济方面的期权定价广泛应用.

Stefan 问题最简单的形式是以传导方式来传播热量的连续介质的模型,则温度满足：
$$\rho c\,\frac{\partial u}{\partial t} = K\,\nabla^2 u.$$

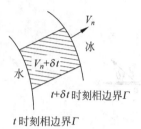

图 3.8

考虑问题：材料是相变的，如在固定温度 $u=u_m$ 时，发生融化、冻结、蒸发等．以融化的冰为例：取冰水混合中的其中的一小块冰，面积为 A(如图 3.8)．

由热量守恒定律

$$\rho L A V_n \delta t = \left[-K \nabla u \cdot n\right]\Big|_{\text{固态}}^{\text{液态}} A \delta t,$$

其中 V_n：垂直于自由边界的速度．

L：单位质量的冰从温度 $u=u_m-0$ 融化为温度为 $u=u_m+0$ 的水所需的热量．

Dirichlet 边界条件：$u \to u_m$ 从 Γ 两侧趋近 Γ．

Stefan 边界条件：$\left[K \nabla u \cdot n\right]\Big|_{\text{固态}}^{\text{液态}} = -\rho L V_n$ 在自由边界 Γ 上．

自由边界 Γ 的方程假设为 $f(x,y,z)=0$，则 $n=\dfrac{\nabla f}{|\nabla f|}, v_n=-\dfrac{\partial f}{\partial t}\Big/|\nabla f|$．

注 ① 若 $L=0$ 且无相度，只需求对 Γ 作 $u=u_m$ 的等温线；

② 此模型是相当简化的，未对在液体中是否存在 $u>u_m$ 或固体中 $u<u_m$ 作出说明；

③ 此模型只是对融化或凝结进行简单地考虑，忽略对流、辐射和杂质出现等重要现象．

为什么是重要现象：u_m 可能看成一个固定常数，u_m 发生小的变化也会戏剧性改变预测结果．

应用实例：① 将碳加入铁中，成分的微小变化，将铁变成钢；

② 将盐撒入冰中，让结冰的路面开始融化．

(2) 美式期权

① 美式期权的持有者有权卖出特定数量 E 的期权；

② 卖出可以在当初约定的失效时间之内的任何时刻进行交割，而不是只能在失效时刻 $t=T$ 交割．

目标：最优交割价格．

根据无套利原则，期权的价值至少应等于交割的收益．若 $S<E$，那么费用 $-V$ 购置期权并立刻交割得到 $E-S$ 的净结果为 $E-S-V$．

在假设"无风险套利"的情况下：

$$0 \leqslant t \leqslant T, \quad V \geqslant E-S \geqslant 0 \Rightarrow \text{持有者应立即交割}.$$

设股权应立即交割的价值范围 $0<S \leqslant S^*(t)$，在这个范围内，股价的价值为 $E-S$，而对 $S^*(t)<S<+\infty$，应满足 Black-Sholes 方程：

$$\frac{\partial V}{\partial t}+\frac{1}{2}\sigma^2 S^2 \frac{\partial^2 V}{\partial S^2}=r\left(V-S\frac{\partial V}{\partial S}\right), \quad S^*(t)<S<+\infty.$$

当 $S \to +\infty, V>0$ 以及 $t=T$ 时期权未交割，则 $V(S,T)=\max(E-S,0)$．又 $V(S,T) \geqslant$

$\max(E-S,0), 0\leqslant t\leqslant T$. 等号成立的条件为 $0<S<S^*(t)$ 满足上述期望,期权已交割.

若进一步考虑最优交割策略, V 满足自由边界条件:
$$V\bigg|_{S=S^*(t)} = E-S, \quad \frac{\partial V}{\partial S}\bigg|_{S=S^*(t)} = -1.$$

在3.2节和本节中讨论了多种物理现象和自然界其他现象的数学模型,这些模型最后都通过偏微分方程(组)来体现.但是需要指出的是,这些偏微分方程(组)不只单一的反映一个特定的物理过程,例如,热传导方程还可以用来反映下面的一些物理过程:

① 海底电缆的电压 u 满足
$$\frac{\partial u}{\partial t} = a\frac{\partial^2 u}{\partial x^2}, \quad a = RC,$$

其中 R, C 分别是导线的单位电阻和单位电容.

② 导线圈所围的圆柱体内的磁场强度 H 满足
$$\frac{\partial H}{\partial t} = a^2 \frac{\partial^2 H}{\partial x^2},$$

其中 $a^2 = \dfrac{c^2}{4\pi\mu\sigma}$, c 是光速, μ 是单位磁导, σ 是单位电导.

③ 分子在液体中的扩散现象或者污染物在湖泊中的扩散或者在土壤中的渗透,溶质的浓度 c 满足
$$\frac{\partial c}{\partial t} = D\frac{\partial^2 c}{\partial x^2},$$

其中 D 是扩散系数.

弦振动方程也可以反映声学中空气的密度、声压、速度都满足波动方程,即
$$\frac{\partial^2 \rho}{\partial t^2} = a^2\frac{\partial^2 \rho}{\partial x^2} + \frac{\partial^2 \rho}{\partial y^2} + \frac{\partial^2 \rho}{\partial z^2},$$
$$\frac{\partial^2 p}{\partial t^2} = a^2\frac{\partial^2 p}{\partial x^2} + \frac{\partial^2 p}{\partial y^2} + \frac{\partial^2 p}{\partial z^2},$$
$$\frac{\partial^2 u}{\partial t^2} = a^2\frac{\partial^2 u}{\partial x^2} + \frac{\partial^2 u}{\partial y^2} + \frac{\partial^2 u}{\partial z^2}.$$

这就是声学方程.

同样,位势方程也可以用来描述不可压缩流体无旋流动、静电场的场强、定常磁场等物理过程.

3.5 二阶线性方程的分类

常微分方程按照方程的阶可以分成几阶方程,按照线性与否可以分成线性方程与非线性方程.偏微分方程也可以按此分类,但在这里,基于偏微分方程的本质结构进行分类,这样可以反映方程的基本性质.

一般地，n 个自变量的二阶线性偏微分方程可表示为

$$\sum_{i,j=1}^n a_{ij}(x_1,x_2,\cdots,x_n)\frac{\partial^2 u}{\partial x_i\partial x_j}+\sum_{i=1}^n b_i(x_1,x_2,\cdots,x_n)\frac{\partial u}{\partial x_i}+cu=f.$$

当系数 a_{ij},b_i,c 是常数时，称为常系数线性偏微分方程，否则称为变系数的. 当 $f=0$ 时，方程成为齐次方程，否则为非齐次的. 在本书中，讨论变量 $n=2$ 时的齐次方程，此时方程为

$$a_{11}\frac{\partial^2 u}{\partial x^2}+2a_{12}\frac{\partial^2 u}{\partial x\partial y}+a_{22}\frac{\partial^2 u}{\partial y^2}+b_1\frac{\partial u}{\partial x}+b_2\frac{\partial u}{\partial y}+cu=0, \tag{4}$$

在这里，将 u_x 看成 X，u_y 看成 Y，u_{xx} 看成 X^2，u_{xy} 看成 XY，u_{yy} 看成 Y^2，或式(4)写成

$$a_{11}X^2+2a_{12}XY+a_{22}Y^2+b_1X+b_2Y+c=0.$$

这是线性代数中的二次型，于是可以按照二次型的判别式 $\Delta=a_{12}^2-a_{11}a_{22}$ 进行分类，根据判别式的 $\Delta>0,\Delta=0$ 和 $\Delta<0$ 可以将方程(4)分成双曲型、抛物型和椭圆型三种类型. 这也是分类的一种方法. 在这里，讲述另外一种能体现方程本身结构以及反映物理结构的分类方法. 首先从下面的定理开始：

定理 $\phi(x,y)=C$ 是常微分方程

$$a_{11}(\mathrm{d}y)^2-2a_{12}\mathrm{d}x\mathrm{d}y+a_{22}(\mathrm{d}x)^2=0 \tag{5}$$

的解的充要条件是函数 $u=\phi(x,y)$ 是偏微分方程 $a_{11}\left(\dfrac{\partial u}{\partial x}\right)^2+2a_{12}\dfrac{\partial u}{\partial x}\dfrac{\partial u}{\partial y}+a_{22}\left(\dfrac{\partial u}{\partial y}\right)^2=0$ 的解.

证明 充分性. $u=\phi(x,y)$ 是偏微分方程的解，于是 $u_x=\phi_x,u_y=\phi_y$，则

$$a_{11}\left(\frac{\partial\phi}{\partial x}\right)^2+2a_{12}\frac{\partial\phi}{\partial x}\frac{\partial\phi}{\partial y}+a_{22}\left(\frac{\partial\phi}{\partial y}\right)^2=0\Rightarrow a_{11}\left(\frac{\phi_x}{\phi_y}\right)^2+2a_{12}\frac{\phi_x}{\phi_y}+a_{22}=0.$$

又因为 $\phi(x,y)=C\Rightarrow y=f(x,C)$，则有 $\dfrac{\mathrm{d}y}{\mathrm{d}x}=-\dfrac{\phi_x}{\phi_y}\bigg|_{y=f(x,C)}$. 代入上式可得

$$\left[a_{11}\left(\frac{\mathrm{d}y}{\mathrm{d}x}\right)^2-2a_{12}\frac{\mathrm{d}y}{\mathrm{d}x}+a_{22}\right]\bigg|_{y=f(x,C)}=0,$$

也即 $a_{11}(\mathrm{d}y)^2-2a_{12}\mathrm{d}x\mathrm{d}y+a_{22}(\mathrm{d}x)^2=0$.

必要性. $\phi(x,y)=C$ 是常微分方程 $a_{11}(\mathrm{d}y)^2-2a_{12}\mathrm{d}x\mathrm{d}y+a_{22}(\mathrm{d}x)^2=0$ 的解，则有

$$a_{11}\left(\frac{\phi_x}{\phi_y}\right)^2+2a_{12}\frac{\phi_x}{\phi_y}+a_{22}=0\Rightarrow a_{11}\phi_x^2+2a_{12}\phi_x\phi_y+a_{22}\phi_y^2=0.$$

要证明 $u=\phi(x,y)$ 是偏微分方程 $a_{11}\left(\dfrac{\partial u}{\partial x}\right)^2+2a_{12}\dfrac{\partial u}{\partial x}\dfrac{\partial u}{\partial y}+a_{22}\left(\dfrac{\partial u}{\partial y}\right)^2=0$ 的解，必须证明对任何点 (x_0,y_0) 都有 $(a_{11}\phi_x^2+2a_{12}\phi_x\phi_y+a_{22}\phi_y^2)(x_0,y_0)=0$. 由于 C 是任意常数，则总存在这样的常数 C 使得 $\phi(x_0,y_0)=C$，由此而有 $(a_{11}\phi_x^2+2a_{12}\phi_x\phi_y+a_{22}\phi_y^2)(x_0,y_0)\big|_{y_0=f(x_0,C)}=0$ 成立.

定义 称一阶常微分方程(5)为二阶线性偏微分方程(4)的特征方程；称特征方程的积分曲线为二阶线性偏微分方程(4)的特征曲线.

为了求解特征方程的积分曲线,可以化为

$$\frac{dy}{dx} = \frac{a_{12} - \sqrt{a_{12}^2 - a_{11}a_{22}}}{a_{11}} \quad \text{和} \quad \frac{dy}{dx} = \frac{a_{12} + \sqrt{a_{12}^2 - a_{11}a_{22}}}{a_{11}}.$$

从上式可以得到,特征方程的解取决于它的判别式

$$\Delta = a_{12}^2 - a_{11}a_{22}.$$

在点 (x_0, y_0),如果 $\Delta > 0$,则在此点有两条不同的实特征线,此时称方程在此点是双曲方程;如果 $\Delta = 0$,则在此点有两条相同的实特征线,此时称方程在此点是抛物方程;如果 $\Delta < 0$,则在此点无实特征线,此时称方程在此点是椭圆方程;如果在区域 Ω 内恒有 $\Delta > 0$(或者 $\Delta = 0$ 或者 $\Delta < 0$),则称方程在区域 Ω 内为双曲方程(抛物方程或者椭圆方程). 否则称是混合型的.

例如,弦振动方程 $\frac{\partial^2 u}{\partial t^2} = a^2 \frac{\partial^2 u}{\partial x^2}$,则 $\Delta = a^2 > 0$;一维热传导方程 $\frac{\partial u}{\partial t} = a^2 \frac{\partial^2 u}{\partial x^2}$,则 $\Delta = 0$;二维位势方程 $\frac{\partial^2 u}{\partial x^2} + \frac{\partial^2 u}{\partial y^2} = 0$,则 $\Delta = -1 < 0$.

练 习 题

1. 请指出方程是几阶的,是线性还是非线性的?

① $\left[1 + \left(\frac{\partial u}{\partial x}\right)^2\right] \frac{\partial^2 u}{\partial y^2} - 2 \frac{\partial u}{\partial x} \frac{\partial u}{\partial y} + \left[1 + \left(\frac{\partial u}{\partial y}\right)^2\right] \frac{\partial^2 u}{\partial x^2} = 0.$

② $\rho \frac{\partial^2 u}{\partial t^2} + K \frac{\partial^4 u}{\partial x^4} = 0.$

③ $\left(\frac{\partial u}{\partial x}\right)^2 + \left(\frac{\partial u}{\partial y}\right)^2 + \left(\frac{\partial u}{\partial z}\right)^2 = f(x, y, z).$

2. 利用换元 $y = x - t$,将对流方程 $\frac{\partial u}{\partial t} - \frac{\partial u}{\partial x} = 0$ 简化为 $\frac{\partial u}{\partial y} = 0$.

3. 本题的目的是考虑高阶方程与一阶方程组之间的相互等价性的问题. 考虑关于 x, t 的方程

$$a_{11} \frac{\partial^2 u}{\partial x^2} + 2a_{12} \frac{\partial^2 u}{\partial x \partial t} + a_{22} \frac{\partial^2 u}{\partial t^2} + b_1 \frac{\partial u}{\partial x} + b_2 \frac{\partial u}{\partial t} = R.$$

引进变量 $f = u_t, g = u_x$. 设 $\varphi(x, t) = C$ 是方程的特征线. 请回答:

① 证明: $u_t = \frac{Du}{Dt} + u_x \frac{\varphi_t}{\varphi_x}, f_t = \frac{Df}{Dt} + f_x \frac{\varphi_t}{\varphi_x}, g_t = \frac{Dg}{Dt} + g_x \frac{\varphi_t}{\varphi_x}.$

② 证明: $u_x = \frac{Du}{Dx} + u_t \frac{\varphi_x}{\varphi_t}, f_x = \frac{Df}{Dx} + f_t \frac{\varphi_x}{\varphi_t}, g_x = \frac{Dg}{Dx} + g_t \frac{\varphi_x}{\varphi_t}.$

③ 证明: $a_{11} \frac{\partial g}{\partial x} + a_{12} \frac{\partial g}{\partial t} + a_{12} \frac{\partial f}{\partial x} + a_{22} \frac{\partial f}{\partial t} + b_1 \frac{\partial u}{\partial x} + b_2 \frac{\partial u}{\partial t} = R.$

④ 利用问题①消除问题③中的关于时间的偏导数的项,即消除 $\left(\dfrac{\partial f}{\partial t}, \dfrac{\partial g}{\partial t}, \dfrac{\partial u}{\partial t}\right)$.

⑤ 证明: $f_x = g_t$.

⑥ 利用问题①~⑤的结果以及引进的变量,导出以空间导数 $\left(\dfrac{\partial \boldsymbol{U}}{\partial x} = (u_x, f_x, g_x)^{\mathrm{T}}\right)$ 为未知量的微分方程组,即 $\boldsymbol{M}_{3\times 3}\dfrac{\partial \boldsymbol{U}}{\partial x} = \boldsymbol{F}$,其中右边的非齐次项 $\boldsymbol{F}$ 是关于 $\dfrac{Du}{Dt}, \dfrac{Df}{Dt}, \dfrac{Dg}{Dt}$ 等变量的函数向量.

⑦ 令⑥的系数矩阵 $\boldsymbol{M}$ 的行列式 $\det(\boldsymbol{M}) = 0$,你会发现什么?

4. 证明 $u(x,y) = f(x+at) + g(x-at)$ 和 $u(x,t) = \dfrac{1}{2a}\int_{x-at}^{x+at} g(\xi)\mathrm{d}\xi$ 都是齐次弦振动方程的通解,其中 f, g 都满足相关的条件.

5. 设 $r^2 = x^2 + y^2$,证明 $u(r) = \ln r$,$(x,y) \neq (0,0)$ 是 Laplace 方程在任何不包含坐标原点的定解区域上的解.

6. 考虑热传导方程 $u_t - u_{xx} = 0$.

① 证明 $u(x,t) = \dfrac{1}{\sqrt{4\pi at}}\mathrm{e}^{-\frac{x^2}{4\pi at}}$ ($x \in \mathbf{R}, t > 0$) 是方程的解.

② 取 $a = 1$,用数学软件(MATLAB,Mathematic 或者 Maple)画出在不同时刻的解的函数图像,并观察当 $t \to 0$ 时,温度是如何变化的.

③ 取不同的参数 a,画出函数图像,观察参数的影响.

7. 求方程 $u_{xx} = 0$ $(0 < x < 1, t > 0)$ 在边界条件 $u(0,t) = t^2, u(1,t) = 1$ $(t > 0)$ 的解.

8. 求 $u_{xt} + 3u_x = 1$ 的通解. 提示:换元法 $v = u_x$.

9. 证明:利用换元法 $v = \mathrm{e}^u$ 可将非线性方程 $u_t = u_x^2 + u_{xx}$ 变为线性方程.

10. 考虑椭圆方程 $u_{xx} + u_{yy} = 0$ $(x \in \mathbf{R}, y > 0)$.

① 证明 $\mathrm{e}^{-\xi y}\sin(\xi x)$ ($x \in \mathbf{R}, y > 0$) 是方程的解.

② 证明 $u(x,y) = \int_0^\infty c(\xi)\mathrm{e}^{-\xi y}\sin(\xi x)\mathrm{d}\xi$ 也是方程的解,其中 $c(\xi)$ 是连续有界.

③ 证明 $u(x,y) = \arctan\left(\dfrac{y}{x}\right)$ 是方程的解.

11. 求 $y^2\dfrac{\partial^2 u}{\partial y^2} - x^2\dfrac{\partial^2 u}{\partial x^2} = 0$ 的特征线.

12. 证明 $\dfrac{\partial^2 u}{\partial x \partial y} = 0$ 是双曲方程.

13. 写出 $a(x,y)\dfrac{\partial^2 u}{\partial x^2} - 2b(x,y)\dfrac{\partial^2 u}{\partial x \partial y} + c(x,y)\dfrac{\partial^2 u}{\partial y^2} + f(u, \nabla u) = 0$ 的特征方程,讨论系数满足的条件并对方程进行分类.

14. 设 $u(x,t) = A\mathrm{e}^{\mathrm{i}(\xi x - \omega t)}$ 是线性齐次方程的解. 其中 A 是振幅,ξ 是波数,ω 是频率,请

将解代入下面的微分方程,并化简,求出 ξ 与 ω 之间的关系,此关系称为色散关系.

① $u_t - u_{xx} = 0$. ② $u_{tt} - u_{xx} = 0$. ③ $u_t - u_x = 0$. ④ $u_t - u_{xxx} = 0$.

15. 考虑变系数对流方程

$$\begin{cases} \dfrac{\partial u}{\partial t} + \dfrac{\partial (cu)}{\partial x} = 0, & \forall x \in \mathbf{R}, t > 0, \\ u(x,0) = u_0(x), & \forall x \in \mathbf{R}, \end{cases}$$

其中 $c(x)$ 是恒不为 0 的函数. 请回答下面的问题:

① 设 $f(x,t) = c(x)u(x,t)$,证明它满足如下方程:

$$\dfrac{\partial f}{\partial t} + c \dfrac{\partial f}{\partial x} = 0, \quad \forall x \in \mathbf{R}, t > 0.$$

② 若 $b(x)$ 满足 $\dfrac{\mathrm{d}b}{\mathrm{d}x} = \dfrac{1}{c(x)}, \forall x \in \mathbf{R}$,取 $\xi(x,t) = t - b(x)$,证明 $\omega(\xi(x,t), t) \equiv f(x,t)$ 满足偏微分方程:

$$\dfrac{\partial \omega}{\partial t} = 0.$$

③ 若 $b(x) \neq 0$,证明 $u(x,t) = \dfrac{c(b^{-1}(b(x)-t))}{c(x)} \cdot u_0(b^{-1}(b(x)-t))$.

④ 若 $c(x) = a + bx$,其中 a 为常数,$b \neq 0$. 求方程的解.

附录　一些著名的常用的偏微分方程

1. Burges 方程：$u_t+uu_x=0$，研究无黏流体流动或 Stream 的粒子流方程.
2. Helmholtz 方程：$\Delta u+k^2 u=0$，研究水下散射.
3. Klein-Gordon 方程：$u_{tt}-c^2\Delta u+m^2 u=0$，研究量子力学.
4. Schrödinger 方程：$iu_t-\Delta u-V(x,u,\bar{u},\nabla u,\nabla\bar{u})=0$，研究量子力学.
5. 多空介质流：$u_t=k\nabla\cdot(u^p\nabla u), k>0, p>1$.
6. 重调和方程：$\Delta^2 u=0$，研究弹性力学.
7. Kdv 方程：$u_t+uu_x+u_{xxx}=0$，浅水波方程.
8. Euler 方程：$u_t+(u\cdot\nabla)u+\dfrac{1}{\rho}\nabla p=0$，研究流体力学.
9. Navier-Stokes 方程：$u_t+(u\cdot\nabla)u+\dfrac{1}{\rho}\nabla p=a^2\Delta u$，研究流体力学.
10. Maxwell 方程：$\boldsymbol{E}_t-\nabla\times\boldsymbol{H}=\boldsymbol{0}, \boldsymbol{H}_t+\nabla\times\boldsymbol{E}=\boldsymbol{0}$.

第 4 章 抛物方程的差分格式

在研究热传导过程、气体膨胀过程和电磁场的传播等问题时,常遇到抛物类型的偏微分方程. 在这类问题的自变量中,有一个时间变量,通常描述的是随时间变化的物理过程,也即所谓的不定常的物理过程. 在介绍差分格式之前,简单列举一些所需要的基本知识.

4.1 预 备 知 识

在讲述差分格式和有限元方法之前,首先回顾本书后面所需要的一些基本理论知识. 首先从使用最多的微积分中的 Taylor 公式和 Gauss 公式开始.

4.1.1 微积分和线性代数基本概念回顾

1. 两个重要公式

Taylor 公式

函数 $u(x)$ 关于空间变量 x 的展开式

$$u(x\pm h) = u(x) \pm h\frac{\partial u}{\partial x} + \frac{h^2}{2}\frac{\partial^2 u}{\partial x^2} \pm \frac{h^3}{6}\frac{\partial^3 u}{\partial x^3} + \frac{h^4}{4!}\frac{\partial^4 u}{\partial x^4} + \cdots + \frac{h^n}{n!}\frac{\partial^n u}{\partial x^n}(\xi).$$

Gauss 公式

$$\iint_{\partial\Omega}(P\cos(n,x)+Q\cos(n,y)+R\cos(n,z))\mathrm{d}s = \iiint_{\Omega}\left(\frac{\partial P}{\partial x}+\frac{\partial Q}{\partial y}+\frac{\partial R}{\partial z}\right)\mathrm{d}v.$$

2. 差分的定义

函数 $u(x)$ 在 x 点处的向前差分:$\delta_x^+ u(x) = u(x+h) - u(x)$.

函数 $u(x)$ 在 x 点处的向后差分:$\delta_x^- u(x) = u(x) - u(x-h)$.

函数 $u(x)$ 在 x 点处的中心差分:$\delta_x^0 u(x) = u(x+h) - u(x-h)$.

函数 $u(x)$ 在 x 点处的二阶中心差分:$\delta_x^2 u(x) = u(x+h) - 2u(x) + u(x-h)$.

3. 复数的欧拉公式以及半角公式

$$e^{i\theta} = \cos\theta + i\sin\theta, \quad \cos\theta = \frac{e^{i\theta}+e^{-i\theta}}{2},$$

$$\sin\theta = \frac{e^{i\theta}-e^{-i\theta}}{2}, \quad 1-\cos\theta = \sin^2\frac{\theta}{2}.$$

4. 矩阵基本概念

正定矩阵:如果对任何非零向量 x,都有 $x^\mathrm{T}Ax > 0$,则称矩阵 A 是正定的.

矩阵的特征值：如果数 λ 是方程 $\det(\lambda I - A) = 0$ 的解，则称 λ 是矩阵 A 的特征值.

矩阵的特征向量：对于特征值 λ，齐次方程 $(\lambda I - A)x = 0$ 的非零向量解称为特征向量.

矩阵多项式：$P(A) = \sum_{j=1}^{n} a_j A^j$，其中 $a_j \in \mathbf{R}, A \in \mathbf{R}^{n \times n}$.

矩阵的谱：所有特征值的集合，称为矩阵的谱.

谱半径：$\rho(A) = \max\limits_{1 \leqslant i \leqslant n} |\lambda_i|$，其中 λ_i 是矩阵 A 的特征值.

性质 1 如果 λ 是矩阵 A 的特征值，则 $P(\lambda)$ 是矩阵多项式 $P(A)$ 的特征值；矩阵 A 的特征向量也是矩阵多项式 $P(A)$ 的特征向量.

5. 特殊矩阵及其基本性质

(1) 三对角阵

$$A = \begin{pmatrix} b & c & & & \\ a & b & c & & \\ & \ddots & \ddots & \ddots & \\ & & a & b & c \\ & & & a & b \end{pmatrix}_{N \times N}.$$

性质 2 三对角矩阵的特征值为

$$\lambda_j = b + 2\sqrt{ac}\cos\frac{j\pi}{N+1},$$

它对应的特征向量为

$$v_j = (v_{j1}, \cdots, v_{jN})^{\mathrm{T}}, \quad v_{jk} = 2\sqrt{\left(\frac{a}{c}\right)^k}\sin\frac{jk\pi}{N+1}, \quad 1 \leqslant k \leqslant N.$$

(2) 严格对角占优阵：当 $A = (a_{ij})_{m \times n}$ 满足 $a_{ii} > \sum\limits_{\substack{j \neq i \\ 1 \leqslant j \leqslant N}}^{N} a_{ij}$ 时，则称矩阵 A 严格对角占优.

性质 3 严格对角占优矩阵是可逆的.

(3) 特殊复矩阵

设矩阵 $A = (c_{ij})_{m \times n}$，其中 $c_{ij} \in \mathbf{C}$，则 A 的共轭转置是 $A^{\mathrm{H}} = (\overline{c_{ji}})_{n \times m}$.

如果 $A \in \mathbf{C}^{n \times n}$，满足 $A^{\mathrm{H}}A = I$，则称 A 称为酉矩阵；如果 $A \in \mathbf{C}^{n \times n}$，满足 $A^{\mathrm{H}} = A$，则 A 称为 Hermite 矩阵. 如果 $A \in \mathbf{C}^{n \times n}$，满足 $A^{\mathrm{H}}A = AA^{\mathrm{H}}$，则称 A 为正规矩阵.

性质 4 对于 Hermite 矩阵 $A \in \mathbf{C}^{n \times n}$，存在酉矩阵 $U \in \mathbf{C}^{n \times n}$，使得

$$U^{\mathrm{H}}AU = \mathrm{diag}(\lambda_1, \lambda_2, \cdots, \lambda_n),$$

其中 $\lambda_1, \lambda_2, \cdots, \lambda_n$ 是 A 的特征值.

性质 5 设矩阵 $A \in \mathbf{C}^{n \times n}$，$A$ 是正规阵的充要条件是存在酉矩阵 $U \in \mathbf{C}^{n \times n}$，使得

$$U^{\mathrm{H}}AU = \mathrm{diag}(\lambda_1, \lambda_2, \cdots, \lambda_n),$$

其中 $\lambda_1, \lambda_2, \cdots, \lambda_n$ 是 A 的特征值.

6. 范数

尽管范数是很专业的数学术语，但可以通俗地将其看成长度（复数的模）或者绝对值或

者距离等三种基本数学概念的推广.抽象的范数定义满足如下三个基本条件:

(1) 非负性或正定性 $||u||\geq 0$,当且仅当 $u=0$ 时,等号成立.

(2) 齐次性 $||au||=|a|\,||u||,\forall a\in \mathbf{R}$.

(3) 三角不等式 $||u+v||\leq ||u||+||v||$.

则称 $||\cdot||$ 为元素 u 的范数.

很容易验证,绝对值、长度或者复数的模都满足上面三条.由于衡量两个元素(实数或者复数或者平面或者三维向量)之间的差别的需要,引进了上面绝对值或者长度或者模的概念.随着数学研究对象的扩大,比如常见函数、高维向量和矩阵等研究对象,上面的三个初等概念需要一般化,于是引进了范数,不同的对象有不同的具体表现形式.针对不同的研究对象(向量、矩阵和函数),下面介绍一些常用的范数,并介绍它们的性质以及相互之间的关系.

三种向量范数

考虑 n 维向量 $\boldsymbol{u}=(u_1,u_2,\cdots,u_n)^T$,列举三种常用的向量范数:

(1) 1-范数:$||u||_1=\sum_{i=1}^{n}|u_i|$.

(2) 2-范数:$||u||_2^2=\sum_{i=1}^{n}|u_i|^2$,也即向量的长度.

(3) ∞-范数或最大范数:$||u||_\infty=\max_{1\leq i\leq n}|u_i|$.

四种矩阵范数

考虑矩阵 $\boldsymbol{A}=(a_{ij})_{n\times n}$,列举四种常用的矩阵范数:

(1) 行范数:$||\boldsymbol{A}||_\infty=\max_{1\leq i\leq n}\sum_{j=1}^{n}|a_{ij}|$.

(2) 列范数:$||\boldsymbol{A}||_1=\max_{1\leq j\leq n}\sum_{i=1}^{n}|a_{ij}|$.

(3) 2-范数:$||u||_2^2=\lambda_{\max}(\boldsymbol{A}\boldsymbol{A}^T),\lambda_{\max}$ 是最大的特征值.

(4) 向量的诱导范数:$||\boldsymbol{A}||_p=\max_{u\neq 0}\dfrac{||\boldsymbol{A}u||_p}{||u||_p}$.

矩阵的条件数:$\mathrm{cond}(\boldsymbol{A})=||\boldsymbol{A}||\cdot||\boldsymbol{A}^{-1}||$,其中的矩阵范数可以是任何矩阵范数.

性质 6 矩阵范数和谱半径之间一些常用的性质:

(1) 矩阵的谱半径不超过任何一种范数,即 $\rho(\boldsymbol{A})\leq ||\boldsymbol{A}||$.

(2) 如果矩阵对称,则有 $\rho(\boldsymbol{A})=||\boldsymbol{A}||_2$.

(3) 如果矩阵的特征值全为非零实数,则 $\mathrm{cond}(\boldsymbol{A})=\dfrac{\max\limits_{1\leq i\leq N}|\lambda_i|}{\min\limits_{1\leq i\leq N}|\lambda_i|}$.

三种函数范数

(1) 最大范数:$||u||_\infty=\max_{a\leq x\leq b}|u(x)|$.

(2) 0-范数或者 L^2 范数:$||u(x)||_0^2=\int_a^b u^2(x)\mathrm{d}x$. 如果 $u(x)$ 是离散的网格函数,则

它的 0-范数或者 L^2 范数是 $\|u\|_2^2 = \sum_{i=1}^{n} |u_i|^2 \cdot \Delta x_i$.

(3) 1-范数：$\|u(x)\|_1^2 = \int_a^b \left[u^2(x) + \left(\dfrac{\mathrm{d}u}{\mathrm{d}x}\right)^2 \right] \mathrm{d}x$.

函数常用的内积
$$(f(x), g(x)) = \int_a^b f(x)g(x)\mathrm{d}x.$$

4.1.2 差分方法的基本概念

差分方法又称为有限差分方法或网格法，是求偏微分方程定解问题的数值解中应用最广泛的方法之一.

它的基本思想是：先对求解区域作网格剖分，将自变量的连续变化区域用有限离散点（网格点）集代替；将问题中出现的连续变量的函数用定义在网格点上离散变量的函数代替；通过用网格点上函数的差商代替导数（或者用其他方法来近似导数），将含连续变量的偏微分方程定解问题化成只含有限个未知数的代数方程组（称为差分格式）. 然后求解代数方程组，得到由定解问题的解在离散点集上的近似值组成的离散解；最后利用插值方法，可从离散解得到定解问题在整个区域上的近似解.

如果差分格式有解，且当网格无限变小时，其解收敛于原微分方程定解问题的解，则差分格式的解就作为原问题的近似解（数值解）. 因此，用差分方法求偏微分方程定解问题一般需要解决以下问题：

(1) 选取网格. 利用网格线将定解区域化为离散化的节点集，是微分方程定解问题离散化为差分方程的基础. 一般来说，由于解的问题各不相同，导致求解区域的不同，网格划分也不尽相同，所以要选取适当的网格.

(2) 对微分方程及定解条件选择差分近似，列出差分格式. 不同的离散化途径得到不同的差分格式.

(3) 求解差分格式.

(4) 讨论差分格式的解对于微分方程解的收敛性及误差估计.

网格剖分

以一维为例进行说明. 首先对定解区域 $D = \{(x,t) \mid -\infty < x < +\infty, t \geq 0\}$ 作网格剖分，最简单常用的一种网格是用两族分别平行于 x 轴与 t 轴的等距直线 $x = x_j = jh, t = t_k = k\tau$；$j = 1, 2, \cdots, M, k = 1, \cdots, K$，将 D 分成许多小矩形区域. 这些直线称为网格线，其交点称为网格点，也称为节点，h 和 τ 分别称作 x 方向和 t 方向的步长. 这种网格称为矩形网格，如图 4.1 所示.

将定解区域剖分成矩形网格. 节点的全体记为
$$S = \{(x_j, t_k) \mid x_j = jh, t_k = k\tau, j, k \in \mathbf{Z}^+ \cup \{0\}\}.$$
定解区域 Ω 内部的节点称为内点，记内点集 Ω 为 $\Omega_{h\tau}$. 边界 Γ 与网格线的交点称为边界点，

边界点全体记为 $\Gamma_{h\tau}$. 与节点 (x_j,t_k) 沿 x 方向或 t 方向只差一个步长的点 $(x_{j\pm1},t_k)$ 和 $(x_j,t_{k\pm1})$ 称为节点 (x_j,t_k) 的相邻节点. 如果一个内点的四个相邻节点均属于 $\Omega\cup\Gamma$ 称为正则内点, 正则内点的全体记为 $\Omega^{(1)}$, 至少有一个相邻节点不属于 $\Omega\cup\Gamma$ 的内点称为非正则内点, 非正则内点的全体记为 $\Omega^{(2)}$. 如图 4.2 所示, "○"表示正则内点, "×"表示非正则内点.

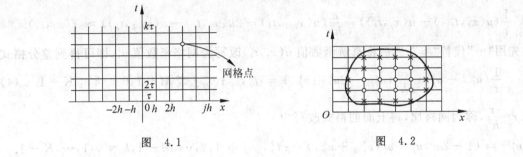

图 4.1　　　　　　　　　图 4.2

4.2 三种古典差分格式

考虑一维非齐次热传导的定解问题

$$\frac{\partial u}{\partial t} - a\frac{\partial^2 u}{\partial x^2} = f(x,t), \quad 0 < x < 1, \quad T \geqslant t > 0,$$

$$u(x,0) = \phi(x), \quad 0 < x < 1,$$

$$u(0,t) = \varphi_1(t), \quad u(1,t) = \varphi_2(t), \quad 0 < t \leqslant T.$$

4.2.1 最简显式格式

方法一: Taylor 公式

定义 Ω_h 上的网格函数 $U = \{u_j^k \mid u_j^k = u(x_j,t_k), 0 \leqslant j \leqslant J, 0 \leqslant k \leqslant K\}$. 目前符号暂时混用, u_j^k 和 $u(x_j,t_k)$ 视为相同. 随后, 马上区分, $u(x_j,t_k)$ 表示函数在节点 (x_j,t_k) 的真实值, 而 u_j^k 表示节点处的近似值, 也即 $u_j^k \approx u(x_j,t_k)$.

考虑方程在节点 (x_j,t_k) 的取值, 有

$$\frac{\partial u}{\partial t}(x_j,t_k) - a\frac{\partial^2 u}{\partial x^2}(x_j,t_k) = f_j^k, \quad 1 \leqslant j \leqslant M-1, \quad 0 \leqslant k \leqslant K-1. \quad (1)$$

由 Taylor 展开公式有

$$\frac{\partial u}{\partial t}(x_j,t_k) = \frac{1}{\tau}(u(x_j,t_{k+1}) - u(x_j,t_k)) - \frac{\tau}{2}u_{tt}(x_j,\eta_{jk}), \quad t_k < \eta_{jk} < t_{k+1}, \quad (2)$$

$$a\frac{\partial^2 u}{\partial x^2}(x_j,t_k) = \frac{a}{h^2}(u(x_{j+1},t_k) - 2u(x_j,t_k) + u(x_{j-1},t_k)) - \frac{ah^2}{12}\frac{\partial^4 u}{\partial x^4}(\xi_{jk},t_k),$$

$$x_{j-1} < \xi_{jk} < x_{j+1}. \quad (3)$$

将式(2)、式(3)代入微分方程(1)得到

$$\frac{1}{\tau}(u(x_j,t_{k+1})-u(x_j,t_k))-\frac{a}{h^2}(u(x_{j+1},t_k)-2u(x_j,t_k)+u(x_{j-1},t_k))$$
$$=f(x_j,t_k)+\frac{\tau}{2}u_{tt}(x_j,\eta_{ik})-\frac{ah^2}{12}\frac{\partial^4 u}{\partial x^4}(\xi_{jk},t_k).$$

忽略上式右边的高阶无穷小量,得到如下近似等式
$$\frac{1}{\tau}(u(x_j,t_{k+1})-u(x_j,t_k))-\frac{a}{h^2}(u(x_{j+1},t_k)-2u(x_j,t_k)+u(x_{j-1},t_k))\approx f(x_j,t_k).$$

首先用"="代替"≈",然后将真解函数值 $u(x_j,t_k)$ 改写为网格函数值 u_j^k,即可得到差分格式
$$\frac{1}{\tau}(u_j^{k+1}-u_j^k)-\frac{a}{h^2}(u_{j+1}^k-2u_j^k+u_{j-1}^k)=f_j^k,\quad 1\leqslant j\leqslant M-1, 0<k\leqslant K-1. \quad (4)$$

记 $r=\dfrac{\tau}{h^2}$,称为网格比,将上面的格式改写为
$$u_j^{k+1}=(1-2ar)u_j^k+ar(u_{j+1}^k+u_{j-1}^k)+\tau f_j^k,\quad j=1,2,\cdots,M-1,k=0,1,\cdots,K-1.$$

被忽略的无穷小项,称为局部截断误差,记为
$$R_j^k=\frac{\tau}{2}u_{tt}(x_j,\eta_{jk})-\frac{ah^2}{12}\frac{\partial^4 u}{\partial x^4}(\xi_{jk},t_k)\quad \text{或者}\quad R_j^k=\frac{\tau}{2}u_{tt}(x_j,t_k)-\frac{ah^2}{12}\frac{\partial^4 u}{\partial x^4}(x_j,t_k)+\cdots,$$

其中 $\dfrac{\tau}{2}u_{tt}(x_j,t_k)-\dfrac{ah^2}{12}\dfrac{\partial^4 u}{\partial x^4}(x_j,t_k)$ 称为误差主项,或者更简洁地记为 $O(\tau+h^2)$.

用矩阵表示方程组,记
$$\boldsymbol{U}^k=(u_1^k,u_2^k,\cdots,u_{M-1}^k)^{\mathrm{T}},\quad \boldsymbol{F}^k=(f_1^k,f_2^k,\cdots,f_{M-1}^k)^{\mathrm{T}},$$

则式(4)可以表示为
$$\boldsymbol{U}^{k+1}=[ar\boldsymbol{C}+(1-2ar)\boldsymbol{I}]\boldsymbol{U}^k+\tau\boldsymbol{F}^k=\boldsymbol{A}\boldsymbol{U}^k+\tau\boldsymbol{F}^k.$$

其中

$$\boldsymbol{A}=\begin{pmatrix} 1-2ar & ar & & & \\ ar & 1-2ar & ar & & \\ & \ddots & \ddots & \ddots & \\ & & ar & 1-2ar & ar \\ & & & ar & 1-2ar \end{pmatrix},\quad \boldsymbol{C}=\begin{pmatrix} 0 & 1 & & & \\ 1 & 0 & 1 & & \\ & \ddots & \ddots & \ddots & \\ & & 1 & 0 & 1 \\ & & & 1 & 0 \end{pmatrix}$$

其节点结构图如图 4.3 所示:

方法二:差商法

构造特点是用一阶向前差商代替时间方向的微商,用二阶中心差商代替在空间上的二阶微商,得到差分方程.于是下面定义相应的差商:

在时间方向的向前差商
$$\frac{\delta_t^+ u_j^k}{t_{k+1}-t_k}=\frac{u(x_j,t_{k+1})-u(x_j,t_k)}{t_{k+1}-t_k};$$

在空间方向的二阶中心差商

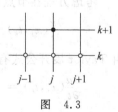

图 4.3

4.2 三种古典差分格式

$$\frac{\delta_x^2 u_j^k}{(x_{j+1}-x_j)^2} = \frac{u(x_{j+1},t_k) - 2u(x_j,t_k) + u(x_{j-1},t_k)}{(x_{j+1}-x_j)^2}.$$

不妨假设在空间和时间都是等步长的,即 $t_{k+1}-t_k=\tau, x_{j+1}-x_j=h$. 将上面两个差商代入式(1)中相应的导数,于是得到差分格式

$$\frac{1}{\tau}(u_j^{k+1}-u_j^k) = \frac{a}{h^2}(u_{j+1}^k - 2u_j^k + u_{j-1}^k) + f_j^k, \quad 1 \leqslant j \leqslant M-1, \quad 0 \leqslant k \leqslant K-1.$$

所以最简显式格式也称为向前差分格式.

例 4.1 应用最简显差分格式计算

$$\begin{cases} \dfrac{\partial u}{\partial t} = \dfrac{\partial^2 u}{\partial x^2}, & 0 < x < 1, \quad t > 0, \\ u(x,0) = e^{-x}, & 0 < x < 1, \\ u(0,t) = e^t, \quad u(1,t) = e^{-1+t}, & t > 0. \end{cases}$$

方程的精确解为 $u(x,t) = e^{-x+t}$,它的曲面图像如图 4.4 所示,近似解和误差曲面图如图 4.5~图 4.7 所示.

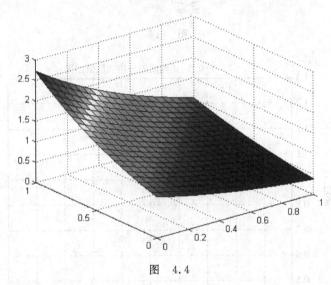

图 4.4

4.2.2 最简隐式格式

方法一:Taylor 公式法

在节点 (x_j,t_k) 处考虑微分方程的取值,有

$$\frac{\partial u}{\partial t}(x_j,t_k) - a\frac{\partial^2 u}{\partial x^2}(x_j,t_k) = f(x_j,t_k), \quad 1 \leqslant j \leqslant M-1, 1 \leqslant k \leqslant K.$$

利用 Taylor 公式,把 $u(x_j,t_{k-1})$ 在 (x_j,t_k) 点展开,有

$$u(x_j,t_{k-1}) = u(x_j,t_k) - \tau u_t(x_j,t_k) + \frac{\tau^2}{2}u_{tt}(x_j,\eta_{jk}), \quad t_{k-1} < \eta_{jk} < t_k.$$

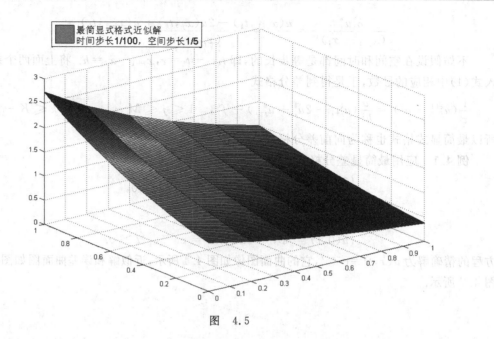

图 4.5

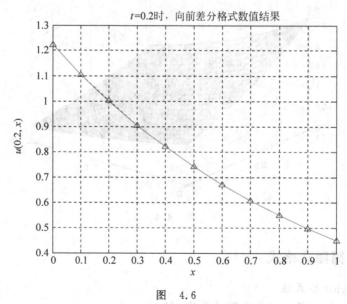

图 4.6

空间上的偏导数相同于最简显式格式,于是得到格式

$$\frac{1}{\tau}(u_j^k - u_j^{k-1}) = \frac{a}{h^2}(u_{j+1}^k - 2u_j^k + u_{j-1}^k) + f_j^k, \quad 1 \leqslant j \leqslant M-1, 1 \leqslant k \leqslant K,$$

即

4.2 三种古典差分格式

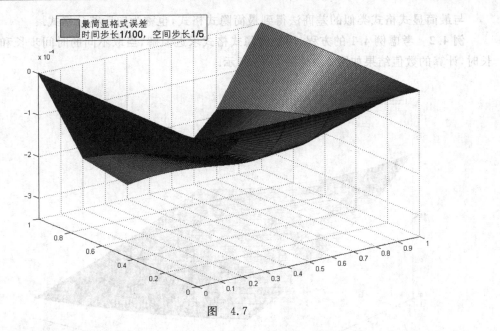

图 4.7

$$u_j^k - ar(u_{j-1}^k - 2u_j^k + u_{j+1}^k) = u_j^{k-1} + \tau f_j^k, \quad 1 \leqslant j \leqslant M-1, 1 \leqslant k \leqslant K.$$

最简隐式格式的局部截断误差为

$$R_j^k = -\frac{\tau}{2} u_{tt}(x_j, \eta_{ik}) - \frac{ah^2}{12} \frac{\partial^4 u}{\partial x^4}(\xi_{jk}, t_k) = -\frac{\tau}{2} u_{tt}(x_j, t_k) - \frac{ah^2}{12} \frac{\partial^4 u}{\partial x^4}(x_j, t_k) + \cdots.$$

或者记为 $O(\tau+h^2)$. 其中第二个等号后面表达式的前两项称为误差主项.

方程组的矩阵表示形式为

$$\boldsymbol{A}\boldsymbol{U}^{k+1} = \boldsymbol{U}^k + \tau \boldsymbol{F}^{k+1},$$

其中 $\boldsymbol{A} = [(1+2ar)\boldsymbol{I} + ar\boldsymbol{C}]$,

$$\boldsymbol{A} = \begin{bmatrix} 1+2ar & -ar & & & \\ -ar & 1+2ar & -ar & & \\ & \ddots & \ddots & \ddots & \\ & & -ar & 1+2ar & -ar \\ & & & -ar & 1+2ar \end{bmatrix}.$$

其节点结构图如图 4.8 所示.

方法二：差商法

构造特点是用一阶向后差商代替时间方向的微商，用二阶中心差商代替在空间上的二阶微商，所得到的差分方程.

定义时间方向的向后差商

$$\frac{\delta_{\bar{t}} u_j^k}{t_k - t_{k-1}} = \frac{u(x_j, t_k) - u(x_j, t_{k-1})}{t_k - t_{k-1}}.$$

图 4.8

与最简显式格式类似的差商法得到最简隐式格式,也称为向后差分格式.

例 4.2 考虑例 4.1 的方程,用最简隐式格式求近似解,当取不同的时间步长和空间步长时,计算的数值结果如图 4.9～图 4.13 所示.

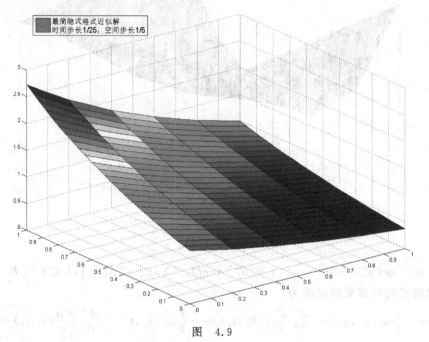

图 4.9

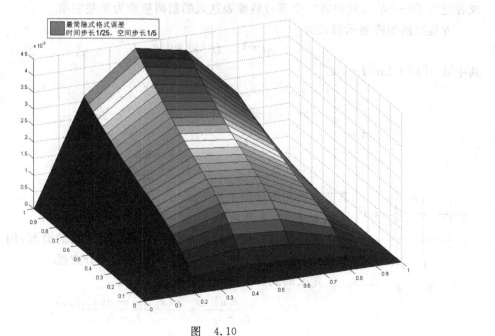

图 4.10

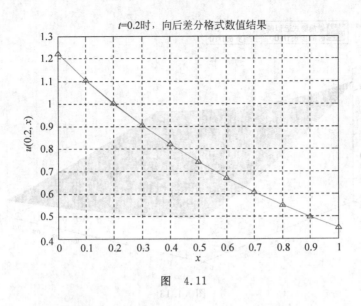

图 4.11

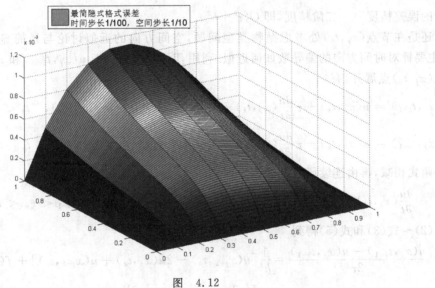

图 4.12

4.2.3 Richardson 格式

从前面的两个格式的讨论可知,它们的局部截断误差是 $O(\tau+h^2)$,即关于时间上的误差是一阶的,空间的误差是二阶的. 从差商法的方法角度考虑,因为在差商法中,使用向前差商和向后差商近似导数值,它们的误差的阶是一阶的,所以,差分格式的局部截断误差也是一阶. 为了提高局部误差的精度,很显然,如果在空间方向使用一阶中心差商,就可以得到更

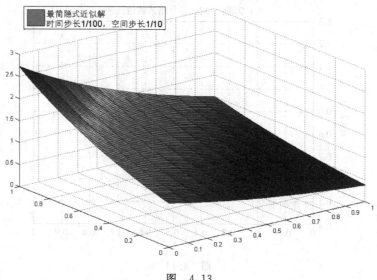

图 4.13

高阶的误差精度——二阶精度，即 $O(\tau^2 + h^2)$.

还是在节点 (x_j, t_k) 处考虑抛物类型问题，空间方向的近似讨论与最简显隐式格式相同，主要针对时间方向的偏导数如何近似. 利用 Taylor 公式，把 $u(x_j, t_{k+1})$ 和 $u(x_j, t_{k-1})$ 分别在 (x_j, t_k) 点展开，有

$$u(x_j, t_{k+1}) = u(x_j, t_k) + \tau \frac{\partial u}{\partial t}(x_j, t_k) + \frac{\tau^2}{2} u_{tt}(x_j, t_k) + \frac{\tau^3}{3!} u_{tt}(x_j, \eta_{jk}), \quad t_k < \eta_{jk} < t_{k+1},$$

$$u(x_j, t_{k-1}) = u(x_j, t_k) - \tau \frac{\partial u}{\partial t}(x_j, t_k) + \frac{\tau^2}{2} u_{tt}(x_j, t_k) - \frac{\tau^3}{3!} u_{tt}(x_j, \xi_{jk}), \quad t_{k-1} < \xi_{jk} < t_k.$$

上面两式相减，再由连续函数的介值定理，有

$$\frac{\partial u}{\partial t}(x_j, t_k) = \frac{u(x_j, t_{k+1}) - u(x_j, t_{k-1})}{2\tau} - \frac{\tau^2}{6} \frac{\partial^3 u}{\partial t^3}(x_j, \xi_k), \quad t_{k-1} < \xi_{jk} < t_{k+1}, \tag{5}$$

由式(2)~式(3)和式(5)得到

$$\frac{u(x_j, t_{k+1}) - u(x_j, t_{k-1})}{2\tau} = \frac{1}{h^2}[u(x_{j+1}, t_k) - 2u(x_j, t_k) + u(x_{j-1}, t_k)] + f(x_j, t_k)$$

$$- \frac{h^2}{12} \frac{\partial^4 u}{\partial x^4}(\rho_{jk}, t_k) + \frac{\tau^2}{6} \frac{\partial^3 u}{\partial t^3}(x_j, \xi_{jk}),$$

忽略高阶小量项，得到

$$\frac{1}{2\tau}(u_j^{k+1} - u_j^{k-1}) = \frac{a}{h^2}(u_{j+1}^k - 2u_j^k + u_{j-1}^k) + f_j^k, \quad 1 \leqslant j \leqslant M-1, 1 \leqslant k \leqslant K-1,$$

它的矩阵形式是

$$U^{k+1} = U^{k-1} + 2r(C - 2I)U^k + 2\tau F^k.$$

Richardson 是一个三层格式，只有同时利用到 $k-1$ 和 k 层的全部数值，才可能求 $k+1$

层上的数值解.其节点结构图如图 4.14 所示.

例 4.3 考虑例 4.1 的方程,用 Richardson 求近似解.计算的数值结果如图 4.15～图 4.16 所示.

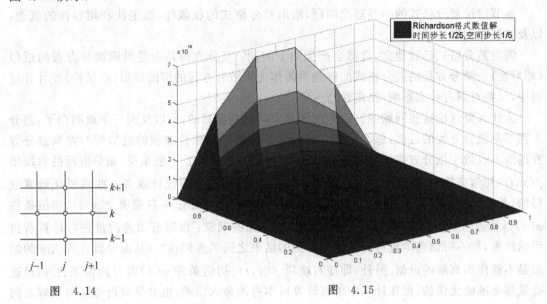

图 4.14　　　　　　　　　　图 4.15

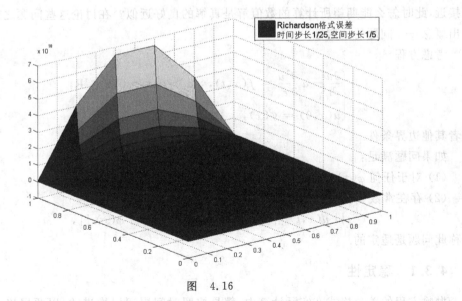

图 4.16

4.3 稳定性、相容性、收敛性

本节讨论差分格式的一些理论问题,给出差分格式的收敛性、稳定性和相容性的概念,以及它们之间的关系.

假设差分格式已经建立,自然会产生如下问题:差分方程是否是对原微分方程的近似(相容性)?微分方程的差分格式的解是否能作为原微分方程的解的近似(收敛性)?计算过程中,误差对解有什么影响(稳定性)?

为什么要讨论这些问题呢?因为前面两个问题是显然的,所以反问一下就明白了,差分方程不是微分方程的近似,那么差分方程的解怎么能作为微分方程的近似呢?如果差分方程的解不收敛于微分方程的解,那还是微分方程的近似解吗?一般来说,微分方程的右端项 $f(x,t)$、初值条件 $\varphi(x)$ 以及边值条件 $\psi(t)$ 都是通过测量、资料统计或者一些理想化运算取得的,是不可避免带有误差的. 如果差分方程的解不能连续地依赖右端项 $f(x,t)$、初值条件 $\varphi(x)$ 以及边值条件 $\psi(t)$,那么在计算中会出现下面的现象:以带有误差的量进行计算所得到的结果,与不带误差的量进行计算所得到的结果之间的差别很大,从而导致计算出来的结果是不能作为真解的近似. 另外,即使右端项 $f(x,t)$、初值条件 $\varphi(x)$ 以及边值条件 $\psi(t)$ 这些量都是准确无误的,但在计算中也有计算机本身的舍入误差,也会导致近似解与真解之间巨大的差别. 所以一个不稳定的差分格式或者算法是没有使用价值的. 差分格式的收敛性也是如此,如果差分格式没有收敛性,当网格充分小时,差分格式的解与微分方程的解不能充分接近,此时怎么能期望所计算的数值解是真解的良好近似?在讨论这些问题之前,首先要给出概念——问题的适定性.

考虑方程

$$\begin{cases} \dfrac{\partial u}{\partial t} - a\dfrac{\partial^2 u}{\partial x^2} = f(x,t), & a>0, t>0, x \in \mathbf{R}, \\ u(x,0) = \varphi(x), & x \in \mathbf{R}. \end{cases}$$

或者其他边界条件.

如果问题满足:

(1) 对于任何 $\varphi(x)$,以 $\varphi(x)$ 为初值的解唯一存在.

(2) 存在常数 c,使得,对任何 $t>0$,都有

$$||u(x,t)|| \leqslant c||u(x,0)|| = c||\varphi(x)||,$$

则称此问题是适定的.

4.3.1 稳定性

抛物方程的差分格式在实际计算中,都是按照时间层逐层推进的. 以两层格式为例,在计算第 $k+1$ 层的值 u_j^{k+1} 时,要用到第 k 层计算结果的值 $u_{j-l}^k, u_{j-l+1}^k, \cdots, u_{j+l}^k$,而这些值的

计算误差,必然会传递到 u_j^{k+1},然后误差逐层传递. 所以,有必要分析分析这种误差传递的情况,也即稳定性的研究. 首先通过下面的两个例子来认识差分格式的稳定性的重要性.

例 4.4 考虑齐次热传导方程的二层显式格式

$$u_j^{k+1} = u_j^k + ar(u_{j+1}^k - 2u_j^k + u_{j-1}^k).$$

设计算到第 $k-1$ 层,误差为零,而到第 k 层时,在节点 (x_j, t_k) 出现误差 ε,其余节点没有误差. 那么以后各层的节点的误差 e_j^k 满足

$$e_j^{k+1} = e_j^k + ar(e_{j+1}^k - 2e_j^k + e_{j-1}^k).$$

取 $ar=1$,误差传播情况如下表:

			x_{j-2}	x_{j-1}	x_j	x_{j+1}	x_{j+2}		
...	0	...							
t_k	0	...		0	ε	0			
t_{k+1}	0	...	0	ε	$-\varepsilon$	ε	0		
t_{k+2}	0	...	0	ε	-2ε	3ε	-2ε	ε	
t_{k+3}	0	...	ε	-3ε	6ε	-7ε	6ε	-3ε	ε ... 0

很显然,随着时间层的推进,误差以指数形式增长,越来越大,最终掩盖真实结果. 表明在 $ar=1$ 时,显式格式是不稳定的.

取 $ar=\dfrac{1}{2}$,误差传播情况如下表:

			x_{j-3}	x_{j-2}	x_{j-1}	x_j	x_{j+1}	x_{j+2}	x_{j+3}
...	0	...							
t_k	0	...			0	ε	0		
t_{k+1}	0	...		0	$\dfrac{1}{2}\varepsilon$	0	$\dfrac{1}{2}\varepsilon$	0	
t_{k+2}	0	...	0	$\dfrac{1}{4}\varepsilon$	0	$\dfrac{1}{2}\varepsilon$	0	$\dfrac{1}{4}\varepsilon$	0
t_{k+3}	0	...	$\dfrac{1}{8}\varepsilon$	0	$\dfrac{3}{8}\varepsilon$	0	$\dfrac{3}{8}\varepsilon$	0	$\dfrac{1}{8}\varepsilon$ ... 0

从上表可以看出,误差按照指数减小,越来越小,说明在这些条件下显式格式是稳定的. 此外,通过真实的数值实验也可以证明上面的事实. 最简显式差分格式在不同网格比下的数值的计算结果如图 4.17 所示.

此图可以看出,当网格比不大于 0.5 时,数值结果与真解是很好的逼近. 当网格比大于 0.5 时,数值结果出现了振荡,说明数值结果是不稳定的.

例 4.5 考虑齐次扩散方程的三层 Richardson 格式

$$u_j^{k+1} - u_j^{k-1} = 2ar(u_{j+1}^k - 2u_j^k + u_{j-1}^k).$$

取 $ar=\dfrac{1}{2}$,节点的误差 e_j^k 满足

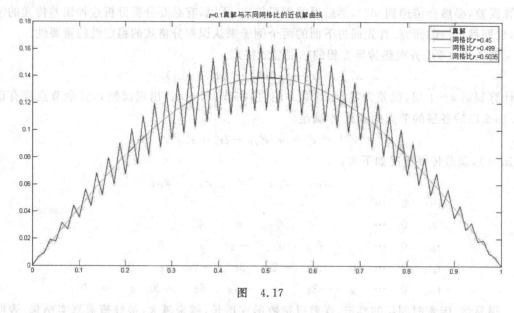

图 4.17

$$e_j^{k+1} = \frac{1}{2}(e_j^k + e_j^{k-1}).$$

假设在节点 (x_j, t_k) 出现误差 ε,其余节点没有误差.误差传播情况如下表

		x_{j-3}	x_{j-2}	x_{j-1}	x_j	x_{j+1}	x_{j+2}	x_{j+3}	
…	0	…	…						
t_k	0	…				ε	0		
t_{k+1}	0	…		0	ε	-2ε	ε	0	
t_{k+2}	0	…	0	ε	-4ε	7ε	-4ε	ε	0
t_{k+3}	0	…	ε	-6ε	17ε	-24ε	17ε	-6ε	ε … 0

可以看出随着时间的推移,误差越来越大,真实解就被误差给淹没了,从上节的例 4.3 的数值结果图 4.15 和图 4.16 证明上面的分析与数值实验是一致的.

从上面的两个例子三种情况来看,差分格式的稳定是需要条件的,或者有些差分格式天生就是"坏的".已经通过例子认识了稳定性的重要性,下面再通过理论分析明确告诉大家如何判断选取"好的"差分格式或者"好的"稳定性条件.

对于一般线形双层格式可写为

$$\sum_l a_l u_{j+l}^{k+1} = \sum_p b_p u_{j+p}^k + \tau f_j^k.$$

或者写为矩阵形式

$$\boldsymbol{A}U^{k+1} = \boldsymbol{B}U^k + \tau \boldsymbol{F}^k. \tag{6}$$

定义 称差分方程(6)是按范数关于初值稳定的,如果存在常数 $M>0, \tau_0>\tau>0$,使得与之相应的齐次方程的解满足不等式

$$||U^k|| \leqslant M||U^0||, \quad \forall\, 0 < k < T/\tau.$$

定义 称差分方程(6)是按范数关于右端稳定的,如果存在 $\tau_0 > \tau > 0$,使得与适合 $U^0 = 0$ 初值条件的解 U^k,满足不等式

$$||U^k|| \leqslant M\tau \sum_{l=0}^{k-1} ||F^l||, \quad 0 < k < T/\tau.$$

其中 M 是与 τ 无关的常数.

定理 如果差分方程(6)是按范数关于初值稳定,则其也是按范数关于右端稳定的.

注 定理表明差分方程的稳定性的讨论可以归结为初值稳定,而且是齐次方程的初值稳定.因此,在以后的章节中,差分方程的稳定性都是指相应的齐次方程的初值稳定.

4.3.2 相容性

定义 如果当 $\tau \to 0$ 和 $h \to 0, k\tau \to t$ 时,微分方程的解 u 充分光滑,差分格式的局部截断误差 $R_j^k \to 0$,即有

$$||R_j^k|| = ||L_h[u]_j^k - [Lu]_j^k|| \to 0,$$

则称差分格式与微分方程相容.其中 $L_h[u]_j^k$ 和 $[Lu]_j^k$ 分别表示差分方程和微分方程在节点 (x_j, t_k) 的取值.

4.3.3 收敛性

定义 设 $u(x,t)$ 是微分方程的真解,u_j^k 是相应差分方程的真解.如果当 $\tau \to 0, h \to 0$ 时,

$$e_j^k = u(x_j, t_k) - u_j^k \to 0,$$

则称差分格式是收敛的.即差分格式的解在网格步长趋近于零时,差分方程的解逼近真解.

注 差分方程的真解含义:差分方程是线性方程组,如果不是显式格式,一般需要迭代求解,求的是近似解.此真解是相对于此近似解而言的.即使是显式格式,在求解过程会出现计算机的四舍五入的情况,也会带来近似解.

例 4.6 证明:当 $0 \leqslant ar \leqslant \dfrac{1}{2}$ 时,抛物方程的最简显式格式是点点收敛的,即当 $\tau \to 0$, $h \to 0$ 时,$u_j^k - u(x_j, t_k) \to 0$.

证明 根据 Taylor 公式推导最简显式格式,可得 $u(x_j, t_k)$ 满足下面的方程:

$$u(x_j, t_{k+1}) = (1 - 2ar)u(x_j, t_k) + ar u(x_{j+1}, t_k) + ar u(x_{j-1}, t_k)$$
$$+ \tau f(x_j, t_k) + \frac{\tau^2}{2} u_{tt}(x_j, \eta_{jk}) - \frac{a\tau h^2}{12} \frac{\partial^4 u}{\partial x^4}(\xi_{jk}, t_k).$$

u_j^k 满足最简显式格式:

$$u_j^{k+1} = (1 - 2ar) u_j^k + ar(u_{j+1}^k + u_{j-1}^k) + \tau f_j^k.$$

上面两式相减可得误差 e_j^k 满足方程:

$$e_j^{k+1} = (1 - 2ar) e_j^k + ar(e_{j+1}^k + e_{j-1}^k) + \tau R_j^k.$$

利用 $0 \leqslant ar \leqslant \frac{1}{2}$ 和最大范数的定义,于是

$$|e_j^{k+1}| \leqslant (1-2ar)|e_j^k| + ar(|e_{j+1}^k|+|e_{j-1}^k|) + \tau \cdot O(\tau+h^2)$$
$$\leqslant \max_{1 \leqslant j \leqslant N} |e_j^k| + \tau \cdot O(\tau+h^2) = |e^k|_\infty + \tau \cdot O(\tau+h^2),$$

由下角标的任意性可得

$$|e^{k+1}|_\infty \leqslant |e^k|_\infty + \tau \cdot O(\tau+h^2).$$

由此递归可得

$$|e^{k+1}|_\infty \leqslant |e^0|_\infty + (k+1)\tau \cdot O(\tau+h^2).$$

又因为 $e^0 = 0$,$(k+1)\tau \to t$,则

$$|e^{k+1}|_\infty \leqslant t \cdot O(\tau+h^2) \xrightarrow{\tau \to 0, h \to 0} 0.$$

结论得证. □

注 差分格式的收敛性问题在实际应用中是很重要的. 一般来说,不收敛的差分格式无实用价值,因此,在编写程序实现之前,最好对收敛性的问题给出明确的答复. 从例 4.5 看出,即使是最简单的差分格式,要证明其收敛也需要一些较复杂的数学技巧,是比较难验证的. 然而下面的定理给出了讨论收敛性一条捷径,从相容性与稳定性可以推出差分的收敛性.

定理(Lax 等价定理) 给定一个适定的线性初值问题,如果逼近它的差分格式是与它相容的,那么差分格式的收敛性是差分格式稳定性的充分必要条件. 此外,如果

$$R_j^k = O(\tau^m + h^n), \quad r_j^k = f(x_j, t_k) - f_j^k = O(\tau^m + h^n), \quad m, n > 0,$$

则有

$$\| u_j^k - u(x_j, t_k) \| = O(\tau^m + h^n)$$

其中 $u(x_j, t_k)$ 是微分方程的真解.

使用这个定理时必须注意的条件:

(1) 问题是初值问题,并包括周期性边界条件的初边值问题;

(2) 初值问题必须是适定的;

(3) 初值问题是线性的,非线性问题可能无这样简洁的关系.

Lax 定理有十分重要的实用意义. 很显然,差分格式的相容性是很容易验证的,而一般差分格式收敛性的证明却是很困难的. 由 Lax 定理将判断差分格式收敛性的问题转化为判断其稳定性问题. 事实上,判断一个差分格式的稳定性,有很多方法和准则. 所以,无论从实际应用还是理论上,格式的稳定性都是讨论的重点.

4.4 判别稳定性的 Fourier 分析方法

因为网格函数 u_j^k 和 f_j^k 只是在网格节点处才有意义,为了使用 Fourier 分析方法,必须对这些网格函数的定义域进行扩充,使它们在全体实数上都有意义. 具体做法就是构造一系

列的分段常数函数,即阶梯函数. 具体函数形式如下:

$$U(x,t_k) = u_j^k, \quad \left(j-\frac{1}{2}\right)h \leqslant x < \left(j+\frac{1}{2}\right)h,$$

$$F(x,t_k) = f_j^k, \quad \left(j-\frac{1}{2}\right)h \leqslant x < \left(j+\frac{1}{2}\right)h.$$

下面以两层显式格式来说明 Fourier 分析方法.

$$u(x_j, t_{k+1}) = u(x_j, t_k) - ar[u(x_j, t_k) - u(x_{j-1}, t_k)],$$

根据函数延拓,差分格式改写为变量形式

$$U(x, t_{k+1}) = U(x, t_k) - ar[U(x, t_k) - U(x-h, t_k)], \tag{7}$$

利用 Fourier 逆变换有

$$U(x, t_{k+1}) = \frac{1}{\sqrt{2\pi}} \int_{-\infty}^{+\infty} \hat{U}(w, t_{k+1}) e^{iwx} dw, \quad U(x, t_k) = \frac{1}{\sqrt{2\pi}} \int_{-\infty}^{+\infty} \hat{U}(w, t_k) e^{iwx} dw,$$

$$U(x-h, t_k) = \frac{1}{\sqrt{2\pi}} \int_{-\infty}^{+\infty} \hat{U}(w, t_k) e^{iw(x-h)} dw,$$

把上面三式代入(7)得到

$$\frac{1}{\sqrt{2\pi}} \int_{-\infty}^{+\infty} \hat{U}(w, t_{k+1}) e^{iwx} dw = \frac{1}{\sqrt{2\pi}} \int_{-\infty}^{+\infty} \hat{U}(w, t_k) e^{iwx} dw$$

$$- ar \left\{ \frac{1}{\sqrt{2\pi}} \int_{-\infty}^{+\infty} \hat{U}(w, t_k) e^{iwx} dw - \frac{1}{\sqrt{2\pi}} \int_{-\infty}^{+\infty} \hat{U}(w, t_k) e^{iw(x-h)} dw \right\}$$

$$= \frac{1}{\sqrt{2\pi}} \int_{-\infty}^{+\infty} \hat{U}(w, t_k) [1 - ar(1 - e^{-iwh})] e^{iwx} dw.$$

由函数系 $\{e^{iwx}\}$ 的线性无关性有

$$\hat{U}(w, t_{k+1}) = \hat{U}(w, t_k)[1 - ar(1 - e^{-iwh})],$$

记 $G(r) = 1 - ar(1 - e^{-iwh})$,称为传播因子或者增长因子.

下面给出差分格式的判别准则.

定理 双层差分格式稳定的充要条件是:存在常数 $M > 0$. 对任何 $0 < \tau \leqslant \tau_0, k\tau \leqslant T$ 有

(1) $||G(r)||^k \leqslant M$ 或者

(2) $||G(r)|| \leqslant 1 + c\tau$,其中 c 是与 h, τ 无关的常数. 此条件称为 Von-Neumann 条件.

下面用 Fourier 分析方法讨论显式格式、隐式格式和 Richardson 格式三种古典格式的稳定性.

4.4.1 最简显式格式

$$\frac{u_j^{k+1} - u_j^k}{\tau} - a \frac{u_{j+1}^k - 2u_j^k + u_{j-1}^k}{h^2} = 0.$$

在实际的计算中,没有必要像前面讨论的那样得到传播因子,实际上只要令 $u_j^k = v^k e^{iwjh}$ 代入差分格式中,即可计算传播因子.

$$v^{k+1}e^{iwjh} - v^k e^{iwjh} - ar(v^k e^{iw(j+1)h} - 2v^k e^{iwjh} + v^k e^{iw(j-1)h}) = 0,$$
$$\Rightarrow (v^{k+1} - v^k)e^{iwjh} - arv^k e^{iwjh}(e^{iwh} - 2 + e^{-iwh}) = 0,$$
$$\Rightarrow v^{k+1} = v^k + arv^k(e^{iwh} - 2 + e^{-iwh})$$
$$\Rightarrow v^{k+1} = v^k\left(1 - 4ar\sin^2\frac{wh}{2}\right).$$

得到传播因子为 $G(r) = 1 - 4ar\sin^2\dfrac{wh}{2}$.

根据定理有 $|G(r)| = \left|1 - 4ar\sin^2\dfrac{wh}{2}\right| \leqslant 1$，得到 $ar \leqslant \dfrac{1}{2}$. 即 $ar \leqslant \dfrac{1}{2}$ 时，传播因子满足 Von-Neumann 条件，因此 $ar \leqslant \dfrac{1}{2}$ 时，最简显式格式稳定，例 4.1 的数值实验也反映了理论上的结果.

4.4.2 最简隐式格式

$$\frac{u_j^k - u_j^{k-1}}{\tau} - a\frac{u_{j+1}^k - 2u_j^k + u_{j-1}^k}{h^2} = 0.$$

令 $u_j^k = v^k e^{iwjh}$ 代入差分格式中，并且整理得到
$$v^k[(1 + 2ar) - ar(e^{iwh} + e^{-iwh})] = v^{k-1}.$$

传播因子
$$G(r) = \frac{1}{1 + 2ar(1 - \cos wh)}.$$

很显然，不等式 $|G(r)| = \left|\dfrac{1}{1 + 2ar(1 - \cos wh)}\right| \leqslant 1$ 恒成立. 因此，隐式格式的稳定性与网格比无任何关系，此时，称格式无条件稳定或者绝对稳定. 在例 4.2 中的数值实验选取了网格比 $r = 1$ 的情况，验证了理论的分析结果.

对于抛物型微分方程组
$$\frac{\partial \boldsymbol{U}}{\partial t} = \boldsymbol{A}\frac{\partial^2 \boldsymbol{U}}{\partial x^2},$$

其中 $\boldsymbol{A}$ 是常系数矩阵，$\boldsymbol{U}$ 是向量.

它的两层格式的一般形式类似于方程，可以写成
$$\sum_l \boldsymbol{A}_l \boldsymbol{U}_{j+l}^{k+1} = \sum_p \boldsymbol{B}_p \boldsymbol{U}_{j+p}^k, \tag{8}$$

其中 $\boldsymbol{A}_l$ 和 $\boldsymbol{B}_p$ 都是矩阵.

按照 Fourier 分析方法，同理可得到类似单个方程的式子
$$V^{k+1} = \boldsymbol{G}(r)V^k.$$

这里的 $\boldsymbol{G}(r)$ 不是一个元素，是一个矩阵，称为传播矩阵或者增长矩阵.

定理 两层差分格式方程组(8)稳定的充要条件是对任何 $0 < \tau \leqslant \tau_0, k\tau \leqslant T$，存在常数

$M > 0$，使得 $||G(r)||^k \leqslant M$.

定理 两层差分格式方程组(8)稳定的必要条件是对任何 $0 < \tau \leqslant \tau_0, k\tau \leqslant T$，有
$$\rho(G(r)) \leqslant 1 + c\tau,$$
其中 c 是与 h, τ 无关的常数，$\rho(G(r))$ 表示传播矩阵的谱半径。上面的条件也称为 Von-Neumann 条件.

对于差分方程组来说，Von-Neumann 条件只是稳定的必要条件，不是充要条件。但是它仍然是很重要的，其重要性在于，在很多的情况下这个条件也是稳定性的充分条件.

定理 设传播矩阵 $G(r)$ 是 n 阶方矩阵：

(1) 若 $G(r)$ 有 n 个不同的特征值，则 Von-Neumann 条件是差分格式组稳定的充分条件.

(2) 若 $G(r)$ 的特征值有重根，但它的谱半径小于 1，则差分格式组稳定.

定理 如果差分格式(8)的传播矩阵 $G(r)$ 是正规阵，那么 Von-Neumann 条件是格式稳定的充要条件.

定理 差分格式(8)的传播矩阵为 $G(r)$，如果存在可逆矩阵 S，使得
$$SGS^{-1} = D, \quad ||S|| \leqslant c_1, \quad ||S^{-1}|| \leqslant c_2,$$
其中 D 是对角阵，则 Von-Neumann 条件是差分方程组稳定的充分条件.

4.4.3 Richardson 格式的稳定性

$$u_j^{k+1} = u_j^{k-1} + 2ar(u_{j+1}^k - 2u_j^k + u_{j-1}^k).$$

这是一个三层格式，不能直接应用两层格式的办法来讨论其稳定性。为了应用两层格式的结论，必须将三层格式化为两层格式方程组。只要再补充一个方程就可以转化为一个方程组，添加的方程是恒等式 $u_j^k = u_j^k$，于是有下面的方程组和三层格式等价.

$$\begin{cases} u_j^{k+1} = u_j^{k-1} + 2ar(u_{j+1}^k - 2u_j^k + u_{j-1}^k), \\ u_j^k = u_j^k. \end{cases}$$

令 $U_j^{k+1} = (u_j^{k+1}, u_j^k)^T$，则方程组矩阵形式

$$U_j^{k+1} = \begin{pmatrix} 2ar & 0 \\ 0 & 0 \end{pmatrix} U_{j+1}^k + \begin{pmatrix} -4ar & 1 \\ 1 & 0 \end{pmatrix} U_j^k + \begin{pmatrix} 2ar & 0 \\ 0 & 0 \end{pmatrix} U_{j-1}^k.$$

它是一个两层格式方程组，于是，可用两层格式方程组的结论.

令 $U_j^k = V^k e^{iwjh}$，并代入方程组得到

$$V^{k+1} e^{iwjh} = \left\{ \begin{pmatrix} 2ar & 0 \\ 0 & 0 \end{pmatrix} V^k e^{-iwh} + \begin{pmatrix} -4ar & 1 \\ 1 & 0 \end{pmatrix} V^k + \begin{pmatrix} 2ar & 0 \\ 0 & 0 \end{pmatrix} V^k e^{iwh} \right\} e^{iwjh}$$

$$= \begin{pmatrix} -4ar + 2ar(e^{iwh} + e^{-iwh}) & 1 \\ 1 & 0 \end{pmatrix} V^k e^{iwjh}.$$

简单的代数运算后，得到传播矩阵

$$G(r) = \begin{pmatrix} -4ar + 2ar(e^{iwh} + e^{-iwh}) & 1 \\ 1 & 0 \end{pmatrix} = \begin{pmatrix} -8ar\sin^2\dfrac{wh}{2} & 1 \\ 1 & 0 \end{pmatrix}.$$

下面求传播矩阵的特征值. 特征方程为

$$\lambda^2 + 8ar\lambda\sin^2\dfrac{wh}{2} - 1 = 0.$$

求解方程得

$$\lambda_{1,2} = -4ar\sin^2\dfrac{wh}{2} \pm \left(1 + 16a^2r^2\sin^4\dfrac{wh}{2}\right)^{\frac{1}{2}}.$$

$$\rho(G) = \max|\lambda_{1,2}| = 4ar\sin^2\dfrac{wh}{2} + \left(1 + 16a^2r^2\sin^4\dfrac{wh}{2}\right)^{\frac{1}{2}} > 1 + 4ar\sin^2\dfrac{\lambda h}{2} > 1.$$

由此，对任何网格比 r, $\rho(G) > 1$，不满足 Von-Neumann 条件，所以，Richardson 格式是绝对不稳定. 例 4.3 的数值结果证明理论分析结果的正确性.

4.5 常系数方程的其他差分格式

4.5.1 Crank-Nicolson 差分格式

考虑齐次微分方程两边在两个节点的中点 $(x_j, t_{k+\frac{1}{2}})$ 的取值，即

$$\dfrac{\partial u}{\partial t}(x_j, t_{k+\frac{1}{2}}) - \dfrac{\partial^2 u}{\partial t^2}(x_j, t_{k+\frac{1}{2}}) = 0.$$

由 Taylor 公式或者中心差商近似

$$\dfrac{\partial u}{\partial t}(x_j, t_{k+\frac{1}{2}}) \approx \dfrac{u_j^k - u_j^{k+1}}{\tau}. \tag{9}$$

对 $\dfrac{\partial^2 u}{\partial x^2}(x_j, t_{k+\frac{1}{2}})$ 先在时间方向上用第 k 层节点 (x_j, t_k) 的二阶导数值 $\dfrac{\partial^2 u}{\partial x^2}(x_j, t_k)$ 和第 $k+1$ 层节点 (x_j, t_{k+1}) 的二阶导数值 $\dfrac{\partial^2 u}{\partial x^2}(x_j, t_{k+1})$ 加权平均，即

$$\dfrac{\partial^2 u}{\partial x^2}(x_j, t_{k+\frac{1}{2}}) \approx \dfrac{1}{2}\left[\dfrac{\partial^2 u}{\partial x^2}(x_j, t_k) + \dfrac{\partial^2 u}{\partial x^2}(x_j, t_{k+1})\right]. \tag{10}$$

然后分别对 $\dfrac{\partial^2 u}{\partial x^2}(x_j, t_k)$ 和 $\dfrac{\partial^2 u}{\partial x^2}(x_j, t_{k+1})$ 在空间方向上用二阶中心差商做近似，即

$$\begin{cases} \dfrac{\partial^2 u}{\partial x^2}(x_j, t_k) \approx \dfrac{1}{h^2}(u_{j+1}^k - 2u_j^k + u_{j-1}^k), \\ \dfrac{\partial^2 u}{\partial x^2}(x_j, t_{k+1}) \approx \dfrac{1}{h^2}(u_{j+1}^{k+1} - 2u_j^{k+1} + u_{j-1}^{k+1}). \end{cases} \tag{11}$$

由式 (9)、式 (10) 和式 (11) 得到如下格式

$$\frac{u_j^{k+1}-u_j^k}{\tau}=\frac{a}{2h^2}[(u_{j+1}^k-2u_j^k+u_{j-1}^k)+(u_{j+1}^{k+1}-2u_j^{k+1}+u_{j-1}^{k+1})].$$

此格式称为 Crank-Nicolson 差分格式. 它的节点结构图如图 4.18 所示:

下面分析上面格式的局部截断误差.

利用 Taylor 公式有

$$\frac{u_j^{k+1}-u_j^k}{\tau}=\frac{\partial u}{\partial t}(x_j,t_{k+\frac{1}{2}})+\frac{\tau^2}{24}\frac{\partial^3 u}{\partial t^3}(x_j,\eta_{j,k}),$$

$$\frac{\partial^2 u}{\partial x^2}(x_j,t_{k+\frac{1}{2}})=\frac{1}{2}\left[\frac{\partial^2 u}{\partial x^2}(x_j,t_k)+\frac{\partial^2 u}{\partial x^2}(x_j,t_{k+1})\right]-\frac{\tau^2}{8}\frac{\partial^4 u}{\partial x^2\partial t^2}(x_j,\xi_{j,k}),$$

$$u_{j+1}^{k+1}-2u_j^{k+1}+u_{j-1}^{k+1}=h^2\frac{\partial^2 u}{\partial x^2}(x_j,t_{k+1})+\frac{h^4}{12}\frac{\partial^4 u}{\partial x^4}(\theta_{j,k+1},t_{k+1}),$$

$$u_{j+1}^k-2u_j^k+u_{j-1}^k=h^2\frac{\partial^2 u}{\partial x^2}(x_j,t_k)+\frac{h^4}{12}\frac{\partial^4 u}{\partial x^4}(\rho_{jk},t_k),$$

从上述四个式子可得到局部截断误差

$$R_j^k=\left[\frac{1}{24}\frac{\partial^3 u}{\partial t^3}(x_j,\eta_{j,k})-\frac{1}{8}\frac{\partial^4 u}{\partial x^2\partial t^2}(x_j,\xi_k)\right]\tau^2$$
$$-\frac{a}{12}\left[\frac{\partial^4 u}{\partial x^4}(\rho_{j,k},t_k)+\frac{\partial^4 u}{\partial x^4}(\theta_{j,k+1},t_{k+1})\right]h^2.$$

因此,Crank-Nicolson 差分格式的误差精度为 $O(h^2+\tau^2)$. 它从表面看起来误差精度好于最简显式格式和最简隐式格式的 $O(h^2+\tau)$,然而实际并非如此. 在实际中,因为有网格比 $r=\frac{\tau}{h^2}$ 是常数,说明 $O(\tau)$ 和 $O(h^2)$ 是同阶的,所以,从本质上来讲,Crank-Nicolson 差分格式的误差精度并没有提高,还是一阶的. 在后面的讨论中,可以给出一个误差精度有实质性提高的格式.

这里从另外一个角度得出 Crank-Nicolson 差分格式.

假设函数 $u(x,t)$ 对时间 t 无穷可导,由 Taylor 级数得到

$$u(x,t+\tau)=u(x,t)+\tau\frac{\partial u}{\partial t}(x,t)+\frac{\tau^2}{2!}\frac{\partial^2 u}{\partial t^2}(x,t)+\cdots+\frac{\tau^n}{n!}\frac{\partial^n u}{\partial t^n}(x,t)+\cdots$$
$$=\left[1+\tau\frac{\partial}{\partial t}+\frac{1}{2!}\left(\tau\frac{\partial}{\partial t}\right)^2+\cdots+\frac{1}{n!}\left(\tau\frac{\partial}{\partial t}\right)^n+\cdots\right]u(x,t)$$
$$=\exp\left(\tau\frac{\partial}{\partial t}\right)u(x,t).$$

即 $u_j^{k+1}=\exp\left(\tau\frac{\partial}{\partial t}\right)u_j^k$,按照代数运算有 $\exp\left(-\frac{1}{2}\tau\frac{\partial}{\partial t}\right)u_j^{k+1}=\exp\left(\frac{1}{2}\tau\frac{\partial}{\partial t}\right)u_j^k$. 因为是齐次方程,得到

$$\exp\left(-\frac{1}{2}a\tau\frac{\partial^2}{\partial x^2}\right)u_j^{k+1}=\exp\left(\frac{1}{2}a\tau\frac{\partial^2}{\partial x^2}\right)u_j^k. \tag{12}$$

对上式利用 Taylor 级数,得到

$$\exp\left(-\frac{1}{2}a\tau\frac{\partial^2}{\partial x^2}\right)u_j^{k+1} = \left[1 - \frac{1}{2}a\tau\frac{\partial^2}{\partial x^2} + \frac{1}{2!}\left(\frac{1}{2}a\tau\frac{\partial^2}{\partial x^2}\right)^2 + \cdots\right]u_j^{k+1}, \quad (13A)$$

$$\exp\left(\frac{1}{2}a\tau\frac{\partial^2}{\partial x^2}\right)u_j^k = \left[1 + \frac{1}{2}a\tau\frac{\partial^2}{\partial x^2} + \frac{1}{2!}\left(\frac{1}{2}a\tau\frac{\partial^2}{\partial x^2}\right)^2 + \cdots\right]u_j^k. \quad (13B)$$

对(13)两式的右端只取前两项代入式(12),得到

$$\left(1 - \frac{1}{2}a\tau\frac{\partial^2}{\partial x^2}\right)u_j^{k+1} = \left(1 + \frac{1}{2}a\tau\frac{\partial^2}{\partial x^2}\right)u_j^k,$$

即

$$u_j^{k+1} - u_j^k = \frac{1}{2}a\tau\left(\frac{\partial^2}{\partial x^2}u_j^{k+1} + \frac{\partial^2}{\partial x^2}u_j^k\right).$$

分别用二阶中心差商代替上式中的二阶微商,就可以到 Crank-Nicolson 格式.

例 4.7 考虑例 4.1 的方程,用 Crank-Nicolson 求近似解.计算的数值结果如图 4.19~图 4.21 所示.

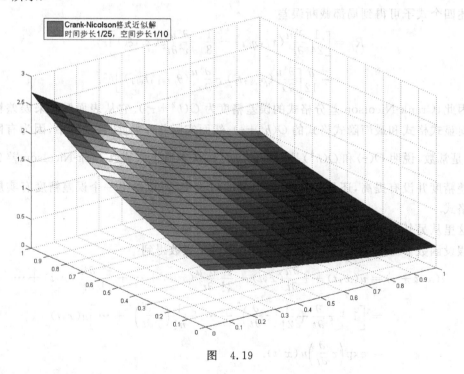

图 4.19

从计算误差曲面图可以看出,尽管局部截断误差精度比最简显式格式和最简隐式格式高,但计算结果并没有显示出来.原因何在?解释请见练习题第 8 题.

4.5 常系数方程的其他差分格式

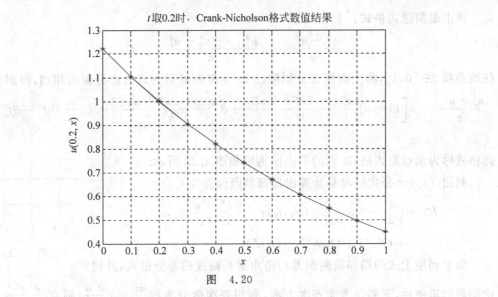

图 4.20

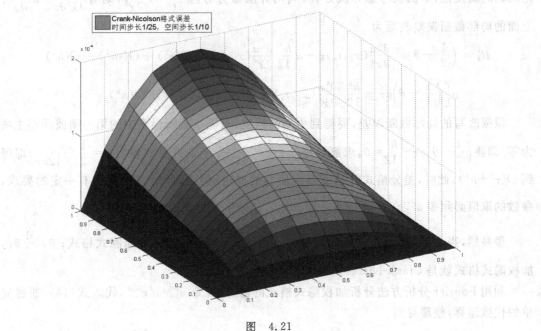

图 4.21

4.5.2 加权隐式格式

将最简显式格式写成

$$\frac{u_j^k - u_j^{k-1}}{\tau} - a \frac{u_{j+1}^{k-1} - 2u_j^{k-1} + u_{j-1}^{k-1}}{h^2} = f_j^{k-1},$$

再由最简隐式格式：
$$\frac{u_j^k - u_j^{k-1}}{\tau} - a\frac{u_{j+1}^k - 2u_j^k + u_{j-1}^k}{h^2} = f_j^k,$$

任取参数 $\theta \in [0,1]$，将上面两式分别乘以 $1-\theta$ 和 θ，然后两式两边分别再相加，得到
$$\frac{u_j^k - u_j^{k-1}}{\tau} - a\left[(1-\theta)\frac{u_{j+1}^{k-1} - 2u_j^{k-1} + u_{j-1}^{k-1}}{h^2} + \theta\frac{u_{j+1}^k - 2u_j^k + u_{j-1}^k}{h^2}\right] = (1-\theta)f_j^k + \theta f_j^{k-1}. \tag{14}$$

此格式称为加权隐式格式。它的节点结构图如图 4.22 所示。

利用 Taylor 公式很容易计算出局部截断误差为
$$R_j^k = \left(\frac{1}{2} - \theta\right)a\frac{\partial^3 u}{\partial x^2 \partial t}(x_j, t_k)\tau - a\frac{h^2}{12}\frac{\partial^4 u}{\partial x^4}(x_j, t_k)$$
$$+ O(\tau^2) + O(\tau h^2) + O(h^4).$$

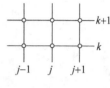

图 4.22

为了利用上式的局部截断误差构造出更高精度的差分格式，并讨论问题的简便性，下面仅考虑齐次方程，利用齐次微分方程 $\frac{\partial u}{\partial t} = a\frac{\partial^2 u}{\partial x^2}$，则有 $\frac{\partial^3 u}{\partial x^2 \partial t} = a\frac{\partial^4 u}{\partial x^4}$。上面的局部截断误差改写为
$$R_j^k = \left(\frac{1}{2} - \theta\right)a^2 \frac{\partial^4 u}{\partial x^4}(x_j, t_k)\tau - a\frac{h^2}{12}\frac{\partial^4 u}{\partial x^4}(x_j, t_k) + O(\tau^2) + O(\tau h^2) + O(h^4)$$
$$= a\left[\left(\frac{1}{2} - \theta\right)a\tau - \frac{h^2}{12}\right]\frac{\partial^4 u}{\partial x^4}(x_j, t_k) + O(\tau^2) + O(\tau h^2) + O(h^4).$$

根据改写的局部截断误差，要得到更高的精度，只需令截断误差中的第一项或误差主项为零，即要 $\left(\frac{1}{2} - \theta\right)a\tau - \frac{h^2}{12} = 0$，求解可得 $\theta = \frac{1}{2} - \frac{1}{12ar}$。于是只要取参数 $\theta = \frac{1}{2} - \frac{1}{12ar}$，即得到 $O(\tau^2 + h^4)$，此时，差分格式的精度有实质性的改进。但是，此时对网格比有一定的要求，参数的取值必须要 $ar \geqslant \frac{1}{6}$。当 $ar = \frac{1}{6}$ 时，$\theta = 0$，差分格式为最简显式格式。

很显然，当 $\theta = 0$，加权隐式格式是最简显式格式；当 $\theta = 1$，是最简隐式格式；$\theta = \frac{1}{2}$ 时，加权隐式格式就是 Crank-Nicolson 格式。

利用 Fourier 分析方法分析加权隐式格式的稳定性。令 $u_j^k = v^k e^{iwjh}$，代入式(14)，通过简单的代数运算，整理得到
$$\left(1 + 4ar\theta \sin^2\frac{wh}{2}\right)v^k = \left[1 - 4ar(1-\theta)\sin^2\frac{wh}{2}\right]v^{k-1}.$$

则传播因子为
$$G(\tau) = \frac{1 - 4ar(1-\theta)\sin^2\frac{wh}{2}}{1 + 4ar\theta \sin^2\frac{wh}{2}}.$$

令

$$|G(r)| = \left|\frac{1 - 4ar(1-\theta)\sin^2\frac{wh}{2}}{1 + 4ar\theta\sin^2\frac{wh}{2}}\right| \leqslant 1,$$

即

$$-1 + 4ar\theta\sin^2\frac{wh}{2} \leqslant 1 - 4ar(1-\theta)\sin^2\frac{wh}{2} \leqslant 1 + 4ar\theta\sin^2\frac{wh}{2}.$$

对于任意的 w,右边不等式恒成立.左边不等式等价于

$$4ar(1-2\theta)\sin^2\frac{wh}{2} \leqslant 2. \tag{15}$$

只要 $2ar(1-2\theta) \leqslant 1$,就有 $G(r,\tau) \leqslant 1$ 成立.

因此,当 $0 \leqslant \theta \leqslant \frac{1}{2}$ 时,稳定性条件是 $ar \leqslant \frac{1}{1-2\theta}$;当 $\frac{1}{2} \leqslant \theta \leqslant 1$ 时,对于任何的网格比,等式(15)恒成立,即为无条件稳定的.因此,Crank-Nicolson 格式是无条件稳定的.这是与直观相吻合的,直观上,当 $0 \leqslant \theta \leqslant \frac{1}{2}$ 时,最简显式格式前面的系数较大,说明权重大,加权格式应该表现出显式格式的特点,反之亦然.

例 4.8 考虑例 4.1 的方程,用加权隐式格式求近似解.计算的数值结果如图 4.23~图 4.25 所示.

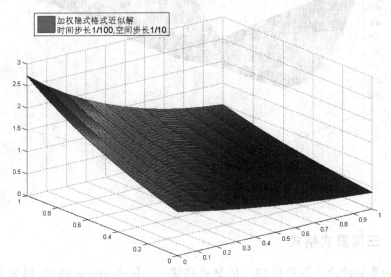

图 4.23

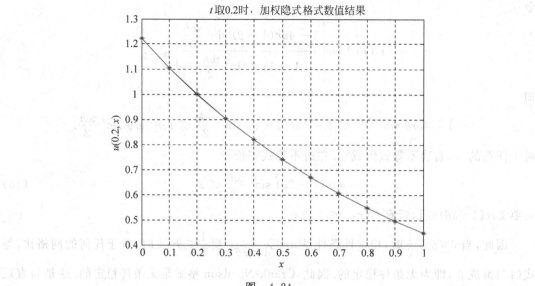

图 4.24

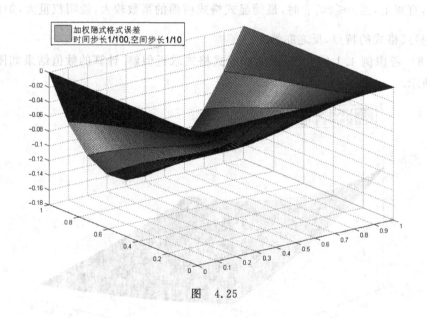

图 4.25

4.5.3 三层显式格式

在前面的章节讨论了不稳定的三层显式格式——Richardson 格式.因为不稳定,所以它在实际中没有应用价值.下面给出一个对 Richardson 格式作了一些改进的三层显式格式.它是 1953 年由 Du-Fort 和 Frankel 提出来的.具体格式如下:

$$\frac{1}{2\tau}(u_j^{k+1} - u_j^{k-1}) = \frac{a}{h^2}[u_{j+1}^k - (u_j^{k+1} + u_j^{k-1}) + u_{j-1}^k] + f_j^k, \quad 1 \leqslant j \leqslant M-1, 1 \leqslant k \leqslant K-1.$$

它的节点结构图如图 4.26 所示.

利用 Taylor 公式计算可以得到局部截断误差是

$$R_j^k = a\left(\frac{\tau}{h}\right)^2 \left[\frac{\partial^2 u}{\partial t^2}\right]_j^k + O(\tau^2 + h^2) + O\left(\frac{\tau^4}{h^2}\right).$$

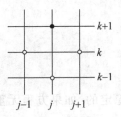

图 4.26

从上面的截断误差的表达式可以看出,只有当 $\frac{\tau}{h} \to 0$,也即 $\tau \to 0$ 的速度快于 $h \to 0$ 时,Du Fort-Frankel 格式才相容于微分方程 $\frac{\partial u}{\partial t} - a\frac{\partial^2 u}{\partial x^2} = f(x,t)$,而且此时,差分格式的局部截断误差为 $O(\tau^2 + h^2)$. 然而,当 $\frac{\tau}{h} \to C \neq 0$ 时,局部截断误差 R_j^k 在网格 $\tau \to 0$ 和 $h \to 0$ 时却不趋近于零. 此时差分格式与微分方程是不相容的,差分格式相容于下面的双曲方程:

$$\frac{\partial u}{\partial t} - a\frac{\partial^2 u}{\partial x^2} + C\frac{\partial^2 u}{\partial t^2} = f(x,t).$$

下面研究 Du Fort-Frankel 格式的稳定性.

因为是三层格式,所以必须首先化为等价方程的二层格式. 方法完全相同于 Richardson 格式的讨论方法.

$$\begin{cases} u_j^{k+1} - u_j^{k-1} = 2ar[u_{j+1}^k - (u_j^{k+1} + u_j^{k-1}) + u_{j-1}^k], \\ u_j^k = u_j^k. \end{cases}$$

令 $\boldsymbol{U}_j^{k+1} = (u_j^{k+1}, u_j^k)^T$,矩阵形式为

$$\begin{pmatrix} 1+2ar & 0 \\ 0 & 1 \end{pmatrix} \boldsymbol{U}_j^{k+1} = \begin{pmatrix} 2ar & 0 \\ 0 & 0 \end{pmatrix} \boldsymbol{U}_{j+1}^k + \begin{pmatrix} 0 & 1-2ar \\ 1 & 0 \end{pmatrix} \boldsymbol{U}_j^k + \begin{pmatrix} 2ar & 0 \\ 0 & 0 \end{pmatrix} \boldsymbol{U}_{j-1}^k.$$

令 $\boldsymbol{U}_j^k = \boldsymbol{V}^k e^{iwjh}$,并代入方程组得到

$$\begin{pmatrix} 1+2ar & 0 \\ 0 & 1 \end{pmatrix} \boldsymbol{V}^{k+1} e^{iwjh} = \left\{ \begin{pmatrix} 2ar & 0 \\ 0 & 0 \end{pmatrix} \boldsymbol{V}^k e^{-iwh} + \begin{pmatrix} 0 & 1-2ar \\ 1 & 0 \end{pmatrix} \boldsymbol{V}^k + \begin{pmatrix} 2ar & 0 \\ 0 & 0 \end{pmatrix} \boldsymbol{V}^k e^{iwh} \right\} e^{iwjh}$$

$$= \begin{pmatrix} 2ar(e^{iwh} + e^{-iwh}) & 1-2ar \\ 1 & 0 \end{pmatrix} \boldsymbol{V}^k e^{iwjh},$$

即有

$$\begin{pmatrix} 1+2ar & 0 \\ 0 & 1 \end{pmatrix} \boldsymbol{V}^{k+1} = \begin{pmatrix} 2ar(e^{iwh} + e^{-iwh}) & 1-2ar \\ 1 & 0 \end{pmatrix} \boldsymbol{V}^k.$$

则传播矩阵

$$\boldsymbol{G}(r) = \begin{pmatrix} 1+2ar & 0 \\ 0 & 1 \end{pmatrix}^{-1} \begin{pmatrix} 2ar(e^{iwh} + e^{-iwh}) & 1-2ar \\ 1 & 0 \end{pmatrix}$$

$$= \begin{pmatrix} \dfrac{4ar\cos wh}{1+2ar} & \dfrac{1-2ar}{1+2ar} \\ 1 & 0 \end{pmatrix}.$$

传播矩阵的特征方程为

$$\lambda^2 - \left(\frac{4ar}{1+2ar}\cos wh\right)\lambda - \frac{1-2ar}{1+2ar} = 0.$$

则方程的特征根为

$$\lambda_{1,2} = \frac{2ar\cos wh \pm \sqrt{1-4a^2r^2\sin^2 wh}}{1+2ar}.$$

如果方程有重根,则 $\lambda_{1,2} = \frac{2ar\cos wh}{1+2ar} \leqslant 1$,则 Du Fort-Frankel 格式是稳定的. 如果方程无重根,利用下面的引理可以得到 $|\lambda_{1,2}| \leqslant 1$. 由此可得,Du Fort-Frankel 格式是稳定的,综合上述,Du Fort-Frankel 格式是绝对稳定的.

引理 实系数二次方程 $\lambda^2 - b\lambda - c = 0$ 的根 $|\lambda_{1,2}| \leqslant 1$ 的充要条件是 $|b| \leqslant 1-c$ 且 $|c| \leqslant 1$.

证明 必要性. $|\lambda_1| \leqslant 1, |\lambda_2| \leqslant 1$. 利用韦达定理 $-c = \lambda_1\lambda_2, \lambda_1+\lambda_2 = b$,有

$$|c| = |\lambda_1\lambda_2| = |\lambda_1||\lambda_2| \leqslant 1. \tag{16}$$

$$1-c-|b| = 1+\lambda_1\lambda_2 - |\lambda_1+\lambda_2| = 1+\lambda_1\lambda_2 \pm (\lambda_1+\lambda_2) = (1\pm\lambda_1)(1\pm\lambda_2) \geqslant 0.$$

上式乘积中的符号是取相同的,即同正或者同负,因此有 $|b| \leqslant 1-c$.

充分性. 因为 $|b| \leqslant 1-c$,即 $1-c-|b| \geqslant 0$,又因为

$$1-c-|b| = (1\pm\lambda_1)(1\pm\lambda_2),$$

所以有 $(1\pm\lambda_1)(1\pm\lambda_2) \geqslant 0$,即有

$$(1-\lambda_1)(1-\lambda_2) \geqslant 0 \quad \text{或者} \quad (1+\lambda_1)(1+\lambda_2) \geqslant 0. \tag{17}$$

又因为 $|c| = |\lambda_1\lambda_2| = |\lambda_1||\lambda_2| \leqslant 1$. 由式(16)和式(17)可得到 $|\lambda_{1,2}| \leqslant 1$. □

下面验证 Du Fort-Frankel 格式的传播矩阵的特征方程的系数满足引理的条件. 很显然

$$c = \frac{1-2ar}{1+2ar} \leqslant 1,$$

$$1-c = \frac{4ar}{1+2ar} \geqslant \frac{4ar}{1+2ar}|\cos wh| = \left|\frac{4ar}{1+2ar}\cos wh\right| = |b|.$$

因此满足引理的条件,则有 $|\lambda_{1,2}| \leqslant 1$,所以 Du Fort-Frankel 格式是无条件稳定的.

从上面的讨论可以看出,Du Fort-Frankel 格式是从不稳定的 Richardson 格式出发,通过修正得到三层显式格式,此格式是无条件稳定的. 但是,它却不是无条件相容的,它的相容性必须满足我们前面所提到的条件. 客观上,我们无法构造出无条件相容和无条件稳定的显式差分格式.

例 4.9 考虑例 4.1 的方程,用 DFF 格式求近似解. 网格比分别为 $\frac{1}{2}$,1 时候的计算的数值结果如图 4.27~图 4.30 所示.

从图 4.29 和图 4.30 可以看出即使网格比等于 1,DFF 格式也是稳定的,也即数值结果与理论分析结果是相一致的.

4.5 常系数方程的其他差分格式

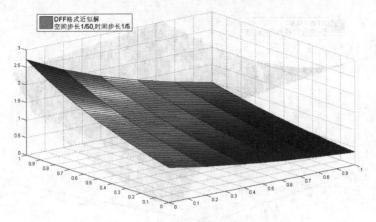

图 4.27

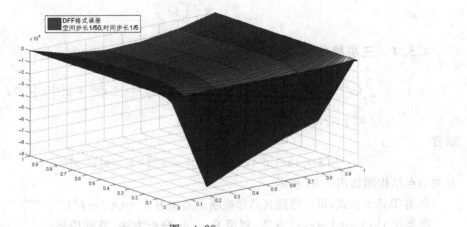

图 4.28

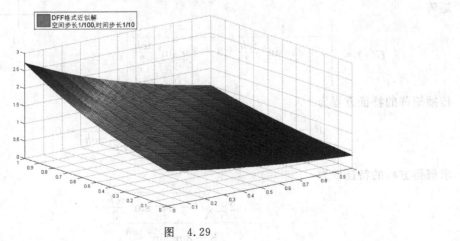

图 4.29

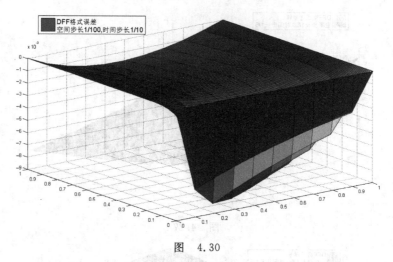

图 4.30

4.5.4 三层隐式格式

$$\frac{3}{2\tau}(u_j^{k+1} - u_j^k) - \frac{1}{2\tau}(u_j^k - u_j^{k-1}) = \frac{a}{h^2}[u_{j+1}^{k+1} - 2u_j^{k+1} + u_{j-1}^{k+1}] + f_j^k,$$
$$1 \leqslant j \leqslant M-1, 1 \leqslant k \leqslant N-1,$$

或者

$$(3 + 4ar)u_j^{k+1} - 2ar(u_{j+1}^{k+1} + u_{j-1}^{k+1}) = 4u_j^k - u_j^{k-1}.$$

它的节点结构图如图 4.31 所示.

利用 Taylor 公式, 可以得到其局部截断误差也为 $R_j^k = O(\tau^2 + h^2)$.

类似于 Du Fort-Frankel 方法, 利用 Fourier 分析方法, 得到传播矩阵

$$\boldsymbol{G}(r) = \begin{bmatrix} \dfrac{4}{3 + 8ar\sin^2 \dfrac{wh}{2}} & \dfrac{-1}{3 + 8ar\sin^2 \dfrac{wh}{2}} \\ 1 & 0 \end{bmatrix}.$$

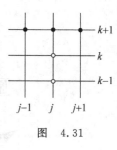

图 4.31

传播矩阵的特征方程为

$$\lambda^2 - \frac{4}{3 + 8ar\sin^2 \dfrac{wh}{2}}\lambda + \frac{1}{3 + 8ar\sin^2 \dfrac{wh}{2}} = 0.$$

求解得方程的特征根为

$$\lambda_{1,2} = \frac{2 \pm \sqrt{1 - 8ar\sin^2 \dfrac{wh}{2}}}{3 + 8ar\sin^2 \dfrac{wh}{2}}.$$

如果方程有重根,则 $\lambda_{1,2} = \dfrac{2 \pm \sqrt{1 - 8ar\sin^2\dfrac{wh}{2}}}{3 + 8ar\sin^2\dfrac{wh}{2}} = \dfrac{1}{2} \leqslant 1$,如果方程无重根,利用引理可以得到$|\lambda_{1,2}| \leqslant 1$. 由此可得,三层隐式格式是稳定的,综合上述,三层隐式格式是绝对稳定的.

例 4.10 考虑例 4.1 的方程,用三层隐式格式求近似解. 计算的数值结果如图 4.32~图 4.34 所示.

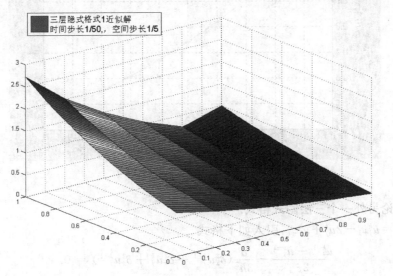

图 4.32

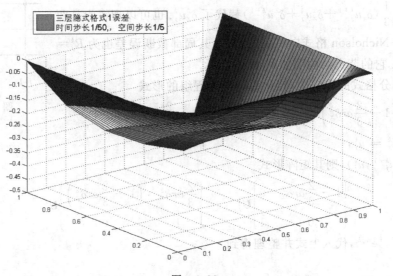

图 4.33

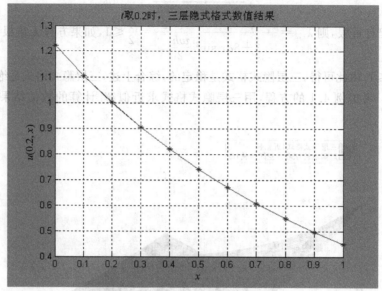

图 4.34

下面讨论另外一个三层隐式格式.

记 $\delta_x^2 u_j^k = u_{j+1}^k - 2u_j^k + u_{j-1}^k$,引入如下格式

$$\frac{u_j^{k+1} - u_j^{k-1}}{2\tau} - \frac{a}{3h^2}(\delta_x^2 u_j^{k+1} + \delta_x^2 u_j^k + \delta_x^2 u_j^{k-1}) = 0.$$

此格式可以理解为是 Richardson 格式的推广,即用三层的二阶中心差分的平均值 $\frac{1}{3}(\delta_x^2 u_j^{k+1} + \delta_x^2 u_j^k + \delta_x^2 u_j^{k-1})$ 替代了 $\delta_x^2 u_j^k$. 也可以理解为是两层的 Crank-Nicholson 格式向三层的推广. 其局部截断误差也为 $R_j^k = O(\tau^2 + h^2)$. 它的节点结构图如图 4.35 所示.

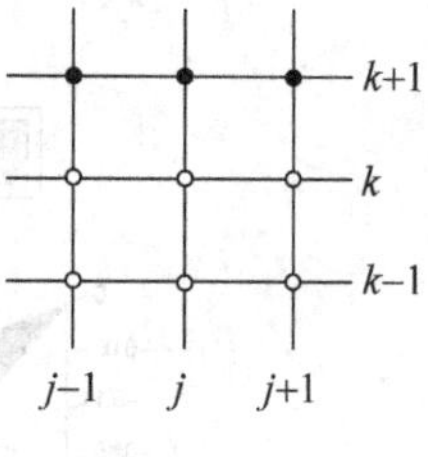

图 4.35

讨论差分格式的稳定性,转化为等价方程组的形式

$$\begin{cases} \left(1 - \frac{2}{3}ar\delta_x^2\right) u_j^{k+1} = \frac{2}{3}ar\delta_x^2 u_j^k + \left(1 + \frac{2}{3}ar\delta_x^2\right) u_j^k, \\ u_j^k = u_j^k, \end{cases}$$

记 $U_j^{k+1} = (u_j^{k+1}, u_j^k)$,则其矩阵形式

$$\begin{pmatrix} 1 - \frac{2}{3}ar\delta_x^2 & 0 \\ 0 & 1 \end{pmatrix} U_j^{k+1} = \begin{pmatrix} \frac{2}{3}ar\delta_x^2 & \left(1 + \frac{2}{3}ar\delta_x^2\right) \\ 1 & 0 \end{pmatrix} U_j^k.$$

令 $U_j^{k+1} = V^{k+1} e^{i\omega jh}$,代入上式并整理得到

$$\begin{pmatrix} 1+\frac{8}{3}ar\sin^2\frac{wh}{2} & 0 \\ 0 & 1 \end{pmatrix} \boldsymbol{V}_j^{k+1} = \begin{pmatrix} -\frac{8}{3}ar\sin^2\frac{wh}{2} & 1-\frac{8}{3}ar\sin^2\frac{wh}{2} \\ 1 & 0 \end{pmatrix} \boldsymbol{V}_j^k.$$

则传播矩阵为

$$\begin{aligned} \boldsymbol{G}(r) &= \begin{pmatrix} 1+\frac{8}{3}ar\sin^2\frac{wh}{2} & 0 \\ 0 & 1 \end{pmatrix}^{-1} \begin{pmatrix} -\frac{8}{3}ar\sin^2\frac{wh}{2} & 1-\frac{8}{3}ar\sin^2\frac{wh}{2} \\ 1 & 0 \end{pmatrix} \\ &= \begin{pmatrix} \frac{-\alpha}{1+\alpha} & \frac{1-\alpha}{1+\alpha} \\ 1 & 0 \end{pmatrix}, \end{aligned}$$

$$\alpha = \frac{8}{3}ar\sin^2\frac{wh}{2}.$$

其特征方程为

$$\lambda^2 + \frac{\alpha}{1+\alpha}\lambda - \frac{1-\alpha}{1+\alpha} = 0.$$

因为系数满足引理的条件,所以 $|\lambda_{1,2}| \leqslant 1$,且 $\lambda_{1,2} = \frac{-\alpha \pm \sqrt{4-3\alpha^2}}{2(1+\alpha)}$.当特征方程为重根时,$|\lambda| = \frac{\frac{2}{\sqrt{3}}}{2\left(1+\frac{2}{\sqrt{3}}\right)} = \frac{1}{2+\sqrt{3}} < 1$,因此,此时格式也是稳定的.综合上述,三层隐式格式是绝对稳定的.

例 4.11 考虑例 4.1 的方程,用三层隐式格式求近似解.数值结果如图 4.36~图 4.38 所示.

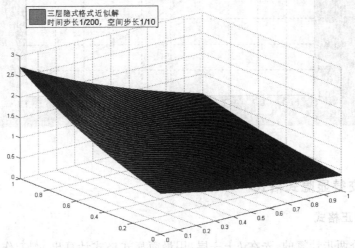

图 4.36

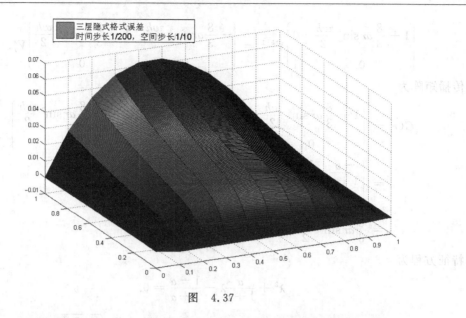

图 4.37

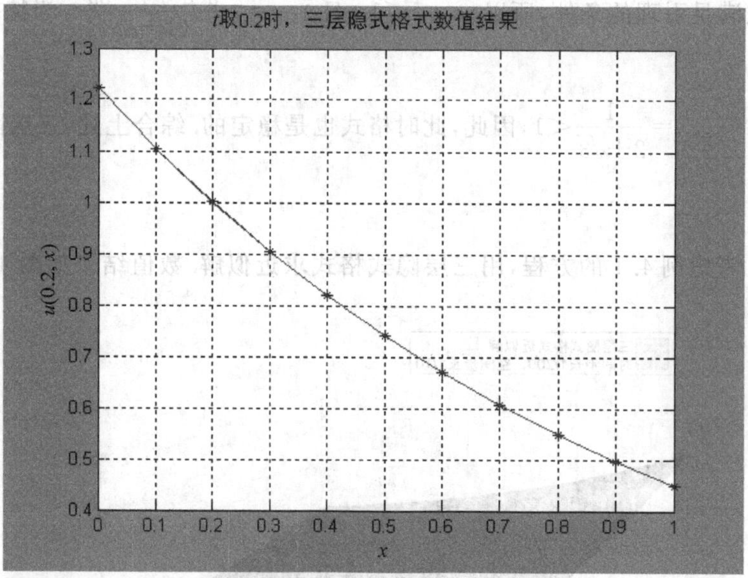

图 4.38

4.5.5 交替显隐式格式

1. 预测-校正格式

此格式是分两步计算的,先在 $k+\frac{1}{2}$ 层,用最简显式格式计算出 $u_j^{k+\frac{1}{2}}$ 作为过渡值,然后

在 $k+1$ 层上,用最简隐式格式计算 u_j^{k+1}. 具体格式如下:

$$\begin{cases} \dfrac{u_j^{k+\frac{1}{2}} - u_j^k}{\dfrac{\tau}{2}} - a\dfrac{u_{j+1}^k - 2u_j^k + u_{j-1}^k}{h^2} = 0, \\ \dfrac{u_j^{k+1} - u_j^{k+\frac{1}{2}}}{\dfrac{\tau}{2}} - a\dfrac{u_{j+1}^{k+1} - 2u_j^{k+1} + u_{j-1}^{k+1}}{h^2} = 0. \end{cases}$$

如果把第一式中的 $u_j^{k+\frac{1}{2}}$ 求解出来,代入第二式后可得到 Crank-Nicolson 格式,即

$$\frac{u_j^{k+1} - u_j^k}{\tau} - \frac{a}{2}\left(\frac{u_{j+1}^{k+1} - 2u_j^{k+1} + u_{j-1}^{k+1}}{h^2} + \frac{u_{j+1}^k - 2u_j^k + u_{j-1}^k}{h^2}\right) = 0.$$

所以它的局部截断误差是 $R_j^k = O(\tau^2 + h^2)$. 下面讨论格式的稳定性,因为第一式是最简显式格式,所以传播因子 $G(r) = 1 - 2ar\sin^2\dfrac{wh}{2}$,第二式是最简显式格式,所以传播因子为 $G(r) = \dfrac{1}{1 + 2ar\sin^2\dfrac{wh}{2}}$,两式叠加后得到预测-校正格式的传播因子:

$$G(r) = \frac{1 - 2ar\sin^2\dfrac{wh}{2}}{1 + 2ar\sin^2\dfrac{wh}{2}}.$$

所以是绝对稳定的.

例 4.12 考虑例 4.1 的方程,用两步格式求近似解.计算的数值结果如图 4.39～图 4.40 所示.

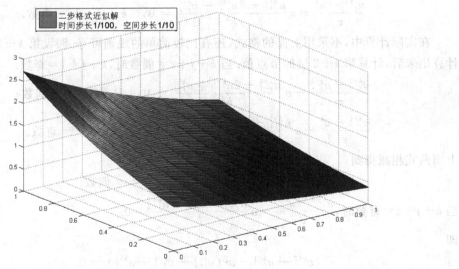

图 4.39

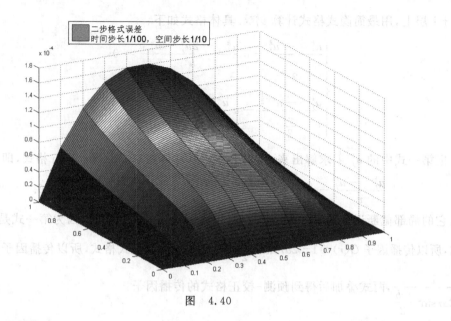

图 4.40

2. 跳点格式

首先将网格点 (x_j, t_k) 分成两组,将 $k+j$ 为奇数的分成一组,称为奇数节点;将 $k+j$ 为偶数的分成另外一组,称为偶数节点. 从第 k 层到第 $k+1$ 层的计算过程中,先在偶数节点用最简显式格式计算,然后在奇数节点用最简隐式格式计算,即

$$\frac{u_j^{k+1}-u_j^k}{\tau} - a\frac{u_{j+1}^k - 2u_j^k + u_{j-1}^k}{h^2} = 0, \quad k+j+1 = 偶数;$$

$$\frac{u_j^{k+1}-u_j^k}{\tau} - a\frac{u_{j+1}^{k+1} - 2u_j^{k+1} + u_{j-1}^{k+1}}{h^2} = 0, \quad k+j+1 = 奇数.$$

在实际计算中,不采用上面的格式,还有比较简单的规则可寻. 假设第 $k+1$ 的节点全部计算出来后,计算第 $k+2$ 层的节点值. 当 $k+j+2=$ 偶数时,$k+j+1=$ 奇数.

$$\frac{u_j^{k+2}-u_j^{k+1}}{\tau} - a\frac{u_{j+1}^{k+1} - 2u_j^{k+1} + u_{j-1}^{k+1}}{h^2} = 0, \quad k+j+2 = 偶数;$$

$$\frac{u_j^{k+1}-u_j^k}{\tau} - a\frac{u_{j+1}^{k+1} - 2u_j^{k+1} + u_{j-1}^{k+1}}{h^2} = 0, \quad k+j+1 = 奇数.$$

上面两式相减得到

$$u_j^{k+2} = 2u_j^{k+1} - u_j^k, \quad k+j+2 = 偶数. \tag{18}$$

当 $k+j+2=$ 奇数时,$\dfrac{u_j^{k+2}-u_j^{k+1}}{\tau} - a\dfrac{u_{j+1}^{k+2} - u_j^{k+2} + u_{j-1}^{k+2}}{h^2} = 0.$

即

$$u_j^{k+2} - u_j^{k+1} - ar(u_{j+1}^{k+2} - u_j^{k+2} + u_{j-1}^{k+2}) = 0. \tag{19}$$

跳点格式的计算过程是:第 $k+1$ 的节点全部计算出来后,首先计算第 $k+2$ 层的偶数节点的值,用式(18)计算,这样第 $k+2$ 层的偶数节点全部计算出来,在计算偶数节点的过程中没有用到第 $k+2$ 层的奇数节点. 然后计算第 $k+2$ 层的奇数节点值,用式(19)计算. 由于此时 u_j^{k+1},u_{j+1}^{k+2} 和 u_{j-1}^{k+2} 是偶数节点,它们的值已经全部知道,这样奇数节点的计算实际上也是显式格式计算. 为什么会这样呢? 因为,只要将 $u_j^{k+2}+u_j^k=2u_j^{k+1}$ 代入式(18),得到

$$\frac{u_j^{k+2}-u_j^k}{2\tau}-a\frac{u_{j+1}^{k+1}-(u_j^{k+2}+u_j^k)+u_{j-1}^{k+1}}{h^2}=0.$$

这是 Du Fort-Frankel 格式. 也是在第 $k+2$ 层的偶数节点和 $k+1$ 层的奇数节点的计算式,所以局部截断误差是二阶精度的;于是,跳点格式与 Du Fort-Frankel 格式局部截断误差是相同的,稳定性也相同. 但计算方法有很大的改进. 计算方便,需要的内存少.

例 4.13 考虑例 4.1 的方程,用跳点格式求近似解. 计算的数值结果如图 4.41~图 4.42 所示.

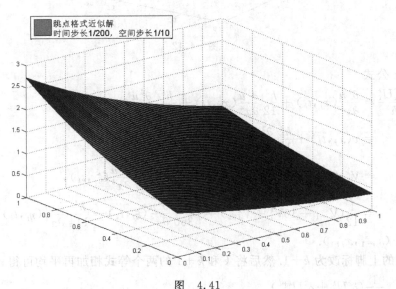

图 4.41

4.5.6 紧差分格式

考虑一维非齐次热传导的定解问题

$$\frac{\partial u}{\partial t}-a\frac{\partial^2 u}{\partial x^2}=f(x,t),\quad 0<x<1,\quad T\geqslant t>0,$$
$$u(x,0)=\varphi(x),\quad 0<x<1,$$
$$u(0,t)=\phi_1(t),\quad u(1,t)=\phi_2(t),\quad 0<t\leqslant T.$$

令 $v=\frac{\partial^2 u}{\partial x^2}$,则有 $v=\frac{1}{a}\left[\frac{\partial u}{\partial t}-f(x,t)\right]$. 定义网格函数

$$U_j^k=u(x_j,t_k),\quad V_j^k=v(x_j,t_k).$$

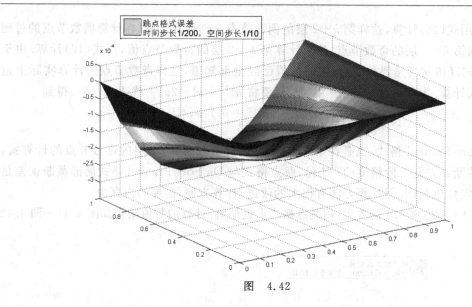

图 4.42

利用 Taylor 公式

$$\frac{\delta_x^2 U_i^k}{h^2} = \frac{\partial^2 u}{\partial x^2}(x_j, t_k) + \frac{h^2}{12}\frac{\partial^4 u}{\partial x^4}(x_j, t_k) + \frac{h^4}{360}\frac{\partial^6 u}{\partial x^6}(\xi_j, t_k)$$

$$= v(x_j, t_k) + \frac{h^2}{12}\frac{\partial^2 v}{\partial x^2}(x_j, t_k) + \frac{h^4}{360}\frac{\partial^6 u}{\partial x^6}(\xi_j, t_k)$$

$$= V_j^k + \frac{h^2}{12}\left[\frac{\delta_x^2 V_j^k}{h^2} - \frac{h^2}{12}\frac{\partial^2 v}{\partial x^2}(\eta_j, t_k)\right] + \frac{h^4}{360}\frac{\partial^6 u}{\partial x^6}(\xi_j, t_k),$$

$$= \frac{1}{12}(V_{j-1}^k + 10 V_j^k + V_{j+1}^k) + \left[\frac{h^4}{360}\frac{\partial^6 u}{\partial x^6}(\xi_j, t_k) - \frac{h^4}{144}\frac{\partial^4 u}{\partial x^4}(\eta_j, t_k)\right],$$

其中 $\xi_j, \eta_j \in (x_{j-1}, x_{j+1})$.

将上式的上脚标改为 $k+1$. 然后将 k 和 $k+1$ 的两个等式相加再平均可得

$$\frac{1}{2h^2}(\delta_x^2 U_j^k + \delta_x^2 U_j^{k+1})$$

$$= \frac{1}{12}(V_{j-1}^{k+\frac{1}{2}} + 10 V_j^{k+\frac{1}{2}} + V_{j+1}^{k+\frac{1}{2}}) + \left[\frac{h^4}{360}\frac{\partial^6 u}{\partial x^6}(\xi_j, t_k^*) - \frac{h^4}{144}\frac{\partial^2 v}{\partial t^2}(\eta_j, t_k^*)\right]$$

$$+ \frac{\tau^2}{12 \cdot 8}\left[\frac{\partial^2 v}{\partial t^2}(x_{j-1}, \theta_k) + 10\frac{\partial^2 v}{\partial t^2}(x_j, \theta_k) + \frac{\partial^2 v}{\partial t^2}(x_{j+1}, \theta_k)\right],$$

由前面的定义可得

$$\frac{\delta_x^2 U_j^{k+\frac{1}{2}}}{h^2} = \frac{1}{12at}(\delta_t U_{j-1}^{k+\frac{1}{2}} + 10\delta_t U_j^{k+\frac{1}{2}} + \delta_t U_{j+1}^{k+\frac{1}{2}})$$

$$- \frac{1}{12a}\left[f(x_{j-1}, t_{k+\frac{1}{2}}) + 10 f(x_j, t_{k+\frac{1}{2}}) + f(x_{j+1}, t_{k+\frac{1}{2}})\right]$$

$$- \frac{\tau^2}{12 \cdot 24a}\left[\frac{\partial^3 u}{\partial t^3}(x_{j-1}, \theta_k^*) + 10\frac{\partial^3 u}{\partial t^3}(x_j, \theta_k^*) + \frac{\partial^3 u}{\partial t^3}(x_{j+1}, \theta_k^*)\right]$$

$$+\left[\frac{h^4}{360}\frac{\partial^6 u}{\partial x^6}(\xi_j,t_k^*)-\frac{h^4}{144}\frac{\partial^6 u}{\partial x^6}(\eta_j,t_k^*)\right]$$

$$+\frac{\tau^2}{12\cdot 8}\left[\frac{\partial^4 u}{\partial t^2\partial x^2}(x_{j-1},\theta_k)+10\frac{\partial^4 u}{\partial t^2\partial x^2}(x_j,\theta_k)+\frac{\partial^4 u}{\partial t^2\partial x^2}(x_{j+1},\theta_k)\right].$$

在上式中忽略无穷小量,也即后面三项,得到格式

$$\frac{1}{12}(\delta_t u_{j-1}^{k+\frac{1}{2}}+10\delta_t u_j^{k+\frac{1}{2}}+\delta_t u_{j+1}^{k+\frac{1}{2}})-ar\delta_x^2 u_j^{k+\frac{1}{2}}$$
$$=\frac{1}{12}\left[f(x_{j-1},t_{k+\frac{1}{2}})+10f(x_j,t_{k+\frac{1}{2}})+f(x_{j+1},t_{k+\frac{1}{2}})\right],$$

被忽略的是局部截断误差,记为

$$R_j^k=\frac{\tau^2}{12\cdot 8}\left[\frac{\partial^4 u}{\partial t^2\partial x^2}(x_{j-1},\theta_k)+10\frac{\partial^4 u}{\partial t^2\partial x^2}(x_j,\theta_k)+\frac{\partial^4 u}{\partial t^2\partial x^2}(x_{j+1},\theta_k)\right]$$
$$-\frac{\tau^2}{12\cdot 24a}\left[\frac{\partial^3 u}{\partial t^3}(x_{j-1},\theta_k^*)+10\frac{\partial^3 u}{\partial t^3}(x_j,\theta_k^*)+\frac{\partial^3 u}{\partial t^3}(x_{j+1},\theta_k^*)\right]$$
$$+\left[\frac{h^4}{360}\frac{\partial^6 u}{\partial x^6}(\xi_j,t_k^*)-\frac{h^4}{144}\frac{\partial^6 u}{\partial x^6}(\eta_j,t_k^*)\right],$$

差分格式的具体形式为

$$\left(\frac{1}{12}-\frac{1}{2}ar\right)u_{j-1}^{k+1}+\left(\frac{5}{6}+ar\right)u_j^{k+1}+\left(\frac{1}{12}-\frac{1}{2}ar\right)u_{j+1}^{k+1}$$
$$=\left(\frac{1}{12}+\frac{1}{2}ar\right)u_{j-1}^k+\left(\frac{5}{6}-ar\right)u_j^k+\left(\frac{1}{12}+\frac{1}{2}ar\right)u_{j+1}^k$$
$$+\frac{\tau}{12}(f_{j-1}^{k+\frac{1}{2}}+10f_j^{k+\frac{1}{2}}+f_{j+1}^{k+\frac{1}{2}}),\quad 1\leqslant j\leqslant M-1, 0\leqslant k\leqslant N-1.$$

矩阵形式

$$AU^{k+1}=BU^k+F,$$

其中

$$A=\begin{pmatrix}\frac{5}{6}+ar & \frac{1}{12}-\frac{1}{2}ar & & \\ \frac{1}{12}-\frac{1}{2}ar & \frac{5}{6}+ar & \frac{1}{12}-\frac{1}{2}ar & \\ & \ddots & \ddots & \ddots \\ & & \frac{1}{12}-\frac{1}{2}ar & \frac{5}{6}+ar\end{pmatrix},$$

$$B=\begin{pmatrix}\frac{5}{6}-ar & \frac{1}{12}+\frac{1}{2}ar & & \\ \frac{1}{12}+\frac{1}{2}ar & \frac{5}{6}-ar & \frac{1}{12}+\frac{1}{2}ar & \\ & \ddots & \ddots & \ddots \\ & & \frac{1}{12}+\frac{1}{2}ar & \frac{5}{6}-ar\end{pmatrix},$$

$$F = \begin{bmatrix} \left(\frac{1}{12} + \frac{1}{2}ar\right)u_0^k - \left(\frac{1}{12} - \frac{1}{2}ar\right)u_0^{k+1} + \tau f_1^{k+\frac{1}{2}} \\ \tau f_2^{k+\frac{1}{2}} \\ \vdots \\ \tau f_{m-2}^{k+\frac{1}{2}} \\ \left(\frac{1}{12} + \frac{1}{2}ar\right)u_m^k - \left(\frac{1}{12} - \frac{1}{2}ar\right)u_m^{k+1} + \tau f_{m-1}^{k+\frac{1}{2}} \end{bmatrix}.$$

例 4.14 用紧差分格式计算例 4.1 的近似解,计算结果如图 4.43 和图 4.44 所示.

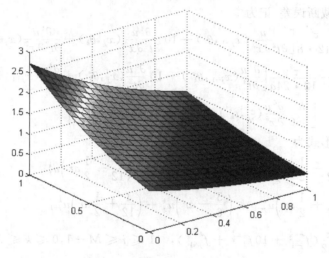

图 4.43

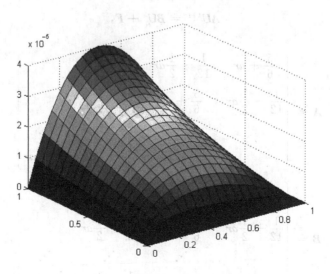

图 4.44

4.6 Richardson 外推法

本节介绍一种通过数学的技巧来提高计算精度的方法——Richardson 外推法,它的思想是将一些计算精度比较粗糙的近似解进行适当的组合,在增加适当的计算量的情况下,使计算精度有本质性的提高.

设未知量 p 的一个近似解是关于网格步长 h 的函数 $p_0(h)$,当 $h\to 0$ 时,其误差的阶是 $O(h^2)$,并且 p 与 $p_0(h)$ 之间的关系可以表示为
$$p = p_0(h) + \alpha h^2 + O(h^4),$$
其中 α 与 h 无关.

在上式中用更细的网格步长 $\dfrac{h}{2}$ 代替现有步长 h,得到
$$p = p_0(h/2) + \alpha h^2/4 + O((h/2)^4).$$

从上面两式消除 h^2 项得到
$$p = \frac{4}{3} p_0\left(\frac{h}{2}\right) - \frac{1}{3} p_0(h) + O(h^4),$$

记 $p_1(h) = \dfrac{4}{3} p_0\left(\dfrac{h}{2}\right) - \dfrac{1}{3} p_0(h)$,很显然有,可以将 $p_1(h)$ 作为 p 的另外一个近似量,而且其误差精度达到 $O(h^4)$. 称此方法是 Richardson 外推法.

4.7 变系数抛物方程的差分格式

考虑变系数抛物方程的初值问题:
$$\begin{cases} \dfrac{\partial u}{\partial t} - a(x,t) \dfrac{\partial^2 u}{\partial x^2} = f(x,t), & a(x) \geqslant a_0 > 0, \\ u(x,0) = g(x). \end{cases} \tag{20}$$

前面几节所讨论的常系数方程的差分格式基本都可以推广到变系数方程上,例如,下面讨论利用 Taylor 公式展开方法得到的显式格式等.

4.7.1 显式格式

考虑微分方程(20)在节点 (x_j, t_k) 的取值,有
$$\frac{\partial u}{\partial t}(x_j, t_k) - a(x_j, t_k) \frac{\partial^2 u}{\partial x^2}(x_j, t_k) = f(x_j, t_k), \quad 1 \leqslant j \leqslant M-1, \ 1 \leqslant k \leqslant K-1. \tag{21}$$

因为

$$\frac{\partial^2 u}{\partial x^2}(x_j, t_k) = \frac{u(x_{j+1}, t_k) - 2u(x_j, t_k) + u(x_{j-1}, t_k)}{h^2} + O(h^2).$$

$$\frac{\partial u}{\partial t}(x_j, t_k) = \frac{1}{\tau}[u(x_j, t_{k+1}) - u(x_j, t_k)] + O(\tau).$$

于是代入式(21),并且忽略高阶无穷小量,得到

$$\frac{u_j^{k+1} - u_j^k}{\tau} = a_j^k \frac{u_{j+1}^k - 2u_j^k + u_{j-1}^k}{h^2} + f_j^k, \quad 1 \leqslant j \leqslant M-1, 1 \leqslant k \leqslant K-1.$$

这是变系数的最简显格式. 其局部截断误差为 $R_j^k = O(\tau + h^2)$.

4.7.2 紧差分格式

假设 $a(x_i, t)$ 有充分的光滑性. 记 $\delta_x^2 u_j = u(x_{j+1}, t) - 2u(x_j, t) + u(x_{j-1}, t)$.

$$\begin{aligned}
\frac{\delta_x^2 u_j}{h^2} &= \left[\frac{\partial^2 u}{\partial x^2}\right]_j + \frac{h^2}{12}\left[\frac{\partial^4 u}{\partial x^4}\right]_j + O(h^4) \\
&= \left(\frac{1}{a(x,t)}\frac{\partial u}{\partial t}\right)_j + \frac{h^2}{12}\left(\frac{\partial^2}{\partial x^2}\left(\frac{1}{a(x,t)}\frac{\partial u}{\partial t}\right)\right)_j + O(h^4) \\
&= \left(\frac{1}{a(x,t)}\frac{\partial u}{\partial t}\right)_j + \frac{h^2}{12}\left\{\frac{\delta_x^2\left(\frac{1}{a(x,t)}\frac{\partial u}{\partial t}\right)}{h^2}\bigg|_j + O(h^2)\right\} + O(h^4) \\
&= \frac{5}{6}\left(\frac{1}{a(x,t)}\frac{\partial u}{\partial t}\right)_j + \frac{1}{12}\left(\frac{1}{a(x,t)}\frac{\partial u}{\partial t}\right)_{j+1} + \frac{1}{12}\left(\frac{1}{a(x,t)}\frac{\partial u}{\partial t}\right)_{j-1} + O(h^4).
\end{aligned}$$

上式两边取 $t = t_{k+\frac{1}{2}}$, 引入时间的一阶中心差商和左端的加权平均, 得到格式

$$\frac{1}{12}\frac{u_{j+1}^{k+1} - u_{j+1}^k}{a_{j+1}^{k+\frac{1}{2}} \cdot \tau} + \frac{5}{6}\frac{u_j^{k+1} - u_j^k}{a_j^{k+\frac{1}{2}} \cdot \tau} + \frac{1}{12}\frac{u_{j-1}^{k+1} - u_{j-1}^k}{a_{j-1}^{k+\frac{1}{2}} \cdot \tau} = \frac{\delta_x^2 u_j^{k+1} + \delta_x^2 u_j^k}{2h^2}.$$

它的局部截断误差是 $R_j^k = O(\tau^2 + h^4)$.

4.7.3 Keller 盒式格式

考虑初边值问题:

$$\begin{cases} \frac{\partial u}{\partial t} = \frac{\partial}{\partial x}\left(a(x)\frac{\partial u}{\partial x}\right), & a(x) \geqslant a_0 > 0, \\ u(x, 0) = g(x), & 0 < x < 1, \\ u(0, t) = g_0(x), & t < 0, \\ u(1, t) = g_1(x). \end{cases}$$

将二阶方程化为等价方程组为

$$\begin{cases} a(x)\frac{\partial u}{\partial x} = v(x, t), & (x, t) \in \{(x, t) | 0 \leqslant x \leqslant 1, 0 \leqslant t \leqslant T\}, \\ \frac{\partial v}{\partial x} = \frac{\partial u}{\partial t}. \end{cases}$$

引入均值记号,如 $x_{j\pm\frac{1}{2}} = \frac{1}{2}(x_j + x_{j\pm 1})$,其他情况类似这样的记法. 考虑对上面的一阶方程组第一个方程在节点 $(x_{j-\frac{1}{2}}, t_k)$ 取值,第二个方程在节点 $(x_{j-\frac{1}{2}}, t_{k-\frac{1}{2}})$ 取值,然后分别使用一阶中心差商,得到

$$\begin{cases} a_{j-\frac{1}{2}} \dfrac{u_j^k - u_{j-1}^k}{h} = v_{j-\frac{1}{2}}^k, \\ \dfrac{v_j^{k-\frac{1}{2}} - v_{j-1}^{k-\frac{1}{2}}}{h} = \dfrac{u_{j-\frac{1}{2}}^k - u_{j-\frac{1}{2}}^{k-1}}{\tau} \end{cases} \quad j = 1, 2, \cdots, M, k = 1, 2, \cdots, K.$$

对于 $v(x,t)$ 的初始条件的离散:

$$\begin{cases} u_j^0 = g(x_j), \\ v_j^0 = a_j \dfrac{\mathrm{d}g(x_j)}{\mathrm{d}x}, \end{cases} \quad j = 1, 2, \cdots, M. \tag{22}$$

4.7.4 积分插值方法

积分插值方法,在第 7 章椭圆方程的差分格式会详细讲述,在这里只是告知,存在这样的方法,不过多讲述了.

4.8 初边值问题的边界离散

4.8.1 第一类初边值问题

初始条件:$u(x,0) = f(x)$;边界条件:$u(0,t) = \phi(t), u(1,t) = \psi(t)$.
初值的离散:

$$u_j^0 = f_j, \quad 0 \leqslant j \leqslant M.$$

边值的离散:

$$\begin{cases} u_0^k = \phi(t_k), & k \geqslant 0, \\ u_M^k = \psi(t_k), & k \geqslant 0. \end{cases}$$

4.8.2 第二类或者第三类初边值问题

初始条件:$u(x,0) = f(x)$;初值离散:$u_j^0 = f_j, 0 \leqslant j \leqslant M$.
边界条件:$\dfrac{\partial u}{\partial x}(0,t) = \alpha u(0,t) + \mu(t), \dfrac{\partial u}{\partial x}(1,t) = \beta u(1,t) + \gamma(t)$.

边界条件的离散:$\dfrac{\partial u}{\partial x}(0,t)$ 可以用向前差商做近似,$\dfrac{\partial u}{\partial x}(1,t)$ 可以用向后差商做近似,于是得到边界的离散格式:

$$\begin{cases} \dfrac{u_1^k - u_0^k}{h} = \alpha u_0^k + \mu(t_k), \\ \dfrac{u_J^k - u_{J-1}^k}{h} = \beta u_J^k + \gamma(t_k). \end{cases} \tag{23}$$

从前面的讨论可知,对于抛物方程的离散差分格式,内部节点在空间上的局部截断误差精度都是二阶.然而,上面给出边界的离散格式的局部截断误差的精度却是一阶的.很显然,内部节点的精度与边界节点的精度不匹配,从而整个离散差分格式的精度是一阶的.于是,为了使边界节点的精度也达到二阶,可以使用下面的方法.在网格上添加两组辅助节点作为虚拟网络,即 u_{-1}^k 和 u_{M+1}^k.于是在边界节点上的一阶偏导数可以构造一阶中心差分格式,即

$$\begin{cases} \dfrac{u_1^k - u_{-1}^k}{2h} = \alpha u_0^k + \mu(t_k), \\ \dfrac{u_{J+1}^k - u_{J-1}^k}{2h} = \beta u_0^k + \gamma(t_k). \end{cases} \tag{24}$$

由于增加了两组节点,因此未知数的个数变多.但是由内部节点所得到的方程个数加上边界节点所得到的方程个数之和少于未知数的个数,故方程组是未定方程组.我们必须增加方程的个数,处理方法如下:既然增加了两组辅助节点,于是原来的边界节点成了内部节点,由此可以假设它们也满足微分方程,对它们采用和原始内部节点相同的处理方法进行离散.比如,最简显格式:

$$\dfrac{u_0^{k+1} - u_0^k}{\tau} - a\dfrac{u_1^k - 2u_0^k + u_{-1}^k}{h^2} = f_0^k,$$

$$\dfrac{u_M^{k+1} - u_M^k}{\tau} - a\dfrac{u_{M+1}^k - 2u_M^k + u_{M-1}^k}{h^2} = f_M^k.$$

化简为

$$\begin{cases} u_0^{k+1} = u_0^k + ar(u_1^k - 2u_0^k + u_{-1}^k), \\ u_M^{k+1} = u_M^k + ar(u_{M+1}^k - 2u_M^k + u_{M-1}^k). \end{cases} \tag{25}$$

联立式(24)和式(25),消去 u_{-1}^k 和 u_{M+1}^k,得到

$$\begin{cases} u_0^{k+1} = [1 - 2ar(1 + \alpha h)]u_0^k + 2aru_1^k - 2arh\mu_k, \\ u_M^{k+1} = [1 - 2ar(1 - \beta h)]u_M^k + 2aru_{M-1}^k + 2arh\gamma_k. \end{cases}$$

由此得到,边界节点的值可以通过内部节点的值表示出来,而且其误差精度是二阶的.上述方程组和内部节点所得到的方程组一起联立求解.

4.9 高维抛物方程

4.9.1 一般古典格式

考虑齐次抛物方程的初边值问题

$$\begin{cases} \dfrac{\partial u}{\partial t} = a\left(\dfrac{\partial^2 u}{\partial x^2} + \dfrac{\partial^2 u}{\partial y^2}\right), & 0 < x,y < 1,\ a > 0, \\ u(x,y,0) = f(x,y), & t > 0, \\ u(0,y,t) = u(1,y,t) = u(x,0,t) = u(x,1,t) = 0. \end{cases}$$

网格的剖分和一维类似，为了简单起见，都采用等步长剖分，而且在 x,y 方向的步长相同，即 $\Delta x = \Delta y = h$. 时间步长 $\Delta t = \tau$. 得到网格：

$$\Omega_h = \left\{ (x_j, y_l, t_k) \left| \begin{array}{l} x_j = jh, j = 0,1,\cdots,M, Mh = 1, \\ y_l = lh, l = 0,1,\cdots,M, Mh = 1, \\ t_k = k\tau, k = 0,\cdots,K \end{array} \right. \right\}.$$

定义 Ω_h 上的网格函数

$$U = \{ u_{j,l}^k \mid u_{j,l}^k = u(x_j, y_l, t_k), 0 \leqslant j \leqslant M, 0 \leqslant l \leqslant M, 0 \leqslant k \leqslant K \}.$$

为了书写方便，引入记号

$$\delta_x^2 u_{j,l}^k = u_{j+1,l}^k - 2u_{j,l}^k + u_{j-1,l}^k, \quad \delta_y^2 u_{j,l}^k = u_{j,l+1}^k - 2u_{j,l}^k + u_{j,l-1}^k.$$

二维常系数方程，类似于一维的相应情形，采用前面的直接差商法，可以得到相应的高维各种差分格式，也可以用 Fourier 分析方法得到稳定性. 比如：

最简显格式

$$\frac{u_{jl}^{k+1} - u_{jl}^k}{\tau} = a \frac{1}{h^2} (\delta_x^2 u_{jl}^k + \delta_y^2 u_{jl}^k).$$

其局部截断误差是 $O(\tau + h^2)$，传播因子是 $G(r) = 1 - 4ar\left(\sin^2\dfrac{w_1 h}{2} + \sin^2\dfrac{w_2 h}{2}\right)$，于是得到稳定条件是 $ar \leqslant \dfrac{1}{4}$，一般 n 维方程的稳定条件是 $ar \leqslant \dfrac{1}{2n}$.

最简隐式格式

$$\frac{u_{jl}^k - u_{jl}^{k-1}}{\tau} = \frac{a}{h^2} (\delta_x^2 u_{jl}^k + \delta_y^2 u_{jl}^k).$$

其局部截断误差是 $O(\tau + h^2)$，传播因子是 $G(r) = \dfrac{1}{1 + 4ar\left(\sin^2\dfrac{w_1 h}{2} + \sin^2\dfrac{w_2 h}{2}\right)}$，显然是绝对稳定的.

4.9.2 Crank-Nicolson 格式

$$\frac{u_{jl}^{k+1} - u_{jl}^k}{\tau} = \frac{a}{2h^2} [\delta_x^2 (u_{jl}^{k+1} + u_{jl}^k) + \delta_y^2 (u_{jl}^{k+1} + u_{jl}^k)].$$

其局部截断误差是 $O(\tau^2 + h^2)$，传播因子是 $G(r) = \dfrac{1 - 2ar\sin^2\dfrac{w_1 h}{2} - 2ar\sin^2\dfrac{w_2 h}{2}}{1 + 2ar\sin^2\dfrac{w_1 h}{2} + 2ar\sin^2\dfrac{w_2 h}{2}}$，也是绝

对稳定的格式.

4.9.3 交替显隐格式

尽管一维的很多格式可以直接推广到高维的情况,但是,高维问题还是有自己的特殊性.例如二维显格式,计算很简单,但是和一维相比,它的稳定性条件变得苛刻了,即 $ar \leqslant \frac{1}{4}$.要获得稳定性,网格的节点数要增加 4 倍,其计算量也只增加 4 倍,计算的复杂性没有明显的增加.对于隐式格式和 Crank-Nicolson 格式,最大的优点是绝对稳定,不会随着维数的增加,步长受到限制,也即时间步长可以放大,但是它在每一层计算的复杂性急剧增加.在一维的时候,只要计算一个三对角的矩阵,用追赶法求解,计算量是 $O(M-1)$. 当问题是二维的时候,一般要求求解的是一个五对角的矩阵,是 $(M-1)^2$ 个的未知数代数方程组,计算量 $O(M-1)^3$,即计算量成指数倍的增长.如果说在一维的情况下,隐式差分格式优于显式格式,那么在高维的情况,这并不一定成立.它们都各有各的优点,因此,希望下面构造的差分格式具有绝对稳定和计算量小的特点.交替显隐格式具有这样的优点.构造的思想是在每一个时间层上的计算分成几步进行,而每一步具有一维格式计算简单的优点,也即只需要少量的计算量.

1. Peaceman-Rachford 格式

Peaceman-Rachford 的主要思想是降低维数.将高维的差分格式分解为几个低维的差分格式,具体做法是 $\frac{\partial^2 u}{\partial x^2}$ 在第 $k+\frac{1}{2}$ 层取值,$\frac{\partial^2 u}{\partial y^2}$ 在第 k 层取值.为了使格式保持对称,下一次计算时,$\frac{\partial^2 u}{\partial x^2}$ 在第 $k+\frac{1}{2}$ 层取值,$\frac{\partial^2 u}{\partial y^2}$ 在第 $k+1$ 层取值,即

$$\begin{cases} \dfrac{u_{jl}^{k+\frac{1}{2}} - u_{jl}^{k}}{\dfrac{\tau}{2}} = a \dfrac{1}{h^2}(\delta_x^2 u_{jl}^{k+\frac{1}{2}} + \delta_y^2 u_{jl}^{k}), \\ \dfrac{u_{jl}^{k+1} - u_{jl}^{k+\frac{1}{2}}}{\dfrac{\tau}{2}} = a \dfrac{1}{h^2}(\delta_x^2 u_{jl}^{k+\frac{1}{2}} + \delta_y^2 u_{jl}^{k+1}). \end{cases} \quad (26)$$

从上面的式子可以看出,对于每个差分格式,只需要求解一个三对角矩阵的方程组,大大降低了计算量.它的计算量与最简显格式的计算量相当.另外它的形式对称,结构简单合理,存储单元少.

再考虑稳定性.通过 Fourier 分析方法得到传播因子为

$$G(r) = \frac{\left(1 - 2ar \sin^2 \dfrac{w_1 h}{2}\right)\left(1 - 2ar \sin^2 \dfrac{w_2 h}{2}\right)}{\left(1 + 2ar \sin^2 \dfrac{w_1 h}{2}\right)\left(1 + 2ar \sin^2 \dfrac{w_2 h}{2}\right)},$$

很显然是绝对稳定的.

也可以从下面的途径得到 Peaceman-Rachford 格式,首先将 Crank-Nicolson 格式变形为

$$u_{jl}^{k+1} - \frac{ar}{2}(\delta_x^2 u_{jl}^{k+1} + \delta_y^2 u_{jl}^{k+1}) = u_{jl}^k + \frac{ar}{2}(\delta_x^2 u_{jl}^k + \delta_y^2 u_{jl}^k),$$

因为 $\frac{a^2 r^2}{4}\delta_x^2\delta_y^2(u_{jl}^{k+1} - u_{jl}^k) = \frac{a^2 r^2}{4}\delta_x^2\delta_y^2[\delta_t u_{jl}^{k+\frac{1}{2}} + O(\tau^2)].$

将上式的左边加上 $\frac{a^2 r^2}{4}\delta_x^2\delta_y^2 u_{jl}^{k+1}$,右边加上 $\frac{a^2 r^2}{4}\delta_x^2\delta_y^2[u_{jl}^k + \delta_t u_{jl}^{k+\frac{1}{2}} + O(\tau^2)]$,得到

$$u_{jl}^{k+1} - \frac{ar}{2}(\delta_x^2 u_{jl}^{k+1} + \delta_y^2 u_{jl}^{k+1}) + \frac{a^2 r^2}{4}\delta_x^2\delta_y^2 u_{jl}^{k+1}$$

$$= u_{jl}^k + \frac{ar}{2}(\delta_x^2 u_{jl}^k + \delta_y^2 u_{jl}^k) + \frac{a^2 r^2}{4}\delta_x^2\delta_y^2[u_{jl}^k + \delta_t u_{jl}^{k+\frac{1}{2}} + O(\tau^2)].$$

忽略高阶无穷小项,并因式分解得到

$$\left(1 - \frac{ar}{2}\delta_x^2\right)\left(1 - \frac{ar}{2}\delta_y^2\right)u_{jl}^{k+1} = \left(1 + \frac{ar}{2}\delta_x^2\right)\left(1 + \frac{ar}{2}\delta_y^2\right)u_{jl}^k.$$

取 $\left(1 - \frac{ar}{2}\delta_x^2\right)u_{jl}^{k+\frac{1}{2}} = \left(1 + \frac{ar}{2}\delta_y^2\right)u_{jl}^k$,则 $\left(1 - \frac{ar}{2}\delta_y^2\right)u_{jl}^{k+1} = \left(1 + \frac{ar}{2}\delta_x^2\right)u_{jl}^{k+\frac{1}{2}}$.

联立得到

$$\begin{cases} \left(1 - \frac{ar}{2}\delta_x^2\right)u_{jl}^{k+\frac{1}{2}} = \left(1 + \frac{ar}{2}\delta_y^2\right)u_{jl}^k, \\ \left(1 - \frac{ar}{2}\delta_y^2\right)u_{jl}^{k+1} = \left(1 + \frac{ar}{2}\delta_x^2\right)u_{jl}^{k+\frac{1}{2}}. \end{cases}$$

它与式(26)是相同的. 从上面的讨论可以得到此格式局部截断误差为 $O(\tau^2 + h^2)$.

2. Douglas 格式

Peaceman-Rachford 格式的缺点是无法推广到三维的情况. 因为它不能像二维格式那样具有对称形式的传播因子,无条件稳定性不成立. 下面的格式可以推广到三维的情况.

$$\begin{cases} \left(1 - \frac{ar}{2}\delta_x^2\right)(u_{jl}^{k+\frac{1}{2}} - u_{jl}^k) = ar(\delta_x^2 + \delta_y^2)u_{jl}^k, \\ u_{jl}^{k+\frac{1}{2}} - u_{jl}^k = \frac{ar}{2}\delta_y^2(u_{jl}^{k+1} - u_{jl}^k), \end{cases}$$

此格式称为 Douglas 格式,它的稳定性、局部截断误差和 Peaceman-Rachford 格式是相同的.

三维的 Douglas 格式:

$$\begin{cases} \left(1 - \frac{ar}{2}\delta_x^2\right)(u_{ijl}^{k+1/3} - u_{ijl}^k) = ar(\delta_x^2 + \delta_y^2 + \delta_z^2)u_{ijl}^k, \\ u_{ijl}^{k+2/3} - u_{ijl}^{k+1/3} = \frac{ar}{2}\delta_y^2(u_{ijl}^{k+2/3} - u_{ijl}^k), \\ u_{ijl}^{k+1} - u_{ijl}^{k+2/3} = \frac{ar}{2}\delta_z^2(u_{ijl}^{k+1} - u_{ijl}^k). \end{cases}$$

3. 局部一维格式

$$\begin{cases} \dfrac{u_{jl}^{n+\frac{1}{2}} - u_{jl}^{n}}{\tau} = \dfrac{a}{h^2}\delta_x^2\left(\dfrac{u_{jl}^{n+\frac{1}{2}} + u_{jl}^{n}}{2}\right), \\ \dfrac{u_{jl}^{n+1} - u_{jl}^{n+\frac{1}{2}}}{\tau} = \dfrac{a}{h^2}\delta_y^2\left(\dfrac{u_{jl}^{n+1} + u_{jl}^{n+\frac{1}{2}}}{2}\right). \end{cases}$$

实际计算不用上面的公式,而是采用

$$\begin{cases} \left(1 - \dfrac{a}{2}r\delta_x^2\right)u_{jl}^{k+\frac{1}{2}} = \left(1 + \dfrac{a}{2}r\delta_x^2\right)u_{jl}^{k}, \\ \left(1 - \dfrac{a}{2}r\delta_y^2\right)u_{jl}^{k+1} = \left(1 + \dfrac{a}{2}r\delta_y^2\right)u_{jl}^{k+\frac{1}{2}}. \end{cases}$$

用两次追赶法就可以求解得到 u_{jl}^{k+1},它是与 Peaceman-Rachford 格式等价的,但它能顺利推广到三维或者更高维的情况.

练 习 题

1. 考虑差分格式 $u_j^{k+1} = ru_{j+1}^k - (1 - 2r - \beta\tau)u_j^k + ru_{j-1}^k (\beta \geqslant 0)$.
① 判断此格式是显式的还是隐式的.
② 讨论差分格式的稳定性.
③ 当 β 取何值时,此格式是相容的.

2. 给定节点结构图(见图 4.45):
① 根据所给节点结构图,推导出满足无条件相容的差分格式.
② 求局部截断误差.
③ 判断此格式是显式的还是隐式的.
④ 讨论格式的稳定性.

3. 给定节点结构图(见图 4.46):

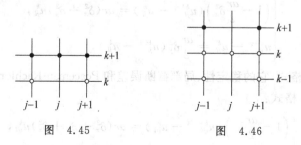

图 4.45   图 4.46

① 根据所给节点结构图,推导出满足无条件相容的差分格式.
② 求局部截断误差.
③ 判断此格式是显式的还是隐式的.

④ 讨论格式的稳定性.

4. 考虑抛物线方程 $\begin{cases} u_{xx}=u_t+b(x)u, & 0<x<1, \quad t>0, \\ u(0,t)=h(t), & u(1,t)=0, \quad u(x,0)=0. \end{cases}$

① 请给出局部截断误差为 $O(h^2+\tau^2)$ 的隐式差分格式,并写出它的矩阵形式.

② 当 $b(x)>0$ 时,讨论问题①中差分格式的稳定性,并给出稳定性条件.

③ 当 $h(t)=\sin(2t)$ 和 $b(x)=x$ 时,使用①中的差分格式,求近似解. 要求:根据②中的稳定性条件,给出不同网格比(符合稳定要求的网格比和不符合稳定条件的网格比,在不同的网格尺寸下,各选取 3 个不同的网格比)的近似解.

④ 逐渐加细网格,求在某一时刻,不同空间网格下的误差 error $\Bigg($误差通过下面两个公式求解 $e_0 = \left(\int_0^1 (u-u_h)^2 \mathrm{d}x\right)^{\frac{1}{2}}$,称为 L^2 误差,或者 $e_\infty = \max\limits_{1 \leqslant j \leqslant J} |u(t,x_j) - u_j|$,称为最大误差$\Bigg)$,然后画误差对数 $\ln(\text{error})$ 和网格尺寸 $\ln h$ 图;以及误差 $\ln(\text{error})$ 和时间 $-\ln t$(程序的运行计算时间)的关系图.

⑤ 将数值结果并与 $b(x)=0$ 时候的 Richardson 格式比较,说明此格式稳定的原因.

5. 考虑变系数抛物线方程 $\begin{cases} \dfrac{\partial}{\partial x}\Big(D(x)\dfrac{\partial u}{\partial x}\Big)=\dfrac{\partial u}{\partial t}, & 0<x<l, t>0, \\ u(0,t)=u(l,t)=0, & u(x,0)=g(x). \end{cases}$

① 请推导出局部截断误差为 $O(h^2+\tau^2)$ 的隐式差分格式,并写出它的矩阵形式.

② 当 $D(x)>0$ 时,讨论问题①中差分格式稳定性条件.

6. 请用数值积分方法推导出如下差分格式:
① 最简显格式. ② 最简隐格式. ③ 加权 θ 格式.

7. 本题思考的问题是考虑抛物方程在非一致(非均匀)网格的离散格式. 考虑例 4.1 的热传导方程.

网格一:网格剖分为 $e_j=(x_j, x_{j+1}), h_j=x_{j+1}-x_j$,并且
$$h_j = \begin{cases} h, & j=2n-1, \\ 5h, & j=2n. \end{cases}$$

① 写出上述网格的最简显格式,以例 4.1 的方程为例,求近似解.
② 写出上述网格的最隐显格式,以例 4.1 的方程为例,求近似解.
③ 写出上述网格的最简 CN 格式,以例 4.1 的方程为例,求近似解.

网格二:梯度网格, $h_j = \alpha h_{j-1}, \alpha = 1.05$ 或 0.95.

④ 重复①②③问.

8. 本题探讨绝对稳定的隐格式如何选择适当的步长,以及如何消除大步长带来的振荡.
尽管隐格式一般来说是绝对稳定的,理论上步长可以随意选取,但是,在实践中步长不

可能无限放大.因为步长大,近似解精度就低.精度高,就需要小步长,但小步长对隐式格式计算量很大,所以就必须选择适当的步长.考虑例 4.1,网格 $\frac{1}{h}=2^n(2\leqslant n\leqslant 10)$.

① 用最简隐式格式求近似解.计算最大误差(定义见练习题 4)$\ln(\text{error})$ 与网格 $\ln h$ 之间的关系图,以及最大误差 $\ln(\text{error})$ 与计算时间 $\ln t$ 的关系图.

② 用 CN 格式求近似解.计算最大误差 $\ln(\text{error})$ 与网格 $\ln h$ 之间的关系图,以及最大误差 $\ln(\text{error})$ 与计算时间 $\ln t$ 的关系图.

③ 根据②的计算结果,画出时间步长较大时的近似解曲线,观察近似解曲线是否有振荡的现象.如果有,说明出现此现象的原因(原因:CN 格式非单调的);如果没有,更改初边值条件,请考虑如下初值问题的解,初边值条件为

$$u(x,0)=\begin{cases}1, & x\in\left(\frac{1}{3},\frac{2}{3}\right),\\ 0, & \text{否则},\end{cases} \quad u(0,t)=u(1,t)=0.$$

分别画出 $t=0.001,0.002,0.008,0.016,0.032$ 时刻的解曲线.仔细观察近似解曲线图.

④ 问题③的解决办法有两种.方法一:采取小的时间步长开始计算,当高频部分衰减后,增大时间步长,再计算,这类似于自适应时间步长.方法二:通过加权平均,消除振荡,具体方法如下:

$$\begin{cases}\dfrac{\tilde{u}_j^{k+1}-\bar{u}_j^k}{\tau}=\dfrac{a}{2h^2}\left[(\bar{u}_{j+1}^k-2\bar{u}_j^k+\bar{u}_{j-1}^k)+(\tilde{u}_{j+1}^{k+1}-2\tilde{u}_j^{k+1}+\tilde{u}_{j-1}^{k+1})\right],\\ \bar{u}_j^{k+1}=\dfrac{1}{4}(\tilde{u}_j^{k+1}+2\bar{u}_j^k+2\bar{u}_j^{k-1}).\end{cases}$$

请用分别用这两种方法求近似解,并与定步长的 CN 格式比较.

9. 本题思考的问题是考虑抛物方程在非一致(非均匀)网格的离散格式.

① 假设空间节点 x_j 附近的网格满足 $x_j-x_{j-1}=h,x_{j+1}-x_j=\dfrac{h}{2},x_{j+2}-x_{j+1}=\dfrac{h}{4}$.分别求系数使得 $au_{j+1}+bu_j+cu_{j-1}$ 和 $au_{j+2}+bu_{j+1}+cu_j+du_{j-1}$ 的各自精度尽量高.

② 假设空间节点 x_j 的网格步长满足 $x_j-x_{j-1}=\dfrac{h}{2^j},j=1,\cdots,N$,利用①的逼近,写出抛物方程的显差分格式,并求格式的稳定性条件.

③ 在②的网格剖分和①的逼近的基础上,写出变系数抛物方程:

$$\begin{cases}\dfrac{\partial u}{\partial t}=\dfrac{\partial}{\partial x}\left(\dfrac{1}{1-x+\varepsilon}\dfrac{\partial u}{\partial x}\right), & 0<x<1,t>0,\\ u(0,t)=u(1,t)=0, & u(x,0)=g(x)\end{cases}$$

的最简显差分格式,其中参数 $\varepsilon>0$ 的小常数.

④ 求问题③的局部截断误差.

⑤ 编写程序,分别取不同参数 $\varepsilon=10^{-1},10^{-3},10^{-5},10^{-6}$,求③格式的近似解(要求:将在 $t=1$ 时不同参数所对应的近似曲线在一幅图中呈现).

⑥ 写出问题③的隐式格式,并求局部截断误差.

⑦ 用第⑥问的隐式格式重复第⑤问的工作.

⑧ 根据⑤、⑦的计算结果,思考参数对方程解(真解或者数值解)的影响.

⑨ 考虑均匀网格,用最简显隐格式求问题③的近似解.

⑩ 比较⑤、⑦、⑨的计算结果,说来非均匀网格的优缺点.

10. 本题的目的是探讨非线性方程的数值离散和近似计算. 考虑非线性抛物方程:

$$\begin{cases} u_t = (a(u)u_x)_x, & x \in (0,1), t>0, \\ u(0,t) = 0, \quad u(1,t) = 0, & t>0, \\ u(x,0) = \sin x, & x \in (0,1). \end{cases}$$

① 取 $v=a(u)u_x$,求 $u_t \approx \dfrac{u(x,t+\tau)-u(x,t)}{\tau}$,$v_x \approx \dfrac{v(x+h,t)-v(x,t)}{h}$ 的近似误差.

② 证明 $\dfrac{1}{2}[a(u(x+h,t))+a(u(x,t))]\dfrac{u(x+h,t)-u(x,t)}{h}$ 是 $v\left(x+\dfrac{h}{2},t\right)$ 的近似.

③ 利用①、②的导数近似,推导显式差分格式 $\delta_t^+ u_j^k = \dfrac{\tau}{h}(a_{j+\frac{1}{2}}^k \delta_x^+ u_j^k - a_{j-\frac{1}{2}}^k \delta_x^- u_j^k)$,其中

$$a_{j+\frac{1}{2}} = \dfrac{1}{2}[a(u(x_j+h,t_k))+a(u(x_j,t_k))].$$

④ 取 $a(u)=\dfrac{1+3u^2}{1+u^2}$,讨论③的差分格式的稳定性条件.

⑤ 取步长 $\tau=0.0005$,$h=0.02$,在④的条件下求③的近似解(不同时刻的解曲线).

11. 本题的目的是探讨参数对非线性方程的影响. 考虑非线性抛物方程:

$$\begin{cases} u_t = (a_\varepsilon(u)u_x)_x, & x \in (0,1), t>0, \\ u(0,t) = u(1,t) = 0, & t>0, \\ u(x,0) = \sin(3\pi x), & x \in (0,1). \end{cases}$$

其中 $a_\varepsilon(u)=2+\varepsilon\cos u$.

① 利用第 10 题的方法,写出本题的差分格式.

② 分析差分格式的稳定性.

③ 分别取 $\varepsilon=\dfrac{1}{8},\dfrac{1}{16},\dfrac{1}{32},\dfrac{1}{64},\dfrac{1}{128}$,求 $t=0.1$ 的解曲线.

④ 取 $a_\varepsilon(u)=2$ 时,在问题③的网格下求 $t=0.1$ 的解曲线.

⑤ 比较③、④所得到的计算结果,所用的显格式能作为非线性方程很好的近似解吗?

12. 本题的目的是探讨非线性方程的初值条件对数值离散稳定性的影响和近似计算. 考虑非线性抛物方程:

$$\begin{cases} u_t = (a(u)u_x)_x, & x \in (0,1), t>0, \\ u(0,t) = \alpha(t), u(1,t) = \beta(t), & t>0, \\ u(x,0) = f(x), & x \in (0,1). \end{cases}$$

① 取 $a(u)=u,\alpha(t)=t,\beta(t)=1+t,f(x)=x$. 证明:$u(x,t)=x+t$ 是方程的解.

② 证明：在①的条件下，使用练习题 10 的显式差分格式求解，所求在每个网格点的近似解是真解，即 $u_j^k = u(x_j, t_k) = x_j + t_k$.

③ 分别使用下面的网格。网格一：$h=0.25, \tau=\frac{1}{65}$；网格二：$h=\frac{1}{30}, \tau=\frac{1}{10}$. 计算在①、②条件下 $t=1$ 时刻的近似解，根据②的证明结果，讨论近似解观察到的现象.

④ 解释③中出现的数值现象，如何消除③中不好的数值现象？根据你的方法，重新选择网格参数，能得到比较好的数值结果吗？再次编程实现验证.

⑤ 将初始条件改变为：$u(x,0)=f(x)=100x(1-x)\left|x-\frac{1}{2}\right|$，在①、③的条件下重新编程实现显式差分格式的近似解。网格除了③中的两种外，你还必须尝试其他几种网格. 根据你所选取网格的计算结果，④中所探讨的方法还能保证此初值条件下的数值计算的稳定性吗？

⑥ 根据习题 10①、②中的导数近似，推导隐式差分格式.

⑦ 使用⑥的隐式差分格式，编程求①、③条件下的近似解，并与③的结果比较.

⑧ 使用⑥的隐式差分格式，编程求①、③、⑤条件下的近似解，并与⑤的结果比较.

⑨ 讨论⑥的隐式差分格式的稳定性条件，并与你数值计算结果比较.

第 5 章 双曲方程的差分方法

5.1 一阶常系数双曲方程简介

本节主要讨论对流方程.首先考虑常系数方程

$$\frac{\partial u}{\partial t}+a\frac{\partial u}{\partial x}=0,$$

其中 a 是常数,不妨设 $a>0$.这就是最简单的双曲方程,称为对流方程.

下面通过三种方法来理解此方程或者求出方程的解.

方法一:几何方法

将 $\frac{\partial u}{\partial t}+a\frac{\partial u}{\partial x}$ 看成是函数 $u(x,t)$ 在 $(1,a)=v$ 方向的方向导数,由方向导数的定义以及方程可得:$\frac{\partial u}{\partial v}=\left(\frac{\partial u}{\partial t},\frac{\partial u}{\partial x}\right)\cdot(1,a)^{\mathrm{T}}=\frac{\partial u}{\partial t}+a\frac{\partial u}{\partial x}=0$.于是有:沿 $(1,a)=v$ 方向,对流方程的解 $u(x,t)$ 是常数.以 $(1,a)=v$ 为方向的所有直线方程为:$x-at=\xi$,则方程的解 $u(x,t)=\varphi(x-at)$,其中 φ 为任意函数.直线族如图 5.1 所示:

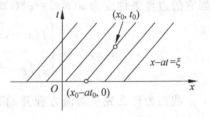

图 5.1

方法二:坐标变换法

建立 (x,t) 平面上的坐标变换 $\xi=x-at,\eta=ax+t$.通过链式法则可得

$$\frac{\partial u}{\partial x}=\frac{\partial u}{\partial \xi}\frac{\partial \xi}{\partial x}+\frac{\partial u}{\partial \eta}\frac{\partial \eta}{\partial x}=\frac{\partial u}{\partial \xi}+a\frac{\partial u}{\partial \eta},\quad \frac{\partial u}{\partial t}=\frac{\partial u}{\partial \xi}\frac{\partial \xi}{\partial t}+\frac{\partial u}{\partial \eta}\frac{\partial \eta}{\partial t}=-a\frac{\partial u}{\partial \xi}+\frac{\partial u}{\partial \eta}.$$

代入方程可得

$$\frac{\partial u}{\partial t}+a\frac{\partial u}{\partial x}=(1+a^2)\frac{\partial u}{\partial \eta}=0\Rightarrow \frac{\partial u}{\partial \eta}=0\Rightarrow u(\xi,\eta)=\varphi(\xi)=\varphi(x-at).$$

方法三:特征线法

设常微分方程 $\mathrm{d}x-a\mathrm{d}t=0$,求解此微分方程,得到一组解:$x-at=\xi$.很显然,它们是一组相互平行的直线(图 5.1 所示).沿此线族,$u(x,t)$ 满足

$$\frac{\mathrm{d}u}{\mathrm{d}t}=\frac{\partial u}{\partial t}+\frac{\partial u}{\partial x}\frac{\partial x}{\partial t}=\frac{\partial u}{\partial t}+a\frac{\partial u}{\partial x}=0.$$

因此,沿每条线,对流方程的解 $u(x,t)$ 是常数,仅依赖此直线,则 $u(x,t)=\varphi(\xi)=\varphi(x-at)$.

总结上面三种方法,可以看到都与直线族 $x-at=\xi$ 相关,既然它如此重要,那就给它一个名字——**特征线**. 利用特征线, 在给定初边值条件的基础上, 可以求出初边值问题的解析解. 以初值问题为例说明如何得到解析解. 设初值条件为 $u(x,0)=f(x)$.

设 (x_0,t_0) 是在 x-t 平面上任意一点, 过此点的特征线为 $x-at=\xi$, 由此 $\xi=x_0-at_0$, 于是, 得到特征线与空间坐标轴 x 轴的交点为 $(x_0-at_0,0)$ (如图 5.1 所示). 根据前面的讨论可知, 在特征线上, 偏微分方程的解是常数, 即在此点的值 $u(x_0,t_0)=u(x_0-at_0,0)$, 也即为所给的初值 $f(x_0-at_0)$. 由于点 (x_0,t_0) 的任意性, 方程的解为 $u(x,t)=f(x-at)$. 类似地, 如果问题还是有边界的, 给定边界条件:

$$u(0,t)=\varphi_0(t), \quad t\geqslant 0, \quad f(0)=\varphi_0(0).$$

可以求出从边界出发时, 可以得到对流方程的解析解

$$u(x,t)=\begin{cases} f(\xi), & \xi\geqslant 0, \\ \varphi_0(\xi), & \xi\leqslant 0. \end{cases}$$

又因为 $x-at=\xi$, 所以

$$u(x,t)=\begin{cases} f(x-at), & at\leqslant x, \\ \varphi_0(at-x), & at\geqslant x. \end{cases}$$

当它的边界条件变为 $u(l,t)=\varphi_1(t), t\geqslant 0$. 时, 则对流方程的解析解为

$$u(x,t)=\begin{cases} f(x-at), & t\leqslant \dfrac{x-l}{a}, \\ \phi_1\left(t-\dfrac{x-l}{a}\right), & \dfrac{x-l}{a}\leqslant t\leqslant T, \end{cases} \quad 0\leqslant x\leqslant l.$$

我们为什么先从对流方程开始研究双曲方程的数值解法呢? 原因有如下几点: 第一, 对流方程非常简单, 对它的研究是探讨更复杂的双曲方程(组)的基础; 第二, 尽管对流方程简单, 但是通过它可以看到双曲方程在数值计算中特有的性质和现象; 第三, 利用它特殊的、复杂的初值给定, 完全可以用来检验数值方法的效果和功能; 最后, 它的差分格式可以推广到变系数双曲方程(组)以及非线性双曲方程领域. 比如:

变系数对流方程

$$\frac{\partial u}{\partial t}+a(x)\frac{\partial u}{\partial x}=0, \quad 0\leqslant x\leqslant 1, t\geqslant 0,$$

非线性的 Burgers 方程

$$\frac{\partial u}{\partial t}+\frac{1}{2}\frac{\partial u^2}{\partial x}=0, \quad x\in\mathbf{R}, t\geqslant 0,$$

KdV 方程

$$\frac{\partial u}{\partial t}+k\frac{\partial u}{\partial x}+\frac{3k}{4\rho}\frac{\partial u^2}{\partial x}+\frac{k\rho^2}{6}\frac{\partial^3 u}{\partial x^3}=0, \quad x\in\mathbf{R}, t\geqslant 0.$$

双曲方程与椭圆方程的重要区别: 双曲方程具有特征线, 其解析解对初边值具有很强的依赖性, 初边值函数的各种性质也沿特征线传播. 因此, 方程的解一般不具有很好的光滑

性.下面讨论双曲方程的一些常用格式.

5.2 几种显式差分格式

5.2.1 迎风格式

沿用抛物方程构造差分格式的方法,按照差商近似微商的思路,可得到如下三种差分格式:

$$\frac{u_j^{k+1} - u_j^k}{\tau} + a\frac{u_{j+1}^k - u_j^k}{h} = 0, \quad 0 \leqslant j \leqslant M-1, 0 \leqslant k \leqslant K-1;$$

$$\frac{u_j^{k+1} - u_j^k}{\tau} + a\frac{u_j^k - u_{j-1}^k}{h} = 0, \quad 1 \leqslant j \leqslant M, 0 \leqslant k \leqslant K-1;$$

$$\frac{u_j^{k+1} - u_j^k}{\tau} + a\frac{u_{j+1}^k - u_{j-1}^k}{2h} = 0, \quad 1 \leqslant j \leqslant M-1, 0 \leqslant k \leqslant K-1. \tag{1}$$

容易得到前面两种格式的截断误差为 $O(\tau+h)$,第三种格式的局部截断误差是 $O(\tau+h^2)$.下面讨论这三种格式的稳定性,依然采用 Fourier 分析方法,令 $u_j^k = v^k e^{iwh}$,分别代入上面三种差分格式,则分别得到它们的传播因子为

$$G_1(r) = -are^{iwh} + (1+ar), \quad G_2(r) = are^{-iwh} + (1-ar), \quad G_3(r) = 1 - iar\sin wh.$$

很显然,$|G_3(r)| = \sqrt{1+a^2r^2\sin^2 wh} > 1$,因此,对于任何的网格比,第三种差分格式不满足稳定的条件,是绝对不稳定的.

另外,$|G_1(r)| = \left|1 + 4ar(1+ar)\sin^2\frac{wh}{2}\right| \leqslant 1$ 的充要条件为 $a^2r^2 \leqslant -ar$,由此得到第一种格式稳定的充要条件是 $a<0$,且 $|ar| \leqslant 1$.同理,第二种格式稳定的充要条件是 $a>0$,且 $ar \leqslant 1$.由此可以看出,前两种格式的稳定性与系数的正负号相关,也即与特征线的走向相关.于是根据特征线的走向给出差分格式如下:

$$u_j^{k+1} = (1-ar)u_j^k + aru_{j-1}^k, \quad a>0 (\text{见图 } 5.2)$$

$$u_j^{k+1} = (1+ar)u_j^k - aru_{j+1}^k, \quad a<0 (\text{见图 } 5.3)$$

在计算物理中,此格式也称迎风格式.

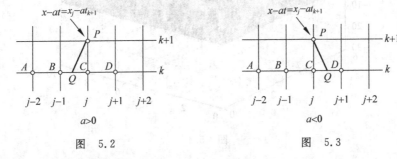

图 5.2 图 5.3

下面从特征线的角度推导迎风格式. 以 $a>0$ 为例,设 $u_{j+1}^k, u_j^k, u_{j-1}^k$ 已知,构造计算 u_j^{k+1} 的公式. 如图 5.2 和图 5.3 所示,过点 $P(x_j, t_{k+1})$ 作特征线,由于 $a>0$,特征线的斜率 $\dfrac{\mathrm{d}t}{\mathrm{d}x}=\dfrac{1}{a}$,则特征线偏左,与直线 $t=t_k$ 相交于点 B,C 之间的 Q 点. 又因为 Q 点在特征线上,则 $u(P)=u(Q)$. 很自然地,考虑利用网格节点 B,C 的值进行插值,插值作为 Q 点的近似值,得到

$$u(P)=u(Q)\approx (u(B)|CQ|+u(C)|BQ|)\frac{1}{h}, \tag{2}$$

利用直角三角形 $\triangle PCQ$ 以及直线 PQ 的斜率,可以计算出

$$|CQ|=a\tau, \quad |BQ|=h-a\tau, \tag{3}$$

$$u(P)=u_j^{k+1}, \quad u(B)=u_{j-1}^k, \quad u(C)=u_j^k, \quad r=\frac{\tau}{h}, \tag{4}$$

于是把式(3)、式(4)代入式(2)得到

$$u_j^{k+1}=aru_{j-1}^k+(1-ar)u_j^k.$$

此式即是上述的迎风格式. 对于 $a<0$ 可以类似地得到.

例 5.1 请用迎风格式计算双曲方程的近似解:

$$\begin{cases} \dfrac{\partial u}{\partial t}+\dfrac{\partial u}{\partial x}=2t\sin x+t^2\cos x, \\ u|_{t=0}=0, \quad 0<t<10, \\ u|_{x=0}=0, \quad 0<x<5. \end{cases}$$

真解的曲面图如图 5.4 所示.

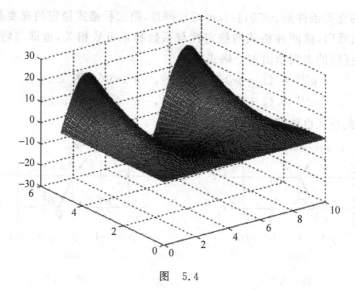

图 5.4

时间步长 0.1, 空间步长 0.2 时的近似解图和误差图如图 5.5 和图 5.6 所示. 此时的最大误差为 MaxErr=2.9274.

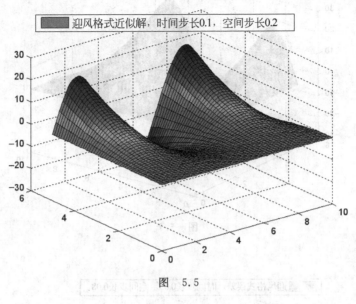

图 5.5

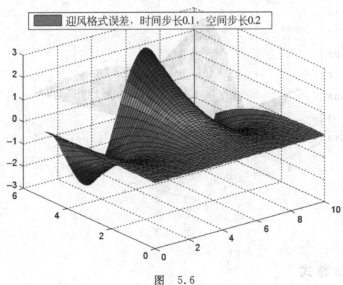

图 5.6

时间步长 0.05, 空间步长 0.08 时的近似解图和误差图如图 5.7 和图 5.8 所示. 此时的最大误差为 MaxErr=1.2187.

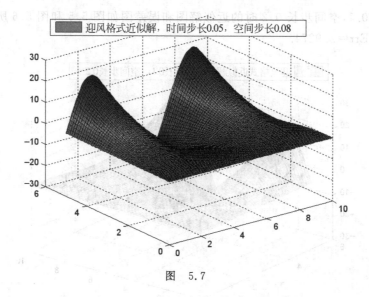

图 5.7

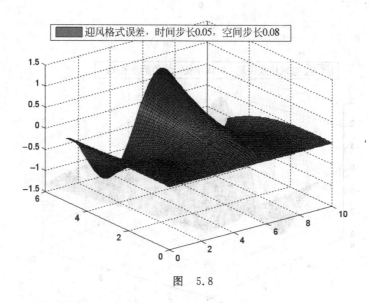

图 5.8

5.2.2 Lax 格式

方法一：特征线法

通过特征线得到的迎风格式是利用节点作线性插值作为近似值，推导出迎风格式. 沿着此思路，使用不同的节点，应该可以得到不同的格式. Lax 差分格式就是利用网格节点 B 和 D 进行线性插值.

$$u(P) = u(Q) \approx \frac{h-a\tau}{2h}u(D) + \frac{h+a\tau}{2h}u(B),$$

即
$$u_j^{k+1} = \frac{1}{2}\big[(1+ar)u_{j-1}^k + (1-ar)u_{j+1}^k\big].$$

令 $u_j^k = v^k e^{iwh}$,代入上式,得

$$v^{k+1} = \left[\frac{1}{2}(e^{iwh}+e^{-iwh}) - \frac{ar}{2}(e^{iwh}-e^{-iwh})\right]v^k = (\cos wh - iar\sin wh)v^k,$$

从而得到 Lax 的传播因子

$$G(r) = \cos wh - iar\sin wh,$$

于是
$$|G(r)|^2 = 1 - (1-a^2 r^2)\sin^2 wh.$$

所以当 $|ar| \leqslant 1$ 时,$|G(r)| \leqslant 1$,Lax 格式稳定. 否则,$|G(r)| \geqslant 1$,此格式不稳定. 因此 Lax 格式稳定的条件是 $|ar| \leqslant 1$.

Lax 格式也可以改写为

$$u_j^{k+1} = \frac{1}{2}(u_{j-1}^k + u_{j+1}^k) - \frac{ar}{2}(u_{j-1}^k + u_{j+1}^k).$$

把此格式与式(1)进行比较,实际上,式(1)是绝对不稳定的,为了使其稳定,而且不损失局部截断误差的精度,需要用节点 $(j-1,k)$ 与 $(j+1,k)$ 的值平均加权代替 u_j^k,即用 $\frac{1}{2}(u_{j-1}^k + u_{j+1}^k)$ 代替 u_j^k,此格式的截断误差是 $O\left(\tau + h^2 + \frac{h^2}{\tau}\right)$.

方法二:积分法

除了上述构造差分格式的方法外,我们还可以考虑从积分守恒形式出发构造差分格式. 设 Ω 是 (x,t) 平面的任一有界区域,对对流方程两边同时在区域 Ω 上积分,即

$$\int_\Omega \left(\frac{\partial u}{\partial t} + \frac{\partial u}{\partial x}\right)dx dt = \int_\Omega f dx dt.$$

对上式左端运用 Green 公式:

$$\int_\Omega \left(\frac{\partial u}{\partial t} + \frac{\partial u}{\partial x}\right)dx dt = \int_\Gamma u dt - u dx,$$

则

$$\int_\Gamma u dt - u dx = \int_\Omega f dx dt,$$

其中 $\Gamma = \partial\Omega$ 表示区域 Ω 的边界.

取 Ω 是以节点 $A(j-1,k), B(j+1,k), C(j+1,k+1), D(j-1,k+1)$ 为顶点的矩形区域(如图 5.9 所示),其边界 $\Gamma = \overline{ABCDA}$,则

$$\int_\Gamma u dt - u dx = \int_{\overline{AB}\cup\overline{BC}\cup\overline{CA}\cup\overline{DA}}(u dt - u dx) = -\int_{\overline{AB}} u dx - \int_{\overline{CD}} u dx + \int_{\overline{BC}} u dt + \int_{\overline{DA}} u dt. \tag{5}$$

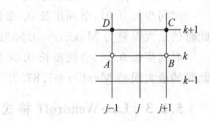

图 5.9

对上面公式的右端,分别利用矩形积分公式和梯形公式,即

$$\int_{\overline{AB}} u\,\mathrm{d}x = \frac{1}{2}[u(A)+u(B)]\cdot 2h + O(h^3),$$

$$\int_{\overline{CD}} u\,\mathrm{d}x = -u(x_j,t_{k+1})\cdot 2h + O(h^3),$$

$$\int_{\overline{BC}} u\,\mathrm{d}t = u(B)\cdot \tau + O(\tau^2),$$

$$\int_{\overline{DA}} u\,\mathrm{d}t = -u(A)\cdot \tau + O(\tau^2),$$

$$\int_{\Omega} f\,\mathrm{d}x\mathrm{d}t = f_j^k \tau h + O(h^2+\tau^2).$$

把上面的式子代入式(5),并且整理得到

$$u(x_j,t_{k+1})\cdot 2h - \frac{1}{2}[u(A)+u(B)]\cdot 2h + u(B)\cdot \tau - u(A)\cdot \tau = 2f_j^k \tau h + O(\tau^2+h^3),$$

两边同时除以 $2\tau h$ 整理得

$$\frac{u(x_j,t_{k+1}) - \frac{1}{2}[u(A)+u(B)]}{\tau} + \frac{u(B)-u(A)}{2h} = f_j^k + O(\tau + h^2/\tau),$$

即

$$\frac{u_j^{k+1} - \frac{1}{2}[u_{j+1}^k + u_{j-1}^k]}{\tau} + \frac{u_{j+1}^k - u_{j-1}^k}{2h} = f_j^k + O(\tau + h^2/\tau),$$

忽略高阶无穷小项,有

$$\frac{u_j^{k+1} - \frac{1}{2}[u_{j+1}^k + u_{j-1}^k]}{\tau} + \frac{u_{j+1}^k - u^k}{2h} = f_j^k.$$

即为 Lax 格式,被忽略的无穷小项是局部截断误差.

例 5.2 请用 Lax 格式求例 5.1 方程的近似解.

时间步长 0.01,空间步长 0.02 时的近似解图如图 5.10 所示,误差图如图 5.11 所示. 此时的最大误差为 MaxErr=0.5871.

时间步长 0.05,空间步长 0.08 时的近似解图如图 5.12 所示,误差图如图 5.13 所示. 此时的最大误差 MaxErr=1.8757.

5.2.3 Lax-Wendroff 格式

考虑齐次对流微分方程,下面我们通过三种不同的思路构造 Lax-Wendroff 格式. 此格式是二阶精度.

第一种思路:利用微分方程和 Taylor 公式.

由 Taylor 展开公式,得到

$$u_j^{k+1} = u_j^k + \tau \left[\frac{\partial u}{\partial t}\right]_j^k + \frac{\tau^2}{2}\left[\frac{\partial^2 u}{\partial t^2}\right]_j^k + O(\tau^3). \tag{6}$$

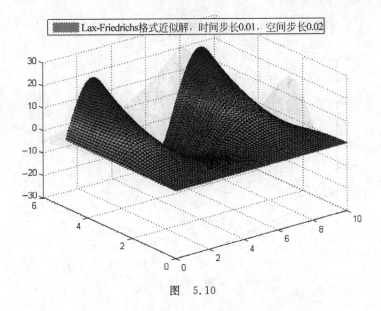

图 5.10

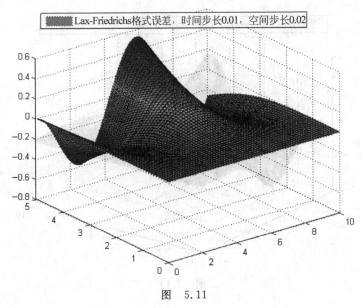

图 5.11

因为是齐次微分方程,则

$$\frac{\partial u}{\partial t} = -a\frac{\partial u}{\partial x}. \tag{7}$$

对上式两边同对时间 t 求导,则

$$\frac{\partial^2 u}{\partial t^2} = \frac{\partial}{\partial t}\left(-a\frac{\partial u}{\partial x}\right) = -a\frac{\partial}{\partial t}\left(\frac{\partial u}{\partial x}\right) = -a\frac{\partial}{\partial x}\left(\frac{\partial u}{\partial t}\right) = -a\frac{\partial}{\partial x}\left(-a\frac{\partial u}{\partial x}\right) = a^2\frac{\partial^2 u}{\partial x^2},$$

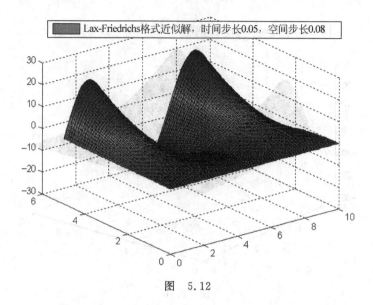

图 5.12

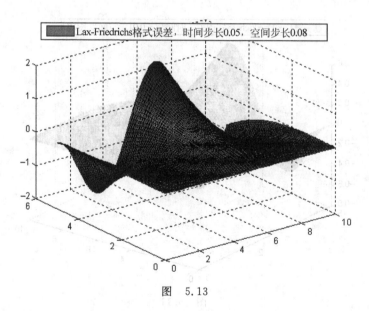

图 5.13

即

$$\frac{\partial^2 u}{\partial t^2} = a^2 \frac{\partial^2 u}{\partial x^2}. \tag{8}$$

把式(7)、式(8)代入式(6),得到

$$u_j^{k+1} = u_j^k - a\tau \left[\frac{\partial u}{\partial x}\right]_j^k + \frac{a^2 \tau^2}{2}\left[\frac{\partial^2 u}{\partial x^2}\right]_j^k + O(\tau^3).$$

再由空间的一阶中心差商和二阶中心差商,即

$$\left[\frac{\partial u}{\partial x}\right]_j^k = \frac{1}{2h}(u_{j+1}^k - u_{j-1}^k) + O(h^2).$$

$$\left[\frac{\partial^2 u}{\partial x^2}\right]_j^k = \frac{1}{h^2}\delta_x^2 u_j^k + O(h^2).$$

从式(6)得到

$$u_j^{k+1} = u_j^k - a\tau \frac{1}{2h}(u_{j+1}^k - u_{j-1}^k) + \frac{a^2\tau^2}{2}\frac{1}{h^2}\delta_x^2 u_j^k + O(\tau^3) + O(h^2).$$

忽略高阶无穷小项,得到

$$u_j^{k+1} = u_j^k - a\tau \frac{1}{2h}(u_{j+1}^k - u_{j-1}^k) + \frac{a^2\tau^2}{2}\frac{1}{h^2}\delta_x^2 u_j^k.$$

这就是 Lax-Wendroff 格式,它的局部截断误差的阶是 $O(h^2+\tau^2)$.

下面讨论 Lax-Wendroff 格式的稳定性. 将格式改写为

$$u_j^{k+1} = \frac{1}{2}(a^2r^2 - ar)u_{j+1}^k + (1 - a^2r^2)u_j^k + \frac{1}{2}(a^2r^2 + ar)u_{j-1}^k.$$

利用 Fourier 分析方法,得到传播因子

$$G(r) = 1 - 2a^2r^2\sin^2\frac{wh}{2} - iar\sin wh.$$

因此

$$|G(r)|^2 = 1 - 4a^2r^2(1 - a^2r^2)\sin^4\frac{wh}{2}.$$

从上式很显然有,当 $|ar|\leqslant 1$ 时,$|G(r)|\leqslant 1$,即格式的稳定条件是 $|ar|\leqslant 1$.

这个格式可以看成如下两步合成的结果:

$$\begin{cases} u_{j+\frac{1}{2}}^{k+\frac{1}{2}} = \frac{1}{2}(u_{j+1}^k + u_j^k) - \frac{ar}{2}(u_{j+1}^k - u_j^k), \\ u_j^{k+1} = u_j^k - ar\left(u_{j+\frac{1}{2}}^{k+\frac{1}{2}} - u_{j-\frac{1}{2}}^{k+\frac{1}{2}}\right). \end{cases}$$

其中第一个格式是 Lax-Friedrich 格式,第二个格式是下面将要讨论的"跳蛙"格式(菱形格式). 同样是二阶精度,此格式称为 MacCormack 格式.

第二种思路:与 Lax-Friedrich 格式类似,也可以利用特征线来构造. 此时,利用网格节点 B,C 和 D 三点的二次插值作为 Q 点的函数值的近似值,即得

$$u(P) = u(Q) \approx u(C) - \frac{a\tau}{h}[u(C) - u(B)] - \frac{1}{2}\cdot\frac{a\tau}{h}\left(1 - \frac{a\tau}{h}\right)[u(B) - 2u(C) + u(D)].$$

代入节点的坐标,并整理,得到 Lax-Wendroff 格式:

$$u_j^{k+1} = u_j^k - \frac{1}{2}ar(u_{j+1}^k - u_{j-1}^k) + \frac{1}{2}a^2r^2(u_{j+1}^k - 2u_j^k + u_{j-1}^k).$$

第三种思路:为了增加对流方程的稳定性,通常考虑添加微小参数作为系数的扩散项来提高微分方程的稳定性,此项称为人工黏性项. 此时对流方程成为带小参数的抛物方

程,如

$$\frac{\partial u}{\partial t} + a\frac{\partial u}{\partial x} = \varepsilon \frac{\partial^2 u}{\partial x^2}, \quad \varepsilon > 0 \text{ 并且当 } \tau \to 0 \text{ 时}, \varepsilon \to 0.$$

令 $\varepsilon = \frac{1}{2}a^2\tau$,然后构造上述抛物方程的差分格式. $\frac{\partial u}{\partial t}$ 用向前差商近似, $\frac{\partial u}{\partial x}$ 和 $\frac{\partial^2 u}{\partial x^2}$ 分别用一阶中心差商和二阶中心差商近似,得到 Lax-Wendroff 格式如下:

$$u_j^{k+1} = u_j^k - \frac{1}{2}ar(u_{j+1}^k - u_{j-1}^k) + \frac{1}{2}a^2 r^2(u_{j+1}^k - 2u_j^k + u_{j-1}^k).$$

实际上面讨论的几种对流方程的差分格式都可以看作是黏性差分格式,也即通过对中心差分格式增加人工黏性项. 例如迎风格式:

$$u_j^{k+1} = (1-ar)u_j^k + aru_{j-1}^k, \quad a > 0.$$

将其改写为如下格式:

$$\frac{u_j^{k+1} - u_j^k}{\tau} + a\frac{u_{j+1}^k - u_{j-1}^k}{2h} = \frac{ah}{2}\frac{u_{j+1}^k - 2u_j^k + u_{j-1}^k}{h^2},$$

其中 $\varepsilon = \frac{1}{2}ah$.

对于系数 $a < 0$,类似地有

$$\frac{u_j^{k+1} - u_j^k}{\tau} + a\frac{u_{j+1}^k - u_{j-1}^k}{2h} = -\frac{ah}{2}\frac{u_{j+1}^k - 2u_j^k + u_{j-1}^k}{h^2}.$$

它们是抛物方程 $\frac{\partial u}{\partial t} + a\frac{\partial u}{\partial x} = \frac{1}{2}|a|h\frac{\partial^2 u}{\partial x^2}$ 的中心差商近似,其中 $\varepsilon = \frac{1}{2}|a|h$.

Lax-Friedrichs 格式改写为

$$\frac{u_j^{k+1} - u_j^k}{\tau} + a\frac{u_{j+1}^k - u_{j-1}^k}{2h} = \frac{h}{2r}\frac{u_{j+1}^k - 2u_j^k + 2u_{j-1}^k}{h^2}.$$

它是抛物方程 $\frac{\partial u}{\partial t} + a\frac{\partial u}{\partial x} = \frac{1}{2}\frac{h^2}{\tau}\frac{\partial^2 u}{\partial x^2}$ 的中心差分近似,其中令 $\varepsilon = \frac{1}{2}\frac{h^2}{\tau}$.

下面根据上述黏性差分格式,来讨论迎风格式和 Lax-Friedrichs 格式在局部截断误差上的区别. 这两种格式都以 $O(\tau + h^2)$ 的误差精度逼近对流方程本身. 但是 Lax-Friedrichs 格式的右端可改写为

$$\frac{1}{ar} \cdot \frac{ah}{2}\frac{u_{j+1}^k - 2u_j^k + u_{j-1}^k}{h^2}.$$

再与迎风格式作比较发现,根据稳定性条件 $ar \leqslant 1$, Lax-Friedrichs 格式的局部截断误差大于迎风格式的误差. 只有在 $ar = 1$ 时,两者才相等.

例 5.3 用 Lax-Wendroff 格式计算例 5.1 的近似值.

时间步长 0.1,空间步长 0.2 时的近似解图如图 5.14 所示,误差图如图 5.15 所示. 此时的最大误差为 MaxErr=1.6008.

时间步长 0.05,空间步长 0.08 时的近似解图如图 5.16 所示,误差图如图 5.17 所示.

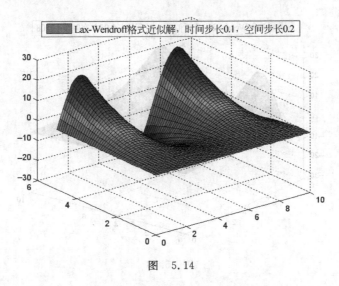

图 5.14

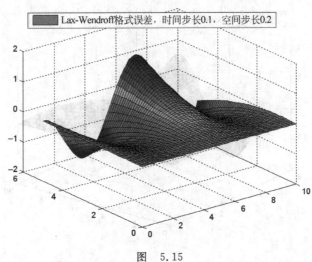

图 5.15

此时的最大误差为 MaxErr=0.8011.

5.2.4 跳蛙格式(Leap-Fog)

对于对流方程,对时间的微商和空间的微商都用中心差商近似,得到如下差分格式:
$$\frac{u_j^{k+1}-u_j^{k-1}}{2\tau}+a\frac{u_{j+1}^k-u_{j-1}^k}{2h}=f_j^k.$$

即为
$$u_j^{k+1}=u_j^{k-1}-ar(u_{j+1}^k-u_{j-1}^k)+f_j^k,$$

其局部截断误差为 $O(\tau^2+h^2)$.

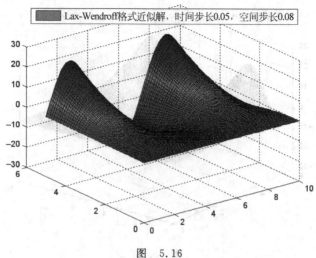

图 5.16

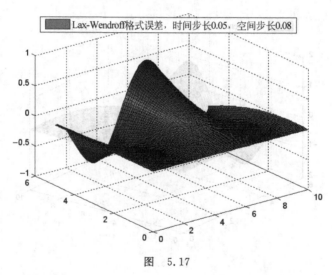

图 5.17

分析跳蛙格式的稳定性,它是一个三层格式,采用 Fourier 分析方法,得到传播矩阵如下:

$$G(r) = \begin{pmatrix} -2iar\sin wh & 1 \\ 1 & 0 \end{pmatrix}.$$

传播矩阵的特征方程是

$$\lambda^2 + 2\lambda iar\sin wh - 1 = 0.$$

求解特征值得

$$\lambda_{1,2} = -iar\sin wh \pm \sqrt{1 - a^2 r^2 \sin^2 wh}.$$

当 $|a|r<1$ 时，$|\lambda_{1,2}|^2=1-a^2r^2\sin^2wh+a^2r^2\sin^2wh=1$，并且 $\lambda_1\neq\lambda_2$，即是相异的两根，于是满足 Von-Neumann 条件，因此跳蛙格式稳定. 然而，当 $|a|r=1$ 时，则 $\lambda_1=\lambda_2=-i a r \sin wh \pm a r \cos wh$. 如果令 $wh=\dfrac{\pi}{2}$，则有 $\lambda_{1,2}=-i a r \sin wh$，即两个相同的根. 下面讨论此时的稳定性. 此时的传播矩阵为

$$G(r)=\begin{pmatrix}-2i & 1 \\ 1 & 0\end{pmatrix}.$$

通过计算得到

$$G^2(r)=\begin{pmatrix}-3 & -2i \\ -2i & 1\end{pmatrix},\quad G^4(r)=\begin{pmatrix}5 & 4i \\ 4i & -3\end{pmatrix},\cdots,$$

由归纳法可以得到

$$G^{2^k}(r)=\begin{pmatrix}2^k+1 & 2^k i \\ 2^k i & 1-2^k\end{pmatrix},\quad k\geqslant 2.$$

根据矩阵范数的定义

$$\|G^{2^k}(r)\|_\infty=2^k+1.$$

因此，此时蛙跳格式是不稳定的.

称这样的差分格式是临界稳定或者中立稳定的，这与对流方程本身的临界稳定性质是吻合的.

例 5.4 用跳蛙格式计算例 5.1 的近似值和误差.

时间步长 0.1，空间步长 0.2 时的近似解图如图 5.18 所示，误差图如图 5.19 所示. 此时的最大误差为 MaxErr=0.2690.

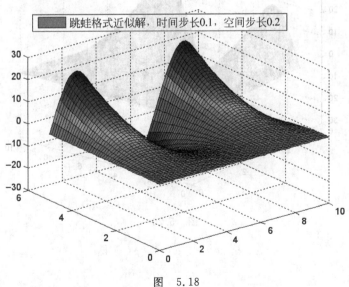

图 5.18

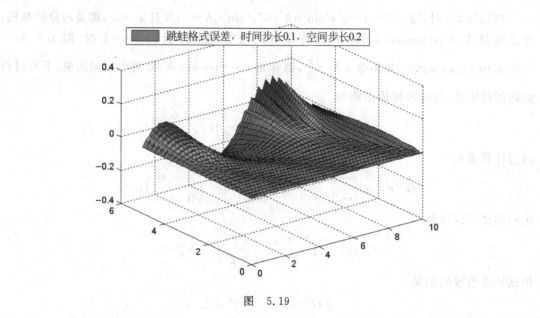

图 5.19

时间步长 0.05,空间步长 0.08 时的近似解图如图 5.20 所示,误差图如图 5.21 所示. 此时的最大误差为 MaxErr=0.0466.

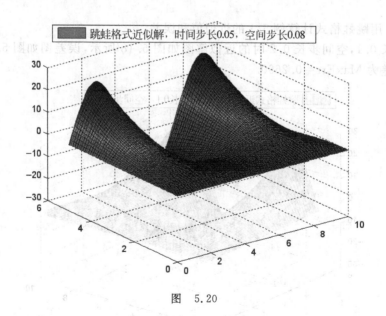

图 5.20

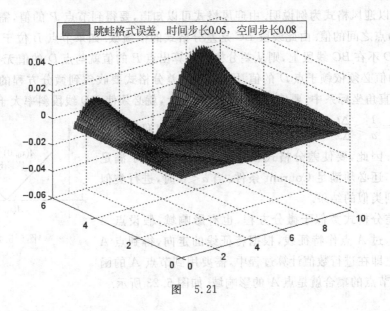

图 5.21

5.3 Courant 条件

在学习双曲型偏微分方程的理论时,双曲偏微分方程的解析解存在依赖域.与微分方程类似,双曲差分方程也有依赖域.实际上,Courant 等人证明了,差分方程的依赖域包含偏微分方程的依赖域时,差分格式是收敛的,称此条件为 Courant 条件.下面通过几个实际的例子来验证此条件.严格的数学证明在此书中不作讨论.

假设系数 $a>0$,考虑微分方程的特征线方程 $\dfrac{\mathrm{d}t}{\mathrm{d}x}=\dfrac{1}{a}$,设点 P 为任意网格节点,过点 P 微分方程的特征线 PD(如图 5.22 所示),而差分格式的特征线的斜率是 $\dfrac{\Delta t}{\Delta x}=\dfrac{\tau}{h}$,因此差分格式的特征线是 PB.

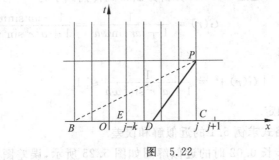

图 5.22

在这里以迎风格式为例说明. 由迎风格式可以知道,要得到节点 P 的值,需要用到节点 B 和 $C(j,0)$ 点之间的值. 由此线段 BC 是差分格式的依赖域. 如果节点 B 位于节点 D 的右边,那么点 D 不在 BC 线段上,则从差分格式计算出点 P 的值就与点 D 的值无关,然而微分方程点 P 的值必须依赖于点 D 的值. 因此,此时差分格式要收敛到微分方程的解是不可能的. 在 $x-t$ 直角坐标系中,要使点 D 在 BC 线段上,就必须使 PD 线段斜率大于 PB 线段的斜率,即 $\dfrac{\mathrm{d}t}{\mathrm{d}x}=\dfrac{1}{a}\geqslant\dfrac{\Delta t}{\Delta x}=\dfrac{\tau}{h}$,也即 $ar\leqslant 1$. 这正是要使迎风格式稳定的条件. 因此,要使差分格式收敛于微分方程,除了满足相容条件外,还必须满足 Courant 条件. 当 $a<0$ 时,进行类似地讨论,得到类似的结果.

另外,差分格式类似于微分方程,也有影响域,假设点 A 是网格节点,过 A 点作特征线,根据特征线的走向,得到点 A 的影响域,也即在进行数值计算过程中,需要用到节点 A 的函数值的所有节点的集合就是点 A 的影响域. 如图 5.23 所示.

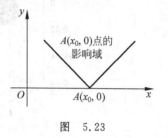

图 5.23

5.4 几种隐式差分格式

在前面的章节中,具体讨论了对流双曲方程的显式格式,在这一节中介绍三种隐式格式.

5.4.1 最简隐式格式

$$\frac{u_j^k-u_j^{k-1}}{\tau}+a\frac{u_{j+1}^k-u_j^k}{2h}=0,$$

即

$$aru_{j+1}^k+2u_j^k-aru_{j-1}^k=2u_j^{k-1}.$$

很容易得到此格式的局部截断误差是 $E=O(\tau+h^2)$,节点结构图如图 5.24 所示.

图 5.24

通过 Fourier 分析方法得到传播因子为

$$G(r)=\frac{1}{1+\mathrm{i}ar\sin wh}=\frac{1-\mathrm{i}ar\sin wh}{1+a^2r^2\sin^2 wh},$$

而

$$|G(r)|^2=\frac{1}{1+a^2r^2\sin^2 wh}\leqslant 1.$$

因此,此隐式格式是绝对稳定.

例 5.5 用最简隐式格式求例 5.1 的近似解和误差.

时间步长 0.01,空间步长 0.02 时的近似解图如图 5.25 所示,误差图如图 5.26 所示. 此时的最大误差为 MaxErr=0.3375.

5.4 几种隐式差分格式

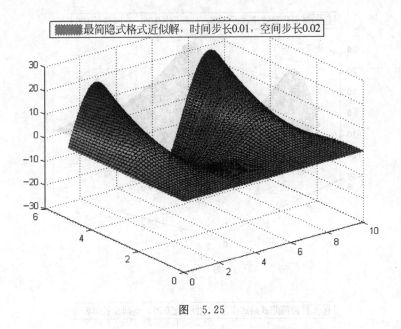

图 5.25

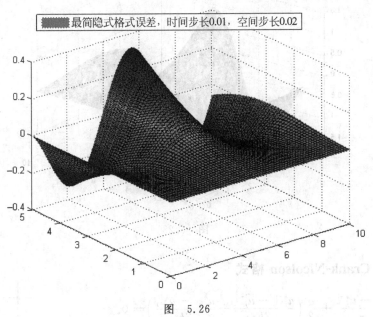

图 5.26

时间步长 0.05, 空间步长 0.08 时的近似解图如图 5.27 所示, 误差图如图 5.28 所示. 此时的最大误差为 MaxErr=1.3859.

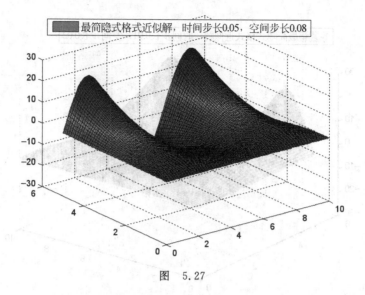

图 5.27

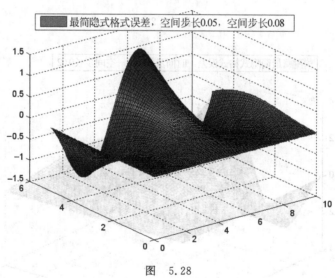

图 5.28

5.4.2 Crank-Nicolson 格式

$$\frac{u_j^k - u_j^{k-1}}{\tau} + \frac{a}{2}\left(\frac{u_{j+1}^{k-1} - u_{j-1}^{k-1}}{2h} + \frac{u_{j+1}^k - u_{j-1}^k}{2h}\right) = 0.$$

局部截断误差的阶是 $E = O(\tau^2 + h^2)$,节点结构图如图 5.29 所示.

通过 Fourier 分析方法得到传播因子为

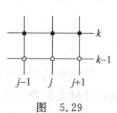

图 5.29

$$G(r) = \frac{1-\mathrm{i}\dfrac{ar}{2}\mathrm{sin}wh}{1+\mathrm{i}\dfrac{ar}{2}\mathrm{sin}wh},$$

很显然,$|G(r)|^2=1$,是单根,满足 Von-Neumann 条件稳定的充要条件,因此是绝对稳定的.

例 5.6 用 Crank-Nicolson 格式计算例 5.1 的近似值和误差.

时间步长 0.1,空间步长 0.2 时的近似解图如图 5.30 所示,误差图如图 5.31 所示. 此时的最大误差为 MaxErr=0.9399.

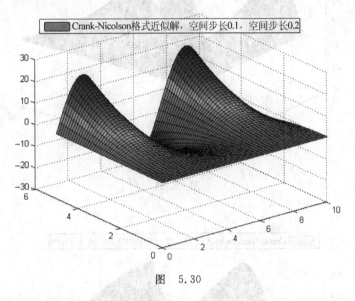

图 5.30

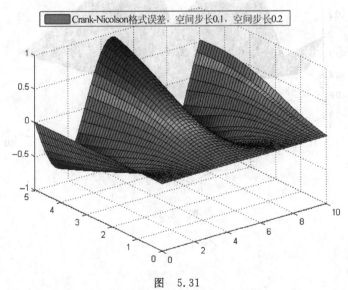

图 5.31

时间步长 0.05,空间步长 0.08 时的近似解图如图 5.32 所示,误差图如图 5.33 所示. 此时的最大误差为 MaxErr=0.5237.

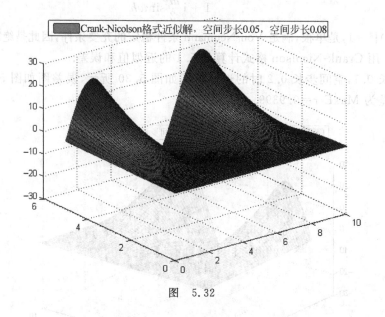

图 5.32

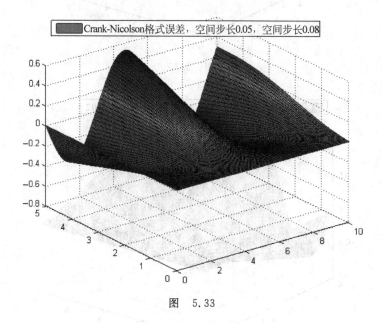

图 5.33

5.4.3 Wendroff 格式

考虑如下九个点 $A(j-1,k), B(j,k), C(j,k+1), D(j-1,k+1), E\left(j-\frac{1}{2},k\right),$ $F\left(j,k+\frac{1}{2}\right), G\left(j-\frac{1}{2},k+1\right), H\left(j-1,k+\frac{1}{2}\right), P\left(j-\frac{1}{2},k+\frac{1}{2}\right),$ 如图 5.34 所示.

在节点 $P\left(j-\frac{1}{2},k+\frac{1}{2}\right)$ 处考虑微分方程的取值，即

$$\frac{\partial u(P)}{\partial t} + a\frac{\partial u(P)}{\partial x} = f(P). \tag{9}$$

因为

$$\frac{\partial u(P)}{\partial t} = \frac{1}{2}\left[\frac{\partial u(F)}{\partial t} + \frac{\partial u(H)}{\partial t}\right] + O(h^2), \tag{10}$$

$$\frac{\partial u(P)}{\partial x} = \frac{1}{2}\left[\frac{\partial u(E)}{\partial x} + \frac{\partial u(G)}{\partial x}\right] + O(\tau^2). \tag{11}$$

又因为

$$\frac{\partial u(F)}{\partial t} = \frac{u(C) - u(B)}{\tau} + O(\tau^2), \quad \frac{\partial u(H)}{\partial t} = \frac{u(D) - u(A)}{\tau} + O(\tau^2), \tag{12}$$

$$\frac{\partial u(E)}{\partial x} = \frac{u(B) - u(A)}{h} + O(h^2), \quad \frac{\partial u(G)}{\partial x} = \frac{u(C) - u(D)}{h} + O(h^2). \tag{13}$$

由式(9)~式(13)，并且忽略高阶无穷小项，得到

$$\frac{1}{2}\left[\frac{u(C) - u(B)}{\tau} + \frac{u(D) - u(A)}{\tau}\right] + \frac{a}{2}\left[\frac{u(B) - u(A)}{h} + \frac{u(C) - u(D)}{h}\right] = f(P),$$

或者

$$\frac{1}{2}\left(\frac{u_j^{k+1} - u_j^k}{\tau} + \frac{u_{j-1}^{k+1} - u_{j-1}^k}{\tau}\right) + \frac{a}{2}\left(\frac{u_j^k - u_{j-1}^k}{h} + \frac{u_j^{k+1} - u_{j-1}^{k+1}}{h}\right) = f_{j-\frac{1}{2}}^{k+\frac{1}{2}}. \tag{14}$$

此格式称为 Wendroff 格式. 其局部截断误差的精度是 $O(\tau^2 + h^2)$. 采用 Fourier 分析方法很容易验证 Wendroff 格式绝对稳定. 下面我们用能量方法证明 Wendroff 格式是绝对稳定的. 考虑齐次方程的差分格式.

首先，将上面的格式(14)改写为

$$\frac{u_j^{k+1} - u_j^k}{\tau} - \frac{h}{2\tau}\left(\frac{u_j^{k+1} - u_{j-1}^{k+1}}{h} - \frac{u_j^k - u_{j-1}^k}{h}\right) + \frac{a}{2}\left(\frac{u_j^{k+1} - u_{j-1}^{k+1}}{h} + \frac{u_j^k - u_{j-1}^k}{h}\right) = 0. \tag{15}$$

注意到

$$(u_j^{k+1} - u_{j-1}^{k+1}) - (u_j^k - u_{j-1}^k) = (u_j^{k+1} - u_j^k) - (u_{j-1}^{k+1} - u_{j-1}^k),$$

$$u_j^{k+1} - u_j^k = (u_j^{k+1} - u_{j-1}^{k+1}) - (u_j^k - u_{j-1}^k) + (u_{j-1}^{k+1} - u_{j-1}^k).$$

因此

$$2(u_j^{k+1} - u_j^k) = (u_j^{k+1} - u_j^k) + (u_j^{k+1} - u_j^k)$$

$$= [(u_j^{k+1} - u_{j-1}^{k+1}) - (u_j^k - u_{j-1}^k)] + [(u_{j-1}^{k+1} - u_{j-1}^k) + (u_j^{k+1} - u_j^k)]. \tag{16}$$

在式 (16) 两边同时乘以 $\left(\dfrac{u_j^{k+1}-u_{j-1}^{k+1}}{h}-\dfrac{u_j^k-u_{j-1}^k}{h}\right)$,得到

$$(u_j^{k+1}-u_j^k)\left(\dfrac{u_j^{k+1}-u_{j-1}^{k+1}}{h}-\dfrac{u_j^k-u_{j-1}^k}{h}\right)$$

$$=\dfrac{h}{2}\left(\dfrac{u_j^{k+1}-u_{j-1}^{k+1}}{h}-\dfrac{u_j^k-u_{j-1}^k}{h}\right)^2+\dfrac{1}{2h}[(u_j^{k+1}-u_j^k)^2-(u_{j-1}^{k+1}-u_{j-1}^k)^2]. \quad (17)$$

对式 (15) 两边同时乘以 $\left(\dfrac{u_j^{k+1}-u_{j-1}^{k+1}}{h}-\dfrac{u_j^k-u_{j-1}^k}{h}\right)$,再由式 (16) 可得

$$\dfrac{1}{2h\tau}[(u_j^{k+1}-u_j^k)^2-(u_{j-1}^{k+1}-u_{j-1}^k)^2]+\dfrac{a}{2}\left[\left(\dfrac{u_j^{k+1}-u_{j-1}^{k+1}}{h}\right)^2-\left(\dfrac{u_j^k-u_{j-1}^k}{h}\right)^2\right]=0.$$

对上式两边同时乘以 h,并且对 j 从 1 到 M 求和,则

$$\dfrac{1}{2\tau}[(u_M^{k+1}-u_M^k)^2-(u_0^{k+1}-u_0^k)^2]+\dfrac{a}{2}\sum_{j=1}^{M}h\left(\dfrac{u_j^{k+1}-u_{j-1}^{k+1}}{h}\right)^2-\dfrac{a}{2}\sum_{j=1}^{M}h\left(\dfrac{u_j^k-u_{j-1}^k}{h}\right)^2=0.$$

又因为边界条件是齐次的,则 $u_0^n=0$. 于是

$$\dfrac{1}{2}(u_M^{k+1}-u_M^k)^2+\dfrac{a}{2}\sum_{j=1}^{M}h\left(\dfrac{u_j^{k+1}-u_{j-1}^{k+1}}{h}\right)^2=\dfrac{a}{2}\sum_{j=1}^{M}h\left(\dfrac{u_j^k-u_{j-1}^k}{h}\right)^2.$$

因此

$$\sum_{j=1}^{M}h\left(\dfrac{u_j^{k+1}-u_{j-1}^{k+1}}{h}\right)^2\leqslant\sum_{j=1}^{M}h\left(\dfrac{u_j^k-u_{j-1}^k}{h}\right)^2.$$

由此证明了 Wendroff 格式按照能量范数 $\sum_{j=1}^{M}h\left(\dfrac{u_j^{k+1}-u_{j-1}^{k+1}}{h}\right)^2$ 是绝对稳定的.

例 5.7 用 Wendroff 格式计算例 5.1 的近似值和误差.

时间步长 0.1,空间步长 0.2 时的近似解图如图 5.35 所示,误差图如图 5.36 所示. 此时的最大误差为 MaxErr=0.0757.

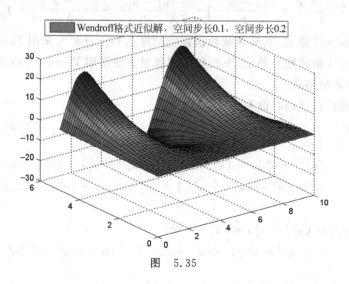

图 5.35

5.4 几种隐式差分格式

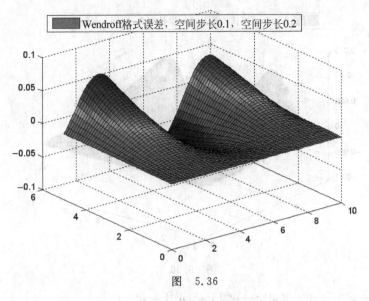

图 5.36

时间步长 0.05,空间步长 0.08 时的近似解图如图 5.37 所示,误差图如图 5.38 所示. 此时的最大误差为 MaxErr=0.0119.

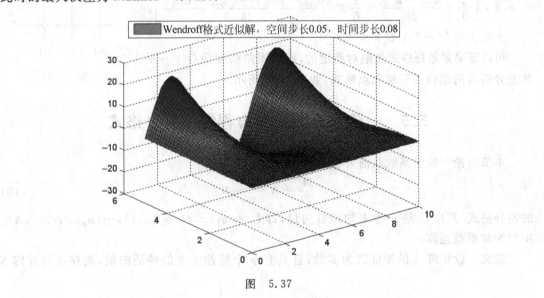

图 5.37

5.4.4 紧差分格式

类似于抛物方程,我们也可以构造紧差分格式:

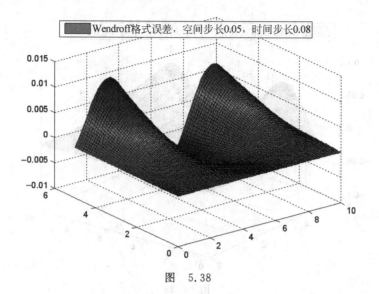

图 5.38

$$\frac{2}{3} \times \frac{u_j^{k+1} - u_j^{k-1}}{2\tau} + \frac{1}{6} \times \frac{(u_{j+1}^{k+1} - u_{j+1}^{k-1}) + (u_{j-1}^{k+1} - u_{j-1}^{k-1})}{2\tau}$$
$$= a \cdot \left[\frac{2}{3} \times \frac{u_{j+1}^k - u_{j-1}^k}{2h} + \frac{1}{6} \times \frac{(u_{j+1}^{k+1} - u_{j-1}^{k+1}) + (u_{j+1}^{k-1} - u_{j-1}^{k-1})}{2h} \right],$$
$$1 \leqslant j \leqslant M-1, 1 \leqslant k \leqslant K-1.$$

可以证明紧差分格式是绝对稳定的,而且误差精度是 $O(\tau^4 + h^4)$. 此差分格式的结构是三层九点格式,如图 5.39 所示.

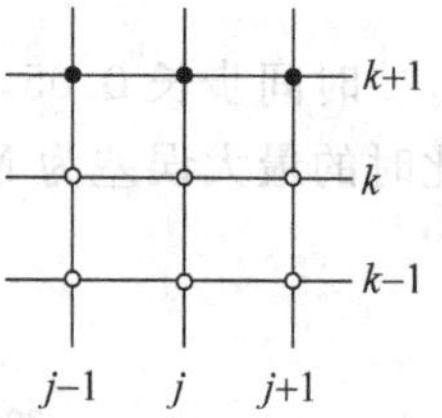

图 5.39

5.5 一阶常系数双曲方程组的差分格式

本节讨论一阶常系数双曲方程组

$$\frac{\partial U}{\partial t} + A \frac{\partial U}{\partial x} = 0 \tag{18}$$

的差分格式. 其中 U 是 p 维未知函数向量,即 $U = (u_1(x,t), u_2(x,t), \cdots, u_p(x,t))^T$, $A \in \mathbf{R}^{p \times p}$ 为常系数矩阵.

定义 设矩阵 A 的特征值为实数,且具有 p 个线性无关的特征向量,则存在可逆阵 S 使得 A 可对角化,即 $S^{-1}AS = \begin{bmatrix} \lambda_1 & & & & \\ & \lambda_2 & & & \\ & & \ddots & & \\ & & & \lambda_{p-1} & \\ & & & & \lambda_p \end{bmatrix} = \Lambda$. 其中 $\lambda_i, i=1,2,\cdots,p$ 为 A 的特征值,则称方程组(18)是双曲的. 如果 A 是对称的,称为对称双曲方程组.

将方程组(18)两边同时左乘矩阵 S^{-1},并且利用恒等式 $A=ASS^{-1}$,则

$$S^{-1}\frac{\partial U}{\partial t}+S^{-1}ASS^{-1}\frac{\partial U}{\partial x}=0.$$

令 $V=S^{-1}U$,得到

$$\frac{\partial V}{\partial t}+\Lambda\frac{\partial V}{\partial x}=0. \tag{19}$$

很显然,此方程组(19)是 p 个分离的方程,也即非耦合方程组,可以单独对每个方程构造差分格式. 因此,对流方程的差分格式可以推广到方程组,于是有下面这些差分格式.

5.5.1 Lax 格式

$$\frac{U_j^{k+1}-\frac{1}{2}(U_{j+1}^k+U_{j-1}^k)}{\tau}+A\frac{U_{j+1}^k-U_{j-1}^k}{2h}=0.$$

它的局部截断误差的阶与对流方程一样,都是 $O(\tau+h^2)$.

下面用 Fourier 分析方法讨论稳定性. 令 $U_j^k=W^k\mathrm{e}^{iwjh}$,代入差分格式,得到传播矩阵

$$G(r)=\cos wh\cdot I-ir\sin wh\cdot A,$$

其中 I 是单位阵,则传播矩阵的特征根是

$$\mu_l=\cos wh-ir\lambda_l\sin wh,\quad l=1,2,\cdots,p,$$

则有

$$|\mu_l|^2=\cos^2 wh+(r\lambda_l\sin wh)^2=1-(1-r^2\lambda_l^2)\sin^2 wh,\quad l=1,2,\cdots,p,$$

其中 λ_l 是矩阵 A 的特征根.

从传播因子可以看出,要使差分格式稳定,则要求对矩阵的每个特征值 λ_l 满足:$|\lambda_l r|\leqslant 1$,$l=1,2,\cdots,p$,即要求 $r\rho(A)\leqslant 1$,其中 $\rho(A)=\max\limits_{1\leqslant l\leqslant p}\{|\lambda_l|\}$ 称为谱半径. 因此,如果 $r\rho(A)\leqslant 1$,那么 $\rho(G)\leqslant 1$,即满足 Von-Neumann 条件,是稳定的必要条件. 但是,因为双曲方程组的特性——系数矩阵可以对角化,所以 Von-Neumann 条件成了差分格式稳定的充要条件.

5.5.2 Lax-Wendroff 格式

类似于构造对流方程的差分格式的办法,把单个对流方程的 Lax-Wendroff 格式推广到对流方程组上. 于是

$$U_j^{k+1}=U_j^k-\frac{1}{2}rA(U_{j+1}^k-U_{j-1}^k)+\frac{1}{2}r^2A^2(U_{j+1}^k-2U_j^k+U_{j-1}^k).$$

它的误差精度是二阶的,利用 Fourier 分析方法得到传播矩阵:

$$G(r)=I-ir\sin(wh)A-r^2(1-\cos wh)A^2.$$

则它的特征值为

$$\mu_l(G(r))=1-ir\sin(wh)\lambda_l-r^2(1-\cos wh)\lambda_l^2,$$

其中 λ_l 是矩阵 A 的特征根.

$$|\mu_l(G(r))|^2 = 1 - 4r^2\lambda_l^2(1-r^2\lambda_l^2)\sin^4\frac{wh}{2}.$$

很显然,要使$|\mu_l(G(r))|^2 \leqslant 1$,即要$r\lambda_l \leqslant 1$,也即要求$r\rho(A) \leqslant 1$成立,满足Von-Neumann条件.但是,因为双曲方程组的特性——系数矩阵可以对角化,所以Von-Neumann条件成了差分格式稳定的充要条件.

5.5.3 迎风格式

假设方程组已经通过线性变换,简化为p个独立非耦合的方程组:

$$\frac{\partial V}{\partial t} + \Lambda \frac{\partial V}{\partial x} = 0.$$

在对流方程中,对于系数a,不论$a > 0$还是$a < 0$,它的迎风格式都可以统一改写为如下格式:

$$u_j^{k+1} = u_j^k - \frac{r}{2}a(u_{j+1}^k - u_{j-1}^k) + \frac{r}{2}|a|(u_{j+1}^k - 2u_j^k + u_{j-1}^k).$$

由此类似,方程组(19)的第m个方程的差分格式可以写为

$$v_j^{(m),k+1} = v_j^{(m),k} - \frac{\lambda_m r}{2}(v_{j+1}^{(m),k} - v_j^{(m),k}) + \frac{|\lambda_m|r}{2}[v_{j+1}^{(m),k} - 2v_j^{(m),k} + v_{j-1}^{(m),k}].$$

写成矩阵形式为

$$V_j^{k+1} = V_j^k - \frac{r}{2}\Lambda(V_{j+1}^k - V_j^k) + \frac{|\Lambda|r}{2}[V_{j+1}^k - 2V_j^k + V_{j-1}^k].$$

其中

$$|\Lambda| = \begin{pmatrix} |\lambda_1| & & \\ & \ddots & \\ & & |\lambda_p| \end{pmatrix}.$$

则原方程的差分格式为

$$U_j^{k+1} = U_j^k - \frac{r}{2}A(U_{j+1}^k - U_{j-1}^k) + \frac{r}{2}|A|(U_{j+1}^k - 2U_j^k + U_{j-1}^k),$$

其中$|A| = S|\Lambda|S^{-1}$.

利用Fourier分析方法得到差分格式的传播矩阵为

$$G(r) = I - ri\sin wh \cdot A + r(\cos wh - 1)|A|.$$

由矩阵特征值的性质,传播矩阵的特征值为

$$\mu_l = 1 + r|\lambda_l|(\cos wh - 1) - ir\lambda_l\sin wh.$$

则

$$|\mu_l|^2 = [1 + r|\lambda_l|(\cos wh - 1)]^2 + (r\lambda_l\sin wh)^2 = 1 - 4r|\lambda_l|(1 - r|\lambda_l|)\sin^2\frac{wh}{2}.$$

要使$\rho(G) \leqslant 1$,就要$|\mu_l| \leqslant 1, l = 1, 2, \cdots, p$成立,即要$1 - 4r|\lambda_l|(1 - r|\lambda_l|)\sin^2\frac{wh}{2} \leqslant 1$

成立. 很显然, 当 $r \max_{1\leqslant l\leqslant p}|\lambda_l|\leqslant 1$ 时, $\rho(G)\leqslant 1$ 成立. 因此满足 Von-Neumann 条件. 又因为传播矩阵是可以对角化的, 所以 $r \max_{1\leqslant l\leqslant p}|\lambda_l|\leqslant 1$ 是差分格式稳定的充要条件.

5.5.4 Wendroff 格式

类似于构造对流方程的差分格式的办法, 把单个对流方程的 Wendroff 格式推广到对流方程组上. 格式如下:

$$\frac{1}{2}\left(\frac{U_j^{k+1}-U_j^k}{\tau}+\frac{U_{j-1}^{k+1}-U_{j-1}^k}{\tau}\right)+\frac{A}{2}\left(\frac{U_j^k-U_{j-1}^k}{h}+\frac{U_j^{k+1}-U_{j-1}^{k+1}}{h}\right)=f_{j-\frac{1}{2}}^{k+\frac{1}{2}}.$$

其局部截断误差的精度是 $O(\tau^2+h^2)$. 也很容易验证 Wendroff 格式绝对稳定.

5.5.5 蛙跳格式

$$\frac{U_j^{k+1}-U_j^{k-1}}{2\tau}+A\frac{U_{j+1}^k-U_{j-1}^k}{2h}=0$$

是一个三层格式, 局部截断误差是 $O(\tau^2+h^2)$, 下面讨论它的稳定性.

首先, 将方程组化简为非耦合方程组形式 $\frac{\partial V}{\partial t}+\Lambda\frac{\partial V}{\partial x}=0$, 设非耦合方程组的第 m 个方程为

$$\frac{\partial v^{(m)}}{\partial t}+\lambda_m\frac{\partial v^{(m)}}{\partial x}=0.$$

则其跳蛙格式是

$$\frac{v_j^{(m),k+1}-u_j^{(m),k-1}}{2\tau}+\lambda_m\frac{u_{j+1}^{(m),k}-u_{j-1}^{(m),k}}{2h}=0. \tag{20}$$

剩下的讨论与对流方程的方法完全相同. 得到结果是, 当 $|\lambda_m|r<1$ 时, 差分格式(20)的传播矩阵有不同的两个特征值, 并且 $|\mu_{1,2}^{(m)}|\leqslant 1$, 因此满足 Von-Neumann 条件, 格式稳定. 当 $|\lambda_m|r=1$ 时, 出现和上节的对流方程类似的情况, 随着时间层的增加, 传播矩阵趋近于无穷大, 因此是不稳定的.

5.6 二阶双曲方程的差分格式

线性二阶偏微分方程最基本的形式是波动方程. 在本节中, 我们以波动方程为基础讨论二阶双曲方程的差分格式.

波动方程:

$$\frac{\partial^2 u}{\partial t^2}-a^2\frac{\partial^2 u}{\partial x^2}=0, \quad a>0. \tag{21}$$

根据二阶偏微分方程的理论可知, 方程(21)相应的特征方程为

$$(\mathrm{d}x)^2 - a^2(\mathrm{d}t)^2 = 0 \quad 或者为 \quad \left(\frac{\mathrm{d}t}{\mathrm{d}x}\right)^2 = \frac{1}{a^2}.$$

由此得到两个特征方向：

$$\frac{\mathrm{d}t}{\mathrm{d}x} = \pm \frac{1}{a}.$$

求解此常微分方程，得到两族直线方程：

$$x - at = \xi, \quad x - at = \eta.$$

在研究波动方程的定解问题时，与一阶对流方程一样，特征线起着重要的作用。例如，利用特征线可以得到波动方程的解析解。方程的解 $u(x,t)$ 沿特征线的偏导数分别表示为

$$\frac{\partial^2 u}{\partial t^2} = \frac{\partial}{\partial t}\left(\frac{\partial u}{\partial \xi}\frac{\partial \xi}{\partial t} + \frac{\partial u}{\partial \eta}\frac{\partial \eta}{\partial t}\right) = a^2\left(\frac{\partial^2 u}{\partial \xi^2} - 2\frac{\partial^2 u}{\partial \xi \partial \eta} + \frac{\partial^2 u}{\partial \eta^2}\right),$$

$$\frac{\partial^2 u}{\partial x^2} = \frac{\partial}{\partial x}\left(\frac{\partial u}{\partial \xi}\frac{\partial \xi}{\partial x} + \frac{\partial u}{\partial \eta}\frac{\partial \eta}{\partial x}\right) = \frac{\partial^2 u}{\partial \xi^2} + 2\frac{\partial^2 u}{\partial \xi \partial \eta} + \frac{\partial^2 u}{\partial \eta^2}.$$

由方程(21)以及上述两式得到

$$\frac{\partial^2 u}{\partial \xi \partial \eta} = 0.$$

由此得到波动方程的通解形式如下：

$$u(x,t) = f_1(\xi) + g_1(\eta) = f_1(x - at) + g_1(x + at).$$

如果考虑初始条件

$$u(x,0) = f(x), \quad \frac{\partial u}{\partial t}(x,0) = g(x), \tag{22}$$

则得到方程的特解

$$u(x,t) = \frac{1}{2}[f(x+at) + f(x-at)] + \frac{1}{2a}\int_{x-at}^{x+at} g(\xi)\mathrm{d}\xi.$$

此公式称为 d'Alembert 公式。

从 d'Alembert 公式可以看出，初值问题的解在点 (x_0, t_0) 的值仅仅依赖于初值函数 $f(x)$ 和 $g(x)$ 在区间 $[x_0 - at_0, x_0 + at_0]$ 上的值，与区间外的初值无关，所以称区间 $[x_0 - at_0, x_0 + at_0]$ 为点 (x_0, t_0) 的依赖域。为了得到点 (x_0, t_0) 的依赖域，只需过点 (x_0, t_0) 作两条特征线，它们在 x 轴截出的区间就是依赖区域。两条特征线与 x 轴所围成的区域称为区间 (x_0, t_0) 的决定域。如图 5.40 所示。

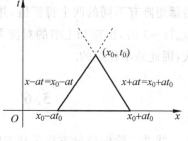

图 5.40

下面介绍几种差分格式：

5.6.1 显式格式

用中心二阶差商分别代替二阶导数,则在网格点(j,k)处,得到波动方程的差分格式:

$$\frac{u_j^{k+1}-2u_j^k+u_j^{k-1}}{\tau^2}-a^2\frac{u_{j+1}^k-2u_j^k+u_{j-1}^k}{h^2}=0, \tag{23}$$

此格式的截断误差的阶是$O(\tau^2+h^2)$.

下面考虑初值问题(21)的初始条件(22)的离散化,关于初始条件的离散有很多方法,比如

$$\begin{cases} u_j^0=f_j=f(x_j), \\ \dfrac{u_j^1-u_j^0}{2\tau}=g_j, \end{cases}$$

因为方程本身的截断误差的阶是$O(\tau^2+h^2)$,而初始条件的离散格式的截断误差是$O(\tau+h^2)$,即是一阶的,这样会影响整体的误差.为了提高精度,使其和内部节点的差分方程的精度相吻合,也可以采用虚拟网格的形式.具体的做法是:将原网格平行扩充到网格之外,即在原网格周边外各增设一排虚网格点.例如,在网格点$(j,0),j=1,2,\cdots,N$的下侧增设网格点$(j,-1),j=1,2,\cdots,M$,然后用中心差商代替初始条件中的一阶微商,即

$$\begin{cases} u_j^0=f_j=f(x_j), \\ \dfrac{u_j^1-u_j^{-1}}{2\tau}=g_j, \end{cases} \tag{24}$$

此时有$\dfrac{u_j^1-u_j^{-1}}{2\tau}=\left[\dfrac{\partial u}{\partial t}\right]_j^n+O(\tau^2)$,这样初始条件的离散差分格式的误差精度就可以达到$O(\tau^2)$.因为引入了新的变量$u_j^{-1},j=1,2,\cdots,M$,为了消除新引入的未知量,可以假设在初始边界上的点也满足微分方程,即在$n=0$时,构造差分方程:

$$\frac{u_j^1-2u_j^0+u_j^{-1}}{\tau^2}-a^2\frac{u_{j+1}^0-2u_j^0+u_{j-1}^0}{h^2}=0. \tag{25}$$

然后联立式(24)、式(25),消去u_j^{-1},得到

$$u_j^1=\frac{1}{2}a^2r^2(f_{j-1}+f_{j+1})+(1-a^2r^2)f_j+\tau g_j.$$

于是得到二阶波动方程初始问题的离散差分显式格式:

$$\begin{cases} u_j^{k+1}=a^2r^2(u_{j+1}^k-2u_j^k+u_{j-1}^k)+2u_j^k-u_j^{k-1}, \\ u_j^1=\dfrac{1}{2}a^2r^2(f_{j-1}+f_{j+1})+(1-a^2r^2)f_j+\tau g_j, \end{cases} k\geqslant 1. \tag{26}$$

因为是显式格式,所以利用初始条件和式(26)可以逐层计算得到各个节点的值.

下面分析显式格式的稳定性.为了利用Fourier分析方法,首先将波动方程化为等价的一阶双曲方程组的形式.令$v=\dfrac{\partial u}{\partial t},\varphi=a\dfrac{\partial u}{\partial x}$,则方程(21)化为

$$\frac{\partial v}{\partial t} = a\frac{\partial \varphi}{\partial x}, \quad \frac{\partial \varphi}{\partial t} = a\frac{\partial v}{\partial x}. \tag{27}$$

相应地构造等价方程组的差分格式为

$$\begin{cases} \dfrac{v_j^{k+1} - v_j^k}{\tau} = a\dfrac{\varphi_{j+1/2}^k - \varphi_{j-1/2}^k}{h}, \\ \dfrac{\varphi_{j-1/2}^{k+1} - \varphi_{j-1/2}^k}{\tau} = a\dfrac{v_j^{k+1} - v_{j-1}^{k+1}}{h}, \end{cases} \tag{28}$$

此格式称为 CFL 格式.

如果令

$$v_j^k = \frac{u_j^k - u_j^{k-1}}{\tau}, \quad \varphi_{j-1/2}^k = a\frac{u_j^k - u_{j-1}^k}{h},$$

则 CFL 格式等价于显式格式. 作为练习, 读者可以自行证明.

令 $v_j^k = V_1^k \mathrm{e}^{\mathrm{i}wjh}, \varphi_j^k = V_2^k \mathrm{e}^{\mathrm{i}wjh}$, 代入格式(28)得到

$$\begin{cases} V_1^k + 2\mathrm{i}ar\sin\left(\dfrac{wh}{2}\right)V_2^k = V_1^{k+1}, \\ -2\mathrm{i}ar\sin\left(\dfrac{wh}{2}\right)V_1^{k+1} + V_2^{k+1} = V_2^k. \end{cases}$$

写为矩阵形式

$$\begin{bmatrix} 1 & 0 \\ -2\mathrm{i}ar\sin\dfrac{wh}{2} & 1 \end{bmatrix}\begin{bmatrix} V_1^{k+1} \\ V_2^{k+1} \end{bmatrix} = \begin{bmatrix} 1 & 2\mathrm{i}ar\sin\dfrac{wh}{2} \\ 0 & 1 \end{bmatrix}\begin{bmatrix} V_1^k \\ V_2^k \end{bmatrix}.$$

于是

$$\begin{bmatrix} V_1^{k+1} \\ V_2^{k+1} \end{bmatrix} = \begin{bmatrix} 1 & 0 \\ -2\mathrm{i}ar\sin\dfrac{wh}{2} & 1 \end{bmatrix}^{-1}\begin{bmatrix} 1 & 2\mathrm{i}ar\sin\dfrac{wh}{2} \\ 0 & 1 \end{bmatrix}\begin{bmatrix} V_1^k \\ V_2^k \end{bmatrix}.$$

则

$$\begin{pmatrix} V_1^{n+1} \\ V_2^{n+1} \end{pmatrix} = \begin{pmatrix} 1 & \mathrm{i}c \\ \mathrm{i}c & 1-c^2 \end{pmatrix}\begin{pmatrix} V_1^n \\ V_2^n \end{pmatrix},$$

其中 $c = 2ar\sin\dfrac{wh}{2}$. 得到传播矩阵

$$\boldsymbol{G}(r) = \begin{pmatrix} 1 & \mathrm{i}c \\ \mathrm{i}c & 1-c^2 \end{pmatrix}.$$

它的特征方程是

$$\lambda^2 - (2-c^2)\lambda + 1 = 0.$$

求解特征方程, 得到特征根:

$$\lambda_{1,2} = \frac{1}{2}\left[(2-c^2) \pm \mathrm{i}|c|\sqrt{4-c^2}\right].$$

当 $ar < 1$ 时, $|c| < 2$, 显然有 $\lambda_1 \neq \lambda_2$, 即为相异的根, 此时 Von-Neumann 条件是充要条件, 因此, 格式是稳定的. 然而当 $ar = 1$ 时, 可取 $c = 2$, 得到 $\lambda_1 = \lambda_2 = -1$, 此时传播矩阵为

$$\boldsymbol{G} = \begin{pmatrix} 1 & 2\mathrm{i} \\ 2\mathrm{i} & -3 \end{pmatrix}.$$

由线性代数的知识可知,传播矩阵 G 相似于 Jordan 阵,即存在可逆阵 S 使得
$$G = S^{-1}JS,$$
其中 $J = \begin{pmatrix} -1 & 1 \\ 0 & -1 \end{pmatrix}$.

由此计算
$$G^2 = S^{-1}\begin{pmatrix} 1 & -2 \\ 0 & 1 \end{pmatrix}S, \quad G^3 = S^{-1}\begin{pmatrix} -1 & 3 \\ 0 & -1 \end{pmatrix}S, \quad G^4 = S^{-1}\begin{pmatrix} 1 & -4 \\ 0 & 1 \end{pmatrix}S.$$

由数学归纳法,计算得到 $G^k = S^{-1}\begin{pmatrix} (-1)^k & (-1)^{k-1}k \\ 0 & (-1)^k \end{pmatrix}S$.

因此,当 $k \to \infty$ 时, $\|G^k\|_\infty \to \infty$. 因此,格式稳定的充要条件是 $ar < 1$.

例 5.8 用显式格式求波动方程的近似解以及误差:
$$\begin{cases} \dfrac{\partial^2 u}{\partial t^2} = \dfrac{\partial^2 u}{\partial x^2}, & 0 < x < 1, 0 < t < 1, \\ u(x,0) = e^x, & \dfrac{\partial u}{\partial t}(x,0) = -e^x, \\ u(0,t) = e^{-t}, & u(1,t) = e^{1-t}. \end{cases}$$

方程的真解为 $u(x,t) = e^{x-t}$, 它的曲面图如图 5.41 所示.

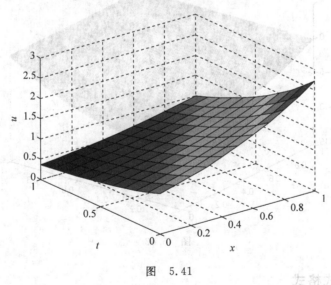

图 5.41

空间步长 0.01,时间步长 0.01 时的近似解图和误差图如图 5.42~图 5.43 所示. 此时的最大误差为 MaxErr=1.4319e−005.

空间步长 0.05,时间步长 0.04 时的近似解图和误差图如图 5.44~图 5.45 所示. 此时的最大误差为 MaxErr=2.3509e−004.

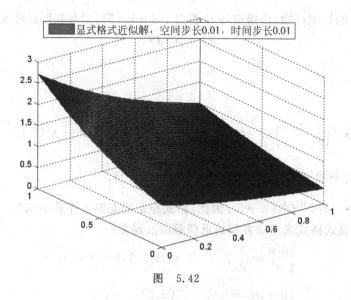

图 5.42

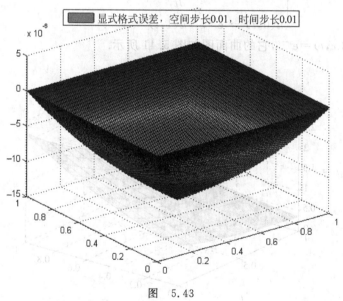

图 5.43

5.6.2 隐式格式

考虑方程在节点 (x_j, t_k) 的取值,有

$$\frac{\partial^2 u}{\partial t^2}(x_j, t_k) - a^2 \frac{\partial^2 u}{\partial x^2}(x_j, t_k) = 0.$$

因为

5.6 二阶双曲方程的差分格式

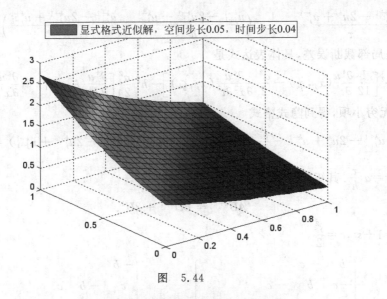

图 5.44

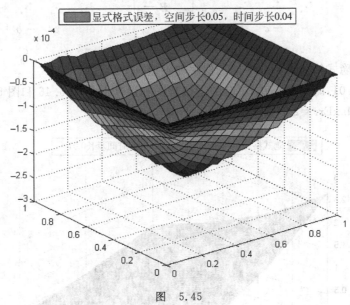

图 5.45

$$\frac{\partial^2 u}{\partial x^2}(x_j, t_k) = \frac{1}{2}\left[\frac{\partial^2 u}{\partial x^2}(x_j, t_{k-1}) + \frac{\partial^2 u}{\partial x^2}(x_j, t_{k+1})\right] - \frac{\tau^2}{2}\frac{\partial^4 u}{\partial x^2 \partial t^2}(x_j, \zeta_k),$$

其中 $t_k \leqslant \zeta_k \leqslant t_{k+1}$,因此

$$\frac{\partial^2 u}{\partial t^2}(x_j, t_k) - \frac{1}{2}a^2\left[\frac{\partial^2 u}{\partial x^2}(x_j, t_{k-1}) + \frac{\partial^2 u}{\partial x^2}(x_j, t_{k+1})\right] = -\frac{(a\tau)^2}{2}\frac{\partial^4 u}{\partial x^2 \partial t^2}(x_j, \zeta_k).$$

再利用二阶中心差商与二阶导数之间的关系式,有

$$\frac{u_j^{k+1} - 2u_j^k + u_j^{k-1}}{\tau^2} - \frac{1}{2}a^2\left(\frac{u_{j+1}^{k-1} - 2u_j^{k-1} + u_{j-1}^{k-1}}{h^2} + \frac{u_{j+1}^{k+1} - 2u_j^{k+1} + u_{j-1}^{k+1}}{h^2}\right) = R_j^k,$$

其中 R_j^k 是局部截断误差,具体表达式是

$$R_j^k = \tau^2\left[\frac{1}{12}\frac{\partial^4 u}{\partial t^4}(x_j, \eta_k) - \frac{a^2}{2}\frac{\partial^4 u}{\partial x^2 \partial t^2}(x_j, \zeta_k)\right] - h^2 \frac{a^2}{24}\left[\frac{\partial^4 u}{\partial x^4}(\xi_j, t_{k-1}) + \frac{\partial^4 u}{\partial x^4}(\rho_j, t_{k+1})\right].$$

忽略高阶无穷小项,得到隐式格式

$$u_j^{k+1} - 2u_j^k + u_j^{k-1} - \frac{s^2}{2}(u_{j-1}^{k-1} - 2u_j^{k-1} + u_{j+1}^{k-1} + u_{j-1}^{k+1} - 2u_j^{k+1} + u_{j+1}^{k+1}) = 0,$$

其中 $s = ar = a\frac{\tau}{h}$. 其矩阵形式为

$$AU^{k+1} = BU^{k-1} + 2U^k.$$

其中令 $b = 1+s^2, c = \frac{s^2}{2}$,

$$A = \begin{pmatrix} b & -c & & & \\ -c & b & -c & & \\ & \ddots & \ddots & \ddots & \\ & & -c & b & -c \\ & & & -c & b \end{pmatrix}, \quad B = \begin{pmatrix} -b & c & & & \\ c & -b & c & & \\ & \ddots & \ddots & \ddots & \\ & & c & -b & c \\ & & & c & -b \end{pmatrix}.$$

例 5.9 用隐式格式求例 5.8 的近似解和误差.

空间步长 0.01,时间步长 0.01 时的近似解图和误差图如图 5.46 和图 5.47 所示. 此时的最大误差为 MaxErr=2.3631e−005.

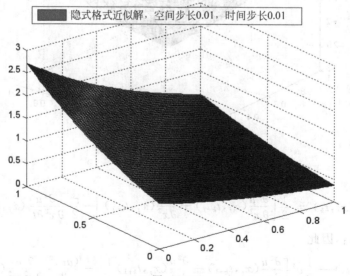

图 5.46

5.6 二阶双曲方程的差分格式

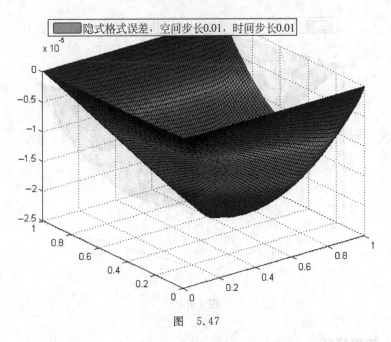

图 5.47

空间步长 0.05,时间步长 0.04 时的近似解图和误差图如图 5.48 和图 5.49 所示. 此时的最大误差为 MaxErr$=3.9432\mathrm{e}-004$.

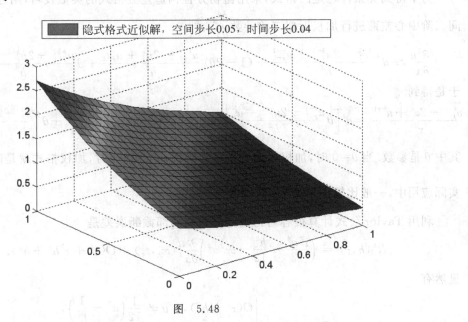

图 5.48

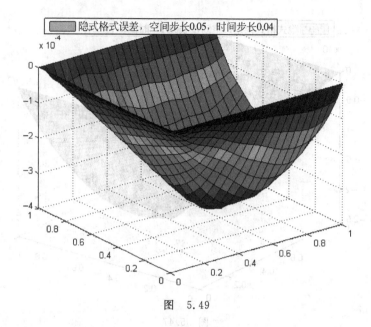

图 5.49

5.6.3 加权格式

为了得到无条件稳定的格式,采用抛物方程构造差分格式的类似技巧,用三层时间的空间二阶中心差商进行加权近似二阶导数 $\dfrac{\partial^2 u}{\partial x^2}$,即

$$\frac{\partial^2 u}{\partial x^2} \approx \theta \frac{u_{j+1}^{k-1} - 2u_j^{k-1} + u_{j-1}^{k-1}}{h^2} + (1-2\theta) \frac{u_{j+1}^k - 2u_j^k + u_{j-1}^k}{h^2} + \theta \frac{u_{j+1}^{k+1} - 2u_j^{k+1} + u_{j-1}^{k+1}}{h^2}.$$

于是得到

$$\frac{u_j^{k+1} - 2u_j^k + u_j^{k-1}}{\tau^2} = a^2 \left[\theta \frac{u_{j+1}^{k-1} - 2u_j^{k-1} + u_{j-1}^{k-1}}{h^2} \times (1-2\theta) \frac{u_{j+1}^k - 2u_j^k + u_{j-1}^k}{h^2} + \theta \frac{u_{j+1}^{k+1} - 2u_j^{k+1} + u_{j-1}^{k+1}}{h^2} \right].$$

其中 θ 是参数. 当 $\theta = 0$ 时,加权格式就是显式格式;当 $\theta = \dfrac{1}{2}$ 时,加权格式就是隐式格式. 在实际应用中,一般比较实用的格式是参数 $\theta = \dfrac{1}{4}$.

利用 Taylor 公式计算很容易得到此格式的局部截断误差是

$$R_j^k(h,\tau) = \left(\frac{\tau^2 a^4}{12} - \frac{h^2}{12} - \theta \tau^2 a^2 \right) \frac{\partial^4 u}{\partial x^4}(x_j, t_k) + O(\tau^4 + \tau^2 h^2 + h^4).$$

显然有

$$R_j^k(h,\tau) = \begin{cases} O(\tau^2 + h^2), & \theta \neq \dfrac{1}{12}\left(a^2 - \dfrac{1}{r^2}\right), \\ O(\tau^4 + h^4), & \theta = \dfrac{1}{12}\left(a^2 - \dfrac{1}{r^2}\right). \end{cases}$$

5.6 二阶双曲方程的差分格式

取 $\theta = \frac{1}{4}$,则加权格式是

$$\frac{u_j^{k+1} - 2u_j^k + u_j^{k-1}}{\tau^2} = \frac{1}{4}a^2\left(\frac{u_{j+1}^{k-1} - 2u_j^{k-1} + u_{j-1}^{k-1}}{h^2} + 2\frac{u_{j+1}^k - 2u_j^k + u_{j-1}^k}{\tau^2} + \frac{u_{j+1}^{k+1} - 2u_j^{k+1} + u_{j-1}^{k+1}}{h^2}\right). \tag{29}$$

为了讨论此格式的稳定性.现在对等价一阶方程组(27)建立如下差分格式:

$$\begin{cases} \dfrac{v_j^{k+1} - v_j^k}{\tau} = \dfrac{a}{2h}(\phi_{j+1/2}^k - \phi_{j-1/2}^k + \phi_{j+1/2}^{k+1} - \phi_{j-1/2}^{k+1}), \\ \dfrac{\phi_{j-1/2}^{k+1} - \phi_{j-1/2}^k}{\tau} = \dfrac{a}{2h}(v_j^k - v_{j-1}^k + v_j^{k+1} - v_{j-1}^{k+1}). \end{cases} \tag{30}$$

只要令

$$v_j^n = \frac{u_j^n - u_j^{n-1}}{\tau}, \quad \phi_{j+1/2}^k = \frac{a}{2h}(\phi_{j+1}^k - \phi_j^k + \phi_{j+1}^{k-1} - \phi_j^{k-1}).$$

容易证明差分格式(29)与格式(30)是等价的.由此,等价方程组得到的差分格式(30)与二阶双曲方程得到差分格式(29)具有相同的稳定性.

利用 Fourier 分析方法得到传播矩阵

$$G(r) = \begin{pmatrix} \dfrac{1 - c^2/4}{1 + \dfrac{c^2}{4}} & \dfrac{ic}{1 + \dfrac{c^2}{4}} \\ \dfrac{ic}{1 + \dfrac{c^2}{4}} & \dfrac{1 - c^2/4}{1 + \dfrac{c^2}{4}} \end{pmatrix}, \quad \text{其中 } c = 2ar\sin\frac{wh}{2}.$$

因为 $G^H G = I$,所以传播矩阵 $G(r)$ 为酉矩阵, $\|G(r)\|_2 = 1$,因此格式(29)对任何 $ar > 0$ 都是稳定的.

或者直接求解传播矩阵的特征值,得

$$\mu_{1,2} = \left[\left(1 - \frac{c^2}{4}\right) \pm ic\right] \Big/ \left(1 + \frac{c^2}{4}\right), \quad |\mu|^2 = 1.$$

当 $c \neq 0$ 时, $\mu_1 \neq \mu_2$,此时 Von-Neumann 条件是格式稳定的充要条件.

当 $c = 0$ 时, $\mu_1 = \mu_2 = \left(1 - \dfrac{c^2}{4}\right) \Big/ \left(1 + \dfrac{c^2}{4}\right) = 1$.

则

$$G = \begin{pmatrix} 1 & 0 \\ 0 & 1 \end{pmatrix} = I.$$

因此,格式是稳定的.综合上述,对于任意的网格比,此格式都是稳定的.

我们还可以证明如下结论:对于加权格式,当 $\theta \geq \dfrac{1}{4}$ 时,它是无条件稳定的,当 $0 \leq \theta < \dfrac{1}{4}$ 时,格式的稳定是有条件稳定的,它的充要条件是

$$ar < \frac{1}{\sqrt{1 - 4\theta}}.$$

例 5.10 用加权式求例 5.8 波动方程的近似解以及误差.

空间步长 0.01,时间步长 0.01 时的近似解图和误差图如图 5.50 和图 5.51 所示. 此时的最大误差为 MaxErr=1.8638e−005.

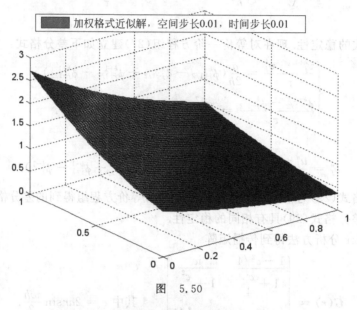

图 5.50

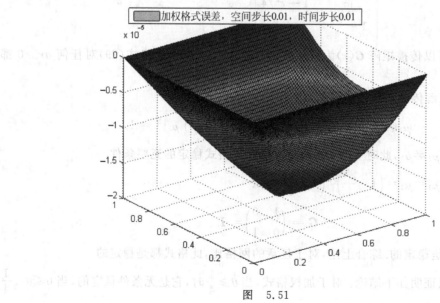

图 5.51

空间步长 0.01,时间步长 0.01 时的近似解图和误差图如图 5.52 和图 5.53 所示. 此时的最大误差为 MaxErr=0.0635.

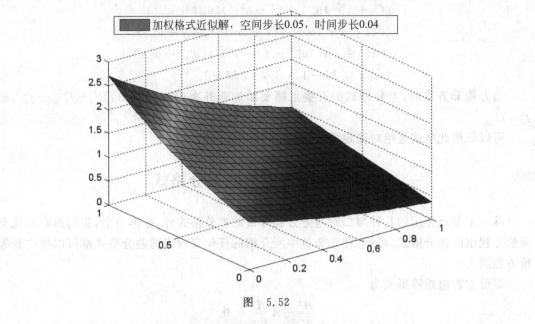

图 5.52

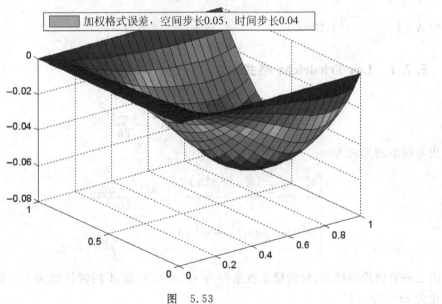

图 5.53

5.6.4 紧差分格式

类似于抛物方程,也可以构造出二阶波动方程的紧差分格式. 在此,仅给出一种紧差分格式,不讨论它的相关性质.

$$2(5+a^2r^2)u_j^{k+1} + (1-a^2r^2)(u_{j+1}^{k+1} + u_{j-1}^{k+1})$$
$$= 20(1-a^2r^2)u_j^k + 2(1+5a^2r^2)(u_{j+1}^k + u_{j-1}^k)$$
$$- 2(5+a^2r^2)u_j^{k-1} - (1-a^2r^2)(u_{j+1}^{k-1} + u_{j-1}^{k-1}),$$
$$1 \leqslant j \leqslant M-1, 1 \leqslant k \leqslant M-1.$$

当方程非齐次时,差分格式的有些点需要添加非齐次项 $\tau^2(8f_j^k + f_j^{k+1} + f_j^{k-1} + f_{j+1}^k + f_{j-1}^k)$.

可以证明此格式是绝对稳定的,且误差精度是 4 阶的.

5.7 等价方程组的差分格式

除了上节所介绍的几种与二阶差分方程等价的差分格式外,在本节中,我们再介绍几个等价方程组的差分格式. 当然,在 5.2 节中所介绍的任何方程组的差分格式都可以推广到等价方程组上.

等价方程组矩阵形式为
$$\frac{\partial \boldsymbol{U}}{\partial t} + \boldsymbol{A}\frac{\partial \boldsymbol{U}}{\partial x} = \boldsymbol{0}.$$

其中 $\boldsymbol{A} = \begin{pmatrix} & -a \\ -a & \end{pmatrix}, \boldsymbol{U} = (v, \varphi)^{\mathrm{T}}$.

5.7.1 Lax-Friedrichs 格式

$$\frac{\boldsymbol{U}_j^{k+1} - \frac{1}{2}(\boldsymbol{U}_{j+1}^k + \boldsymbol{U}_{j-1}^k)}{\tau} + \boldsymbol{A}\frac{\boldsymbol{U}_{j+1}^k - \boldsymbol{U}_{j-1}^k}{2h} = \boldsymbol{0}.$$

写成方程组的形式为
$$\begin{cases} \dfrac{v_j^{k+1} - \frac{1}{2}(v_{j+1}^k - v_{j-1}^k)}{\tau} - a\dfrac{w_{j+1}^k - w_{j-1}^k}{2h} = 0, \\ \dfrac{w_j^{k+1} - \frac{1}{2}(w_{j+1}^k - w_{j-1}^k)}{\tau} - a\dfrac{v_{j+1}^k - v_{j-1}^k}{2h} = 0. \end{cases}$$

利用上一节讨论的结论,它的稳定性条件为 $r\rho(\boldsymbol{A}) \leqslant 1$. 而 $\boldsymbol{A}$ 的特征值为 $\pm a$,因此稳定条件转化为 $ar \leqslant 1$.

5.7.2 Lax-Wendroff 格式

$$\boldsymbol{U}_j^{k+1} = \boldsymbol{U}_j^k - \frac{1}{2}r\boldsymbol{A}(\boldsymbol{U}_{j+1}^k - \boldsymbol{U}_{j-1}^k) + \frac{1}{2}r^2\boldsymbol{A}^2\left(\boldsymbol{U}_{j+1}^k - 2\boldsymbol{U}_j^k + \frac{1}{2}\boldsymbol{U}_{j-1}^k\right).$$

它的方程组形式:

$$\begin{cases} v_j^{k+1} = v_j^k + \frac{1}{2}ar(w_{j+1}^k - w_{j-1}^k) + \frac{1}{2}a^2r^2(w_{j+1}^k - 2w_j^k + w_{j-1}^k), \\ w_j^{k+1} = w_j^k + \frac{1}{2}ar(v_{j+1}^k - v_{j-1}^k) + \frac{1}{2}a^2r^2(v_{j+1}^k - 2v_j^k + v_{j-1}^k), \end{cases}$$

利用上一节的讨论有,它的稳定性条件为 $r\rho(A) \leqslant 1$. 而 A 的特征值为 $\pm a$,因此稳定条件转化为 $ar \leqslant 1$.

5.7.3 隐式格式

对 CFL 格式进行适当修改,得到另外一种差分格式:

$$\begin{cases} \dfrac{v_j^{k+1} - v_j^k}{\tau} - a\dfrac{w_{j+\frac{1}{2}}^{k+1} - w_{j-\frac{1}{2}}^{k+1} + w_{j+\frac{1}{2}}^k - w_{j-\frac{1}{2}}^k}{2h} = 0, \\ \dfrac{w_{j-\frac{1}{2}}^{k+1} - w_{j-\frac{1}{2}}^k}{\tau} - a\dfrac{v_j^{k+1} - v_{j-1}^{k+1} + v_j^k - v_{j-1}^k}{2h} = 0, \end{cases}$$

此格式是一个隐式格式,整理后得

$$\begin{cases} v_j^{k+1} - \dfrac{ar}{2}(w_{j+\frac{1}{2}}^{k+1} - w_{j-\frac{1}{2}}^{k+1}) = v_j^k + \dfrac{ar}{2}(w_{j+\frac{1}{2}}^k - w_{j-\frac{1}{2}}^k), \\ w_{j-\frac{1}{2}}^{k+1} - \dfrac{ar}{2}(v_j^{k+1} - v_{j-1}^{k+1}) = w_{j-\frac{1}{2}}^k + \dfrac{ar}{2}(v_j^k - v_{j-1}^k), \end{cases}$$

它的稳定性分析与上节的隐式格式的稳定性分析完全相同.

5.7.4 Crank-Nicolson 格式

$$\dfrac{U_j^{k+1} - U_j^k}{\tau} + \dfrac{A}{2}\left(\dfrac{U_{j+p}^{k+1} - U_{j-p}^{k+1}}{2hp} + \dfrac{U_{j+p}^k - U_{j-p}^k}{2hp}\right) = 0.$$

其中 $p=1$ 或者 $p=\dfrac{1}{2}$ 时是绝对稳定的格式. 下面以 $p=\dfrac{1}{2}$ 为例分析稳定性,可以得到如下传播矩阵:

$$G(r) = \dfrac{1}{1 + \dfrac{c^2}{4}} \begin{pmatrix} 1 - \dfrac{c^2}{4} & ic \\ ic & 1 - \dfrac{c^2}{4} \end{pmatrix}, \quad c = 2ar\sin\dfrac{wh}{2}.$$

因为它与 5.2 节中的隐式格式的传播矩阵完全相同,所以得到的稳定性条件也相同.

例 5.11 用 Crank-Nicolson 格式求例 5.8 的等价方程组的近似解和误差.

空间步长 0.01,时间步长 0.01 时的近似解图和误差图如图 5.54 和图 5.55 所示. 此时的最大误差为 $\mathrm{MaxErr} = 2.3631\mathrm{e}{-005}$.

空间步长 0.05,时间步长 0.04 时的近似解图和误差图如图 5.56 和图 5.57 所示. 此时的最大误差为 $\mathrm{MaxErr} = 3.9432\mathrm{e}{-004}$.

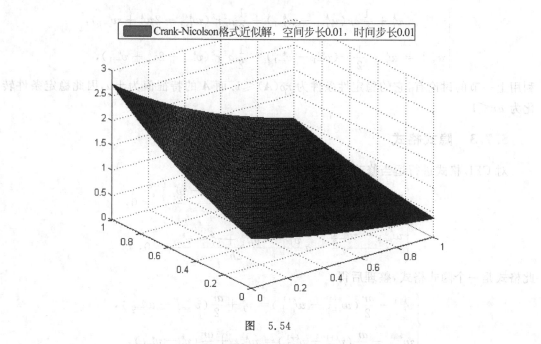

图 5.54

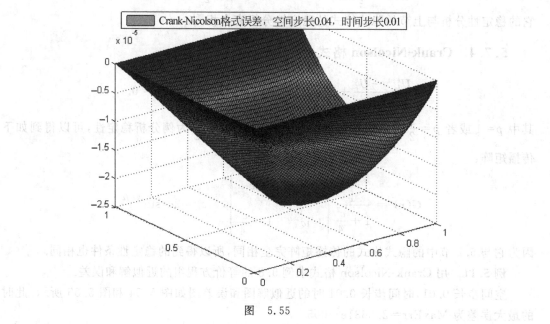

图 5.55

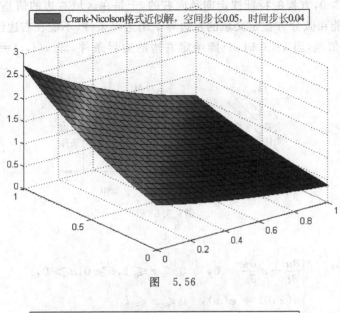

图 5.56

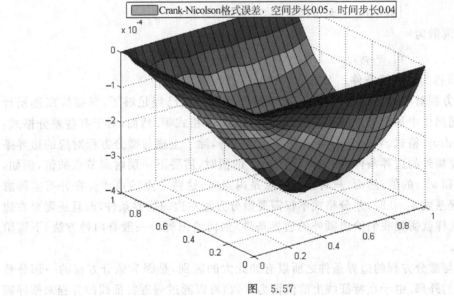

图 5.57

5.8 双曲方程(组)的边值问题

本节我们讨论关于双曲方程(组)的初边值问题,在双曲方程中,边值问题是不能随便给出的,否则,可能出现方程的解不存在甚至相互矛盾.例如,考虑定解区域有界的一阶常系数对流方程,系数 $a>0$,方程的特征线走向是向右的,于是在区域右边的值是由左边的值来确定.因此,我们只能在微分方程定义域的左边界给出边界条件,不能在右边给出边界条件,即 $u(0,t)=\varphi(t)$.类似地,当 $a<0$ 时,只能给定右边的边界条件,即 $u(l,t)=\varphi(t)$,如图 5.58 所示.

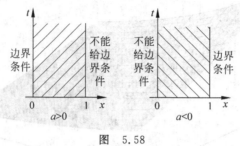

图 5.58

考虑方程

$$\begin{cases} \dfrac{\partial u}{\partial t}+a\dfrac{\partial u}{\partial x}=0, & 0\leqslant x\leqslant 1, t\geqslant 0, a>0, \\ u(x,0)=\varphi(x), & 0\leqslant x\leqslant l, \\ u(0,t)=\phi(t), & 0\leqslant t\leqslant T. \end{cases}$$

初边值条件的离散为

$$u_j^0=\varphi_j, j=1,2,\cdots;\quad u_0^k=\phi^k, k=1,2,\cdots.$$

显然有 $\varphi_0=\phi^0$,称为连接性条件.

上面微分方程对应边界的离散格式,对于某些差分格式已经足够了,只要按照逐层计算,就可以得到网格中每个节点的值.比如迎风格式、Lax 格式等.然而,对于有些差分格式,比如 Lax-Wendroff 格式、Wendroff 格式和蛙跳格式等,除了上述与微分方程对应的边界条件外,都还需要额外的边界条件.因为在计算 u_j^{k+1} 的值时,需要下一层时间节点的值,例如,一般用到 u_{j-1}^k 和 u_{j+1}^k 的值.然而,只有这些节点是内点时,这些节点的值才存在并有实际意义.比如当方程系数 $a>0$ 时,差分格式不仅需要微分方程左边的边界条件,而且还需要右边的边界条件.这样就需要我们给出额外的边界条件.如何给出呢?一般有两种方法,下面给出详细的讨论.

差分格式与微分方程的边界条件之所以有如此大的区别,是因为微分方程的一部分特征线指向边界的外部.由于在特征线上的值恒为常数,可以通过逼近特征线的方程来推导额外的边界条件.比如,对流方程就可以利用迎风格式来计算 Lax-Wendroff 格式、Wendroff 格式和蛙跳格式等格式的额外的边界条件.以对流方程说明此方法.

$$\dfrac{\partial u}{\partial t}+a\dfrac{\partial u}{\partial x}=0,\quad x\in(0,l), t>0.$$

当 $a>0$ 时,已知条件中已经给出了左端的边界条件,但是 Lax-Wendroff 格式、Wendroff 格式和蛙跳格式等格式还需要给出右端的边界条件,可以用迎风格式给出右端边

界条件,即
$$u_M^{k+1} = u_M^k - ar(u_M^k - u_{M-1}^k).$$

当 $a<0$ 时,需要额外给出左端的边界条件,用迎风格式给出左端边界条件为
$$u_0^{k+1} = u_0^k - ar(u_1^k - u_0^k).$$

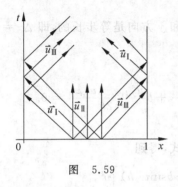

图 5.59

对于对流双曲方程组的情况,特征线的方法需要知道方程组系数矩阵的全部特征值和特征向量.然后将方程组化为非耦合的独立方程组,再利用上面的方法得到额外的边界条件,参见图 5.59 所示.

第 2 种方法是选择边界条件尽量使差分格式具有与微分方程有相似的守恒性质.积分方法具有此性质,由此考虑积分方法,不妨以 $a<0$ 为例进行说明.

取积分区域 $D=\{(x,t)|0 \leqslant x \leqslant h, k\tau \leqslant t \leqslant (k+1)\tau\}$,即为左端边界区域的边界上的单元.对微分方程两边在区域 D 进行积分:
$$\iint_D \left(\frac{\partial u}{\partial t} + a\frac{\partial u}{\partial x}\right) dx dt = 0.$$

于是得到
$$\int_0^h [u(x,t_{k+1}) - u(x,t_k)] dx + a\int_{t_k}^{t_{k+1}} [u(h,t) - u(0,t)] dt = 0.$$

对上面的积分方程利用数值积分作近似,比如,利用梯形积分公式得到
$$\frac{(u_1^{k+1} - u_1^k) + (u_0^{k+1} - u_0^k)}{2} \times h + a\frac{(u_1^{k+1} - u_0^{k+1}) + (u_1^k - u_0^k)}{2} \times \tau = 0.$$

整理得到
$$u_0^{k+1} = \frac{1}{1-ar}[(1+ar)(u_0^k - u_1^{k+1}) + (1-ar)u_1^k].$$

当然,采用不同的数值积分会得到不同的格式.

5.9 高维双曲方程(组)

在前面的章节中,已经讨论了空间一维的双曲问题的差分格式,在形式上和原则上都可以推广到高维.相比抛物方程来说,它的推广要容易一些.在双曲问题中,一般很少使用隐式格式求解,因为显式格式求解就能达到比较好的结果,对稳定性的条件要求也不高.尽管如此,一维问题的差分格式推广到高维问题,还存在许多问题.比如:一维问题某些特定格式一些很好的性质常常不能推广到高维;利用隐式格式所得到的代数方程组,用数值求解起来很麻烦,等等.

5.9.1 二维一阶双曲方程

考虑方程

$$\frac{\partial u}{\partial t} + a\frac{\partial u}{\partial x} + b\frac{\partial u}{\partial y} = 0.$$

首先对空间区域进行网格剖分,为了方便,不妨设 x 方向和 y 方向是等步长的,即 $\Delta x = \Delta y = h$.

1. Lax 格式

$$u_{j,l}^{k+1} - \frac{1}{4}(u_{j,l+1}^k + u_{j,l-1}^k + u_{j+1,l}^k + u_{j-1,l}^k) + a\frac{u_{j+1,l}^k - u_{j-1,l}^k}{2h} + b\frac{u_{j,l+1}^k - u_{j,l-1}^k}{2h} = 0.$$

此格式的局部截断误差的阶是 $O(\tau + h^2)$.

下面分析它的稳定性. 令 $u_{j,l}^k = v^k e^{i(w_1 jh + w_2 lh)}$,代入差分格式,得到

$$v^{k+1} = \left[\frac{1}{2}(\cos w_1 h + \cos w_2 h) - ir(a\sin w_1 h + b\sin w_2 h)\right] v^k,$$

$$G(r) = \frac{1}{2}(\cos w_1 h + \cos w_2 h) - ir(a\sin w_1 h + b\sin w_2 h),$$

$$|G|^2 = \frac{1}{4}(\cos w_1 h + \cos w_2 h)^2 + r^2(a\sin w_1 h + b\sin w_2 h)^2$$

$$= 1 - (\sin^2 w_1 h + \sin^2 w_2 h)\left[\frac{1}{2} - r^2(a^2 + b^2)\right]$$

$$\quad - \frac{1}{4}(\cos w_1 h - \cos w_2 h)^2 - r^2(a\sin w_2 h - b\sin w_1 h)^2$$

$$\leqslant 1 - (\sin^2 w_1 h + \sin^2 w_2 h)\left[\frac{1}{2} - r^2(a^2 + b^2)\right].$$

要使格式稳定,必须有 $|G| \leqslant 1$,即 $r^2(a^2 + b^2) \leqslant \dfrac{1}{2}$,得到 $\sqrt{(a^2 + b^2)}\, r \leqslant \dfrac{1}{\sqrt{2}}$. 所以格式的稳定性条件是 $\sqrt{(a^2 + b^2)}\, r \leqslant \dfrac{1}{\sqrt{2}}$.

2. Lax-Wendroff 格式

设 $u(x, y, t)$ 是 $\dfrac{\partial u}{\partial t} + a\dfrac{\partial u}{\partial x} + b\dfrac{\partial u}{\partial y} = 0$ 的解,那么

$$\frac{\partial^2 u}{\partial t^2} = \frac{\partial}{\partial t}\left(-a\frac{\partial u}{\partial x} - b\frac{\partial u}{\partial y}\right) = -a\frac{\partial}{\partial x}\left(\frac{\partial u}{\partial t}\right) - b\frac{\partial}{\partial y}\left(\frac{\partial u}{\partial t}\right) = a^2\frac{\partial^2 u}{\partial x^2} + 2ab\frac{\partial^2 u}{\partial x \partial y} + b^2\frac{\partial^2 u}{\partial y^2}.$$

又由 Taylor 展开,有

$$u(x_j, y_l, t+\tau) = u(x_j, y_l, t_n) - \tau\left(a\frac{\partial}{\partial x} + b\frac{\partial}{\partial y}\right) u(x_j, y_l, t_n)$$

$$+ \frac{\tau^2}{2}\left(a^2\frac{\partial^2}{\partial x^2} + 2ab\frac{\partial^2}{\partial x \partial y} + b^2\frac{\partial^2}{\partial y^2}\right) u(x_j, y_l, t_n) + O(\tau^3).$$

分别用一阶中心差商和二阶中心差商代替一阶导数和二阶导数就得到格式：

$$u_{j,l}^{k+1} = u_{j,l}^k - \frac{r}{2}(a\delta_x^0 u_{j,l}^k + b\delta_y^0 u_{j,l}^k) + \frac{r^2}{2}\left(a^2\delta_x^+\delta_x^- u_{j,l}^k + \frac{1}{2}ab\delta_x^0\delta_y^0 u_{j,l}^k + b^2\delta_y^+\delta_y^- u_{j,l}^k\right).$$

其中

$$\delta_x^0 u_{j,l}^k = u_{j+1,l}^k - u_{j-1,l}^k, \quad \delta_x^+ u_{j,l}^k = u_{j+1,l}^k - u_{j,l}^k, \quad \delta_x^- u_{j,l}^k = u_{j,l}^k - u_{j-1,l}^k,$$

$\delta_y^0, \delta_y^+, \delta_y^-$ 可以类似的定义. 局部截断误差精度与一维类似, 也是 $O(\tau^2 + h^2)$. 用 Fourier 分析方法类似于 Lax 格式, 得到 Lax-Wendroff 格式的稳定性条件 $\sqrt{(a^2+b^2)}\, r \leqslant \dfrac{1}{\sqrt{2}}$.

3. 分数步长法(或交替方向格式)

从上面两个推广的格式可以看出, 简单地推广会影响到稳定性的条件. 下面给出一个广泛应用的两步格式.

第一步: 当讨论在 x 方向的差分时, 时间上的差分从 t_k 到 $t_k + \dfrac{\tau}{2}$;

第二步: 当讨论在 y 方向的差分时, 时间上的差分从 $t_k + \dfrac{\tau}{2}$ 到 t_{k+1}.

具体格式如下:

$$\begin{cases} u_{j,l}^{k+\frac{1}{2}} = u_{j,l}^k + \tau D_1 u_{j,l}^k, \\ u_{j,l}^{k+1} = u_{j,l}^{k+\frac{1}{2}} + \tau D_2 u_{j,l}^{k+\frac{1}{2}}. \end{cases}$$

其中 D_1, D_2 分别是关于 x, y 方向的差分算子.

例如: 以 Lax-Wendroff 格式来完成二步法:

$$D_1 = -a \cdot \frac{1}{2h}\delta_x^0 + \frac{\tau}{2}a^2 \cdot \frac{1}{h^2}\delta_x^+\delta_x^-,$$

$$D_2 = -b \cdot \frac{1}{2h}\delta_y^0 + \frac{\tau}{2}b^2 \cdot \frac{1}{h^2}\delta_y^+\delta_y^-,$$

通过计算可以得到两步法的稳定性条件是

$$|a|r < 1, \quad |b|r < 1.$$

5.9.2 二维一阶双曲方程组

定义 如果对任意实数 $\alpha, \beta, \alpha + \beta = 1$, 存在可逆阵 S 使得

$$S(\alpha A + \beta B)S^{-1} = \Lambda$$

成立, 其中 Λ 是实对角阵. 则称下面方程组

$$\frac{\partial U}{\partial t} + A\frac{\partial U}{\partial x} + B\frac{\partial U}{\partial y} = 0$$

为双曲方程组.

1. Lax-Wendroff 格式

利用多元 Taylor 展开, 有

$$U(x,y,t+\tau) = U(x,y,t) + \tau\frac{\partial U}{\partial t}(x,y,t) + \frac{\tau^2}{2}\frac{\partial^2 U}{\partial t^2}(x,y,t) + O(\tau^3)$$

$$= U(x,y,t) - \tau\left(A\frac{\partial U}{\partial x} + B\frac{\partial U}{\partial y}\right)$$

$$+ \frac{\tau^2}{2}\left[A^2\frac{\partial^2 U}{\partial x^2} + (AB+BA)\frac{\partial^2 U}{\partial x \partial y} + B^2\frac{\partial^2 U}{\partial y^2}\right] + O(\tau^3).$$

上式中各阶导数用相应的各阶中心差商近似,得到如下格式:

$$U_{j,m}^{k+1} = L_h U_{j,m}^k$$

$$= \left[I - \frac{1}{2}r(A\delta_x^0 + B\delta_y^0) + \frac{r^2}{2}(A^2\delta_x^+\delta_x^- + B^2\delta_y^+\delta_y^-) + \frac{1}{2}r^2(AB+BA)\delta_x^0\delta_y^0\right]U_{j,m}^k.$$

其中 L_h 称为差分算子,具体形式是

$$L_h = I - \frac{1}{2}r(A\delta_x^0 + B\delta_y^0) + \frac{1}{2}r^2(A^2\delta_x^+\delta_x^- + B^2\delta_y^+\delta_y^-) + \frac{1}{2}r^2(AB+BA)\delta_x^0\delta_y^0.$$

利用 Fourier 方法可讨论上式的稳定性:

令 $U_{j,m}^k = V^k e^{i(w_1 jh + w_2 jh)}$ 代入差分格式得到其传播矩阵

$$G(r) = I + ir(A\sin w_1 h + B\sin w_2 h) + r^2[A^2(\cos w_1 h - 1) + B^2(\cos w_2 h - 1)]$$

$$- \frac{1}{2}r^2(AB+BA)\sin w_1 h \sin w_2 h.$$

如果 A, B 是对称阵,可以证明 Lax-Wendroff 格式的稳定性条件是

$$r\rho(A) \leqslant \frac{1}{2\sqrt{2}}, \quad r\rho(B) \leqslant \frac{1}{2\sqrt{2}}.$$

从上面的讨论可知,与一维稳定性条件的比较可知,二维的稳定条件要严格许多,一般随着空间维数的增多,稳定性的条件越来越苛刻. 为了降低稳定性的要求,可以考虑类似于交替方向的格式或者下面的可裂格式.

2. Strang 可裂格式

$$U_{ij}^{k+1} = L_h(\tau)U_{ij}^k.$$

$L_h(\tau)$ 的定义如下:

$$L_h(\tau) = L_h^x\left(\frac{\tau}{2}\right)L_h^y(\tau)L_h^x\left(\frac{\tau}{2}\right),$$

$$L_h^x(\tau) = I - \frac{r}{2}A(T_x - T_x^{-1}) + \frac{1}{2}r^2 A^2(T_x - 2I + T_x^{-1}),$$

$$L_h^y(\tau) = I - \frac{r}{2}B(T_y - T_y^{-1}) + \frac{1}{2}r^2 B^2(T_y - 2I + T_y^{-1}),$$

其中 T 表示移位算子,T_x, T_y 表示在 x, y 方向的移位算子,即 $T_x u(x) = u(x+h)$,$T_x^{-1}u(x) = u(x-h)$,T_y 也是类似地定义.

从上面的定义可以看出,$L_h^x(\tau)$ 和 $L_h^y(\tau)$ 分别是沿 x 方向和沿 y 方向一维的 Lax-Wendroff 格式. 尽管从形式上看,差分格式变得复杂了,但是它带来很大的好处,最重要的

就是对稳定性条件的放宽. 因为 $L_h^x\left(\dfrac{\tau}{2}\right)$ 的稳定条件是 $r\rho(\boldsymbol{A})\leqslant 2$, $L_h^y(\tau)$ 的稳定性条件是 $r\rho(\boldsymbol{B})\leqslant 1$. 因此, Strang 可裂格式的稳定性条件是 $r\rho(\boldsymbol{A})\leqslant 2$ 和 $r\rho(\boldsymbol{B})\leqslant 1$.

5.9.3 二维波动方程的差分格式

二维双曲方程组的差分格式均可以推广到二维波动方程的等价方程组上,在本小节中不做任何介绍,下面仅介绍 5.9.2 节中不曾出现的格式.

考虑方程

$$\frac{\partial^2 u}{\partial t^2} - a^2\left(\frac{\partial^2 u}{\partial x^2} + \frac{\partial^2 u}{\partial y^2}\right) = 0, \quad a > 0.$$

1. 显式格式

$$\frac{1}{\tau^2}\delta_t^2 u_{jl}^k = \frac{a^2}{h^2}(\delta_x^2 u_{jl}^k + \delta_y^2 u_{jl}^k).$$

局部截断误差是 $O(\tau^2 + h^2)$. 若用 Fourier 分析方法分析显式格式的稳定性,通过把它化为等价的双层方程组,可以得到稳定的必要条件是 $ar\leqslant\dfrac{1}{\sqrt{2}}$,而稳定的充要条件是 $ar<\dfrac{1}{\sqrt{2}}$.

2. 交替方向隐式格式

① ADI 格式 I

$$\begin{cases}\dfrac{u_{jl}^{k+1/2} - 2u_{jl}^k + u_{jl}^{k-1}}{\tau^2} = \dfrac{a^2}{h^2}[\delta_x^2(\theta u_{jl}^{k+1/2} + (1-2\theta)u_{jl}^k + \theta u_{jl}^{k-1}) + \delta_y^2(2\theta u_{jl}^{k-1} + (1-2\theta)u_{jl}^k)], \\ \dfrac{u_{jl}^{k+1} - u_{jl}^{k+1/2}}{\tau^2} = \dfrac{a^2}{h^2}\delta_y^2(\theta u_{jl}^{k+1} - \theta u_{jl}^{k-1}),\end{cases}$$

其中 $0\leqslant\theta\leqslant 1$,通过上面两式消除 $u_{jl}^{n+1/2}$,得到

$$\begin{aligned}\frac{\delta_t^2 u_{jl}^k}{\tau^2} &= \frac{a^2}{h^2}[\delta_x^2(\theta u_{jl}^{k+1} + (1-2\theta)u_{jl}^k + \theta u_{jl}^{k-1}) + \delta_y^2(\theta u_{jl}^{k+1} + (1-2\theta)u_{jl}^k + \theta u_{jl}^{k-1})] \\ &\quad - \frac{\tau^2\theta^2}{h^4}\delta_x^2\delta_y^2(u_{jl}^{k+1} - u_{jl}^{k-1}),\end{aligned}$$

忽略最后一项,就得到二维问题的加权格式

$$\frac{\delta_t^2 u_{jl}^k}{\tau^2} = \frac{a^2}{h^2}[\delta_x^2(\theta u_{jl}^{k+1} + (1-2\theta)u_{jl}^k + \theta u_{jl}^{k-1}) + \delta_y^2(\theta u_{jl}^{k+1} + (1-2\theta)u_{jl}^k + \theta u_{jl}^{k-1})].$$

例 5.12 考虑如下二维波动方程,请用 ADI 格式 I 求二维波动方程的近似解.

$$\begin{cases}\dfrac{\partial^2 u}{\partial t^2} - \dfrac{\partial^2 u}{\partial x^2} - \dfrac{\partial^2 u}{\partial y^2} = -2, \\ u|_{t=0} = x^2 + y^2, \quad u|_{x=0} = y^2 + t^2, \\ u|_{x=1} = 1 + y^2 + t^2, \quad u|_{y=0} = t^2 + x^2, \\ u|_{y=1} = 1 + x^2 + t^2, \quad t > 0, (x,y)\in(0,1)^2.\end{cases}$$

方程的真解为 $u = x^2 + y^2 + t^2$. 选择权参数 $\theta = \dfrac{1}{4}$.

当时间 $t=1$ 时,真解的曲面图如图 5.60 所示.

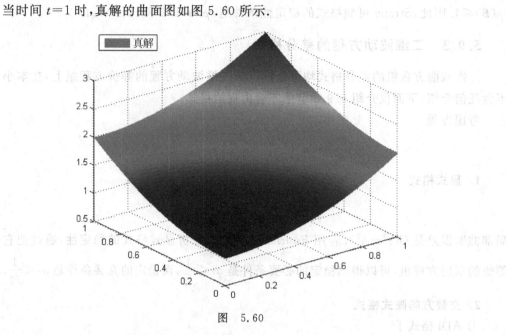

图 5.60

空间步长 0.1,时间步长 0.1.时间取 0.5 时的最大误差为 MaxErr=0.1611,如图 5.61~图 5.62 所示;时间取 0.8 时的最大误差为 MaxErr=0.4050,如图 5.63~图 5.64 所示;时间取 0.9 时的最大误差为 MaxErr=0.5750,如图 5.65~图 5.66 所示.

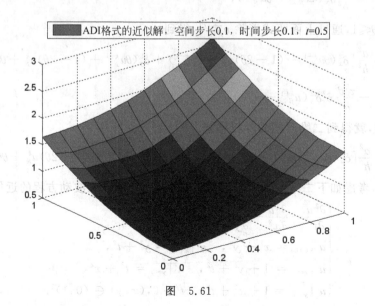

图 5.61

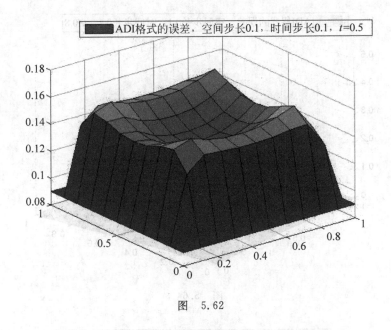

图 5.62

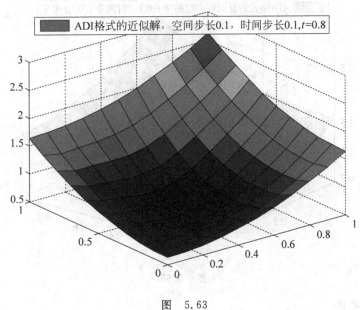

图 5.63

空间步长 0.05,时间步长 0.05. 时间取 0.5 时的最大误差为 MaxErr=0.4725,如图 5.67~图 5.68 所示;时间取 0.8 时的最大误差为 MaxErr=0.2516,如图 5.69~图 5.70 所示;时间取 0.9 时的最大误差为 MaxErr=0.4216,如图 5.71~图 5.72 所示.

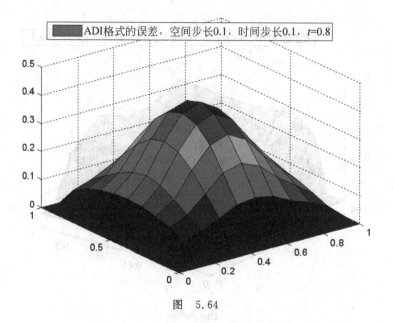

图 5.64

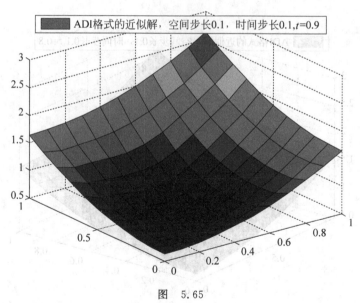

图 5.65

② ADI 格式 II

$$\begin{cases} \dfrac{u_{jl}^{k+1/2} - 2u_{jl}^k + u_{jl}^{k-1}}{\tau^2} = \dfrac{a^2}{h^2}\bigl[\delta_x^2(\theta u_{jl}^{k+1/2} + (1-2\theta)u_{jl}^k + \theta u_{jl}^{k-1}) + \delta_y^2 u_{jl}^k\bigr], \\ \dfrac{\delta_t^2 u_{jl}^k}{\tau^2} = \dfrac{a^2}{h^2}\bigl[\delta_x^2(\theta(u_{jl}^{k+1/2} + u_{jl}^{k-1}) + (1-2\theta)u_{jl}^k) + \delta_y^2(\theta(u_{jl}^{k-1} + u_{jl}^{k+1}) + (1-2\theta)u_{jl}^k)\bigr]. \end{cases}$$

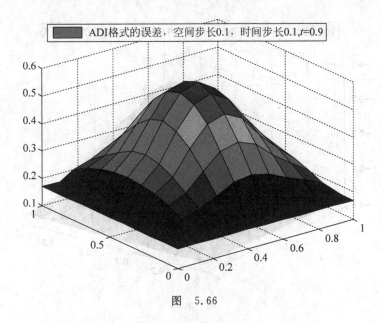

图 5.66

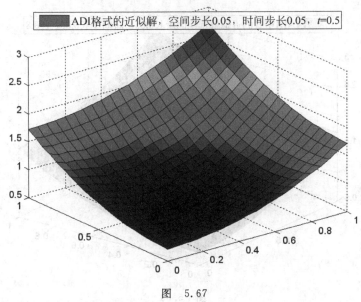

图 5.67

它也是二维问题的加权格式的变形,上面两式消除 $u_{jl}^{k+1/2}$,得到

$$\frac{\delta_t^2 u_{jl}^k}{\tau^2} = \frac{a^2}{h^2}\left[\delta_x^2(\theta u_{jl}^{k+1} + (1-2\theta)u_{jl}^k + \theta u_{jk}^{k-1}) + \delta_y^2(\theta u_{jl}^{k+1} + (1-2\theta)u_{jl}^k + \theta u_{jl}^{k-1})\right]$$
$$- \frac{\tau^2\theta^2}{h^4}\delta_x^2\delta_y^2\delta_t^2 u_{jl}^k.$$

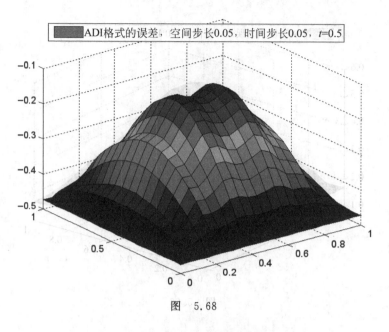

图 5.68

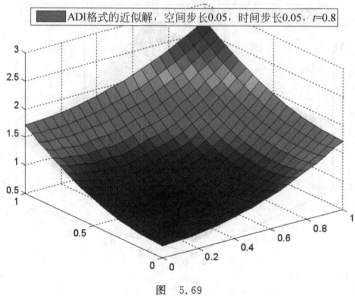

图 5.69

这两种格式利用 Fourier 分析方法可以证明当参数 $\theta \geqslant \frac{1}{4}$ 时, 它们都是无条件稳定的.

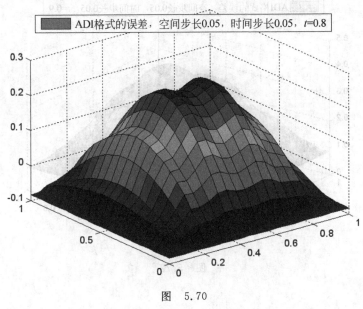

图 5.70

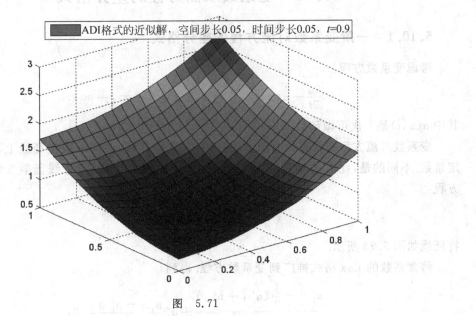

图 5.71

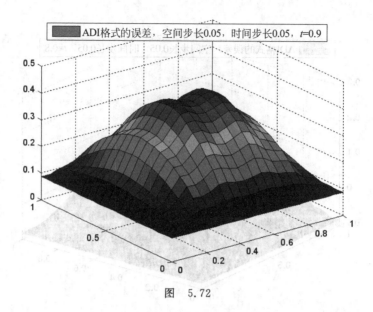

图 5.72

5.10 变系数双曲方程的差分格式

5.10.1 一阶变系数对流方程的差分格式

考虑变系数方程:
$$\frac{\partial u}{\partial t} + a(x,t)\frac{\partial u}{\partial x} = 0, \quad x \in (-\infty, +\infty),$$
其中 $a(x,t)$ 是一次可微函数.

变系数对流方程和常系数对流方程一样,也有特征线,在同一条特征线上,$u(x,t)$ 是固定常数. 不同的是,此时的特征线是曲线,不是常系数的直线. 特征线函数 $x(t)$ 满足如下方程:
$$\frac{\mathrm{d}x}{\mathrm{d}t} = a(x,t).$$
特征线如图 5.73 所示.

将常系数的 Lax 格式推广到变系数方程. 得到
$$\frac{u_j^{k+1} - \frac{1}{2}(u_{j+1}^k + u_{j-1}^k)}{\tau} + a_j^k \frac{u_{j+1}^k - u_{j-1}^k}{2h} = 0,$$
局部截断误差是 $O(\tau + h^2)$.

由于系数是变的,稳定性的分析无法直接采用 Fourier 分析方法,下面采用能量法讨论稳定性.

5.10 变系数双曲方程的差分格式

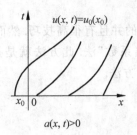
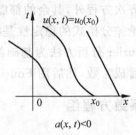

图 5.73

将 Lax 格式改写为
$$u_j^{k+1} = \frac{1}{2}(u_{j+1}^k + u_{j-1}^k) - \frac{1}{2}a_j^k r(u_{j+1}^k - u_{j-1}^k).$$

对上式两端同时乘以 u_j^{k+1},得到
$$(u_j^{k+1})^2 = \frac{1}{2}(u_{j+1}^k + u_{j-1}^k)u_j^{k+1} - \frac{1}{2}a_j^k r(u_{j+1}^k - u_{j-1}^k)u_j^{k+1}$$
$$= \frac{1}{2}(1 + a_j^k r)u_{j-1}^k u_j^{k+1} + \frac{1}{2}(1 - a_j^k r)u_{j+1}^k u_j^{k+1},$$

如果假设 $\max_j |a_j^k| r \leq 1$,由重要不等式 $2ab \leq a^2 + b^2$,从而有
$$(u_j^{k+1})^2 \leq \frac{1}{4}(1 + a_j^k r)[(u_{j-1}^k)^2 + (u_j^{k+1})^2] + \frac{1}{4}(1 - a_j^k r)[(u_j^{k+1})^2 + (u_{j+1}^k)^2]$$
$$= \frac{1}{4}(1 + a_j^k r)(u_{j-1}^k)^2 + \frac{1}{2}(u_j^{k+1})^2 + \frac{1}{4}(1 - a_j^k r)(u_{j+1}^k)^2$$
$$\leq \frac{1}{2}[(u_{j-1}^k)^2 + (u_{j+1}^k)^2] + \frac{1}{2}a_j^k r[(u_{j-1}^k)^2 - (u_{j+1}^k)^2].$$

根据前面章节离散范数的定义:
$$\|u^k\|_h^2 = \sum_{-\infty}^{\infty}(u_j^k)^2 h.$$

那么有
$$\|u^{k+1}\|_h^2 \leq \|u^k\|_h^2 + \frac{h}{2}\sum a_j^k r((u_{j-1}^k)^2 - (u_{j+1}^k)^2)$$
$$= \|u^k\|_h^2 + \frac{r}{2}\sum(a_{j+1}^k - a_{j-1}^k)(u_j^k)^2 h.$$

在此先假设 $\left|\dfrac{\partial a}{\partial x}\right| \leq M, x \in \mathbf{R}, t \in [0, T]$. 由中值定理有 $|a_{j+1}^k - a_{j-1}^k| \leq 2Mh$. 于是可得
$$\|u^{k+1}\|_h^2 \leq (1 + M\tau)\|u^k\|_h^2 \leq (1 + M\tau)^2 \|u^{k-1}\|_h^2 \leq \cdots \leq (1 + M\tau)^{k+1}\|u^0\|_h^2.$$

因此 $\|u^{k+1}\|_h^2 \leq e^{MT}\|u^0\|_h^2, k\tau \leq T$. 于是得到稳定性条件是 $\max_j |a_j^k| r \leq 1$. □

前面章节中对常系数齐次方程所建立的格式,都可以推广到变系数齐次方程,并且都能用能量方法进行稳定性分析. 对于非齐次方程,除了 Lax-Wendroff 格式和 Wendroff 格式不

能推广到变系数非齐次方程外,其余的都能推广.

用能量方法讨论差分格式的稳定性是很严格的并且有很高技巧.然而在实际应用中,大多采用的还是以 Fourier 分析方法为基础的"冻结系数"法.此方法就是把差分格式中的变系数在某一点固定看成常数,然后用 Fourier 分析方法.

5.10.2 变系数方程组

考虑方程组:
$$\frac{\partial U}{\partial t} + A(x,t)\frac{\partial U}{\partial x} = 0.$$

其中 $U(x,t)$ 是 p 维向量函数,$A(x,t)$ 是 $p \times p$ 方阵,方阵的每个元素都是光滑函数,且矩阵 $A(x,t)$ 满足,存在可逆矩阵 $S(x,t)$ 使得

$$\Lambda = S^{-1}(x,t)A(x,t)S(x,t) = \begin{bmatrix} \lambda_1(x,t) & & & \\ & \lambda_2(x,t) & & \\ & & \ddots & \\ & & & \lambda_p(x,t) \end{bmatrix}.$$

在本节,关于变系数方程组,我们仅介绍几种基本的方法,也是常系数方程组的推广.

1. 迎风格式

$$U_j^{k+1} = U_j^k - \frac{1}{2}rA_j^k(U_{j+1}^k - U_{j-1}^k) + \frac{1}{2}r|A_j^k|(U_{j+1}^k - 2U_j^k + U_{j-1}^k),$$

其中 $|A_j^k| = S_j^k|\Lambda_j^k|S_j^{k^{-1}}$, $S_j^k = S(x_j, t_k)$,

$$|\Lambda_j^k| = \begin{bmatrix} |\lambda_{j1}^k| & & \\ & \ddots & \\ & & |\lambda_{jp}^k| \end{bmatrix}.$$

它的截断误差的阶是 $O(\tau + h^2)$.

2. Lax 格式

$$\frac{U_j^{k+1} - \frac{1}{2}(U_{j+1}^k + U_{j-1}^k)}{\tau} + A_j^k \frac{U_{j+1}^k - U_{j-1}^k}{2h} = 0,$$

它的截断误差的阶是 $O(\tau + h^2)$.

3. Lax-Wendroff 格式

$$U_j^{k+1} = U_j^k - \frac{1}{2}rA_j^k(U_{j+1}^k - U_{j-1}^k) + \frac{1}{2}(rA_j^k)^2(U_{j+1}^k - 2U_j^k + U_{j-1}^k),$$

它的截断误差的阶是 $O(\tau^2 + h^2)$.

采用冷冻冻结系数法,可以得到上面三种格式的稳定性条件

$$r\max_j \rho(A_j^k) \leqslant 1.$$

5.10.3 变系数波动方程

考虑二阶变系数线性波动方程：
$$\frac{\partial^2 u}{\partial t^2} - \frac{\partial}{\partial x}\left(a(x)\frac{\partial u}{\partial x}\right) = 0,$$

其中 $0 \leqslant C_0 \leqslant a(x) \leqslant C_1$.

对上述方程建立加权格式：
$$\frac{u_j^{k+1} - 2u_j^k + u_j^{k-1}}{\tau^2} = \frac{\delta_x^+[\theta a_j \delta_x^- u_j^{k-1} + (1-2\theta)a_j \delta_x^- u_j^k + \theta a_j \delta_x^- u_j^{k+1}]}{h^2}.$$

通过能量法分析可以证明：当 $0 \leqslant \theta < \frac{1}{4}$ 时，加权格式是条件稳定的；当 $\frac{1}{4} \leqslant \theta \leqslant 1$ 时，加权格式是无条件稳定的.

练 习 题

1. 利用特征线求解如下对流方程：
   ① $4u_x - 3u_y = 0, u(0,y) = y^3$.
   ② $u_x + yu_y = 0, u(0,y) = y^3$.
   ③ $u_x + 2xy^2 u_y = 0$.
   ④ $\sqrt{1-x^2}\, u_x + u_y = 0, u(0,y) = y$.
   ⑤ $u_x + u_y = 1$.
   ⑥ $au_x + bu_y + cu = 0$.
   ⑦ $u_x + u_y + u = e^{x+2y}, u(x,0) = 0$.

2. 考虑下面四种节点结构图(图 5.74)：

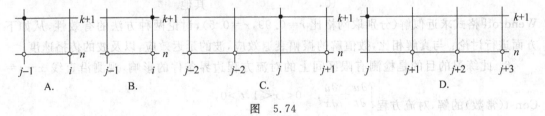

图 5.74

   ① 根据所给节点结构图,写出各自的差分格式.
   ② 哪一张结构图能够被用来求近似解,为什么？
   ③ 对能用的,求 CFL 条件.

3. 本题考虑差分格式的相容性问题：
   ① 如果常函数 $u_j^k = 1$ 不满足对流方程的差分格式,则差分格式是不相容与对流方程,

为什么?

② 如果常函数 $u_i^k=1$ 满足对流方程的差分格式,差分格式也不一定相容与对流方程,为什么? 举例说明.

③ 问题①中的方程能应用于方程 $u_t+u_x+u=0$ 吗? 为什么?

④ 下面哪种格式能用于求解对流方程:

(i) $u_j^{k+1}=u_j^k-\dfrac{r}{2}(u_{j+1}^k-u_{j-1}^k)$;

(ii) $(1+r)u_j^{k+1}+(1-r)u_{j-1}^{k+1}=2(1-r)u_j^k+(1+r)u_{j-1}^k$.

4. 考虑下面节点结构图(图 5.75):

① 请推导出此节点结构图局部截断误差为 $O(h^2+\tau^2)$ 相容于对流方程的差分格式.

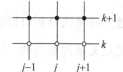

图 5.75

② 此格式是显示的还是隐式的.

③ 求 CFL 条件.

④ 讨论格式的稳定性.

5. 双曲方程 $\begin{cases} u_t+au_x+bu=0, & t>0, x\in\mathbf{R}, \\ u|_{t=0}=g(x), & x\in\mathbf{R}. \end{cases}$

① 利用换元法 $u(x,t)=v(x,t)e^{-bt}$ 求问题的真解.

② 推导此方程的迎风差分格式.

③ 求 CFL 条件和数值解的依赖域和稳定性条件.

④ 推导此方程的 Lax-Wendroff 差分格式.

⑤ 求 Lax-Wendroff 差分格式的 CFL 条件、依赖域和稳定性条件.

⑥ 当 $a=1, b=\dfrac{1}{7}, g(x)=\begin{cases} \dfrac{1}{2}(1-\cos(2\pi x)), & 0\leqslant x\leqslant 1 \\ 0, & \text{其他} \end{cases}$ 分别用迎风格式和 Lax-Wendroff 格式求近似解(分别取网格比 $r=0.99, r=0.5$),讨论两种方法的有效性,从如下方面进行讨论:与真解相比,数值解的振幅衰退效应,波的延迟效应,以及波的传播速度.

6. 此练习的目的是检测有限区间上的对流方程边界条件的影响,观测沿直线 $x-t=$ Const(常数)的解,对流方程 $\begin{cases} \dfrac{\partial u}{\partial t}+\dfrac{\partial u}{\partial x}=0, & 0<x<1, t>0, \\ u(x,0)=x(1-x). \end{cases}$

① 解释为什么方程和初始条件只能决定三角区域:$0\leqslant t\leqslant x, 0\leqslant x\leqslant 1$ 上的解.

② 当边界条件是 $u(0,t)=\sin(\pi t)$,求方程的解.

③ 当边界条件是 $u(1,t)=\sin(\pi t)$,解释方程为什么无解.

④ 当边界条件是周期性边界条件时,即 $u(0,t)=u(1,t)$,求问题的解.

7. 变系数对流方程 $u_t+(x+t)u_x=0, u(x,0)=g(x)$.

① 使用特征方法证明 $u(x,t)=-g((1+x+t)e^{-bt}-1)$.

② 推导迎风格式.

③ 当 $g(x)=\begin{cases} 1, & 0\leqslant x\leqslant 1, \\ 0, & \text{其他} \end{cases}$ 时,用迎风格式求近似解,并画出 $t=10, 0<x<10$ 的近似解的图. 根据实际程序计算结果,当在空间 x 轴上有 50 个节点,那么时间轴上有多少个点? 解释为什么?

④ 当 x 轴上有 100 个节点时,情况又如何?

8. 考虑对流方程 $\begin{cases} \dfrac{\partial u}{\partial t}+\dfrac{\partial u}{\partial x}, & 0<x<1, t>0, \\ u(x,0)=\sin^{40}(\pi x), & x\in(0,1), \\ u(0,t)=u(1,t). \end{cases}$ 解决下面的问题:

① 写出周期边界条件方程的迎风格式.

② 取步长 $h=0.05, \tau=0.04$,用迎风格式求近似解,画出不同时刻 $t=0, 0.12, 0.2, 0.8$ 时刻的近似解的图.

③ 取步长 $h=0.01, \tau=0.008$,重复②的工作.

④ 取步长 $h=0.01, \tau=0.008$,画出不同时刻 $t=0, 5, 10, 20$ 时刻的近似解的图.

⑤ 写出周期边界条件方程的 Crank-Nicolson 格式.

⑥ 用 Crank-Nicolson 格式重复②、③、④.

⑦ 仔细观察你计算的结果(近似解的图),描述计算结果所出现的数值现象.

⑧ 能否解释上述数值现象.

⑨ 更改方程中的初值条件为 $g(x)=\begin{cases} 1, & 0.4\leqslant x\leqslant 0.6, \\ 0, & \text{否则}. \end{cases}$ 分别用迎风格式和 Lax-Friedrich 格式重复②、③、④、⑤、⑥、⑦、⑧的工作.

⑩ 思考在不同初值条件下,相同格式所产生的数值现象是否相同? 在相同的初值条件下,不同差分格式所产生的数值现象又是否相同? 能解释吗?

9. 本题的目的是讲述如何将高维的一阶线性方程组进行分类,以及如何解方程组. 考虑方程组 $2u_x-2v_x+2u_y-2v_y=v, u_x-4v_x+u_y-v_y=u$.

① 记 $\boldsymbol{U}=(u,v)^T$,将方程组改写为矩阵形式: $\boldsymbol{A}\boldsymbol{U}_x+\boldsymbol{B}\boldsymbol{U}_y=\boldsymbol{F}$,并写出系数矩阵 $\boldsymbol{A}, \boldsymbol{B}$ 和右端向量 $\boldsymbol{F}$.

② 求①中方程组的特征值,即求解特征多项式或方程 $P_2(\lambda)=\det(\boldsymbol{A}-\lambda\boldsymbol{B})=0$ 的根.

③ 若特征多项式 $P_n(\lambda)$ 无实根,则称 n 维线性方程组是**椭圆的**;若特征多项式 $P_n(\lambda)$ 有 n 个不同的实根,或有重复根,但有 n 个线性无关的特征向量(代数重数=几何重数),则称 n 维线性方程组是**双曲的**;若特征多项式 $P_n(\lambda)$ 有 n 个的实根,但无 n 个线性无关的特征

向量,则称 n 维线性方程组是**抛物的**.根据②所求,方程属于那类方程.

④ 求解特征向量 T_1,T_2,即求解方程组 $(A^T-\lambda_i B^T)x=0, i=1,2$ 的解.

⑤ 记矩阵 $T=(T_1,T_2)$,计算 $TAU_x+TBU_y=TF$ 后,改写为分量形式,并仔细观察方程组的形式.

⑥ 称 $\dfrac{dy}{dx}=\lambda_1, \dfrac{dy}{dx}=\lambda_2$ 为方程组的特征方程,求特征线族.再次观察分量形式的方程组.

⑦ 通过坐标变换 $\xi=x-3y, \eta=x+2y$ 将方程组变为 (ξ,η) 为自变量的方程组.称⑥、⑦得到的特征线族和方程组为原方程组的典范形式或者特征形式.

⑧ 令方程组为齐次方程组,利用典范形式求解方程组的通解.

⑨ 利用①~⑧的方法求解如下方程组的特解:

(i) $\begin{cases} 4u_x-6v_x+u_t=0, \\ u_x-3v_x+v_t=0, \\ u|_{t=0}=\sin x, v|_{t=0}=\cos x. \end{cases}$ (ii) $\begin{cases} 3u_x+2v_x+u_y+v_y=0, \\ 5u_x+2v_x-u_y+v_y=0, \\ u|_{t=0}=\sin x, v|_{t=0}=e^x. \end{cases}$

10. 本题的目的是如何将几种基本格式推广到非线性双曲方程.考虑无黏的 Burgers 方程

$$u_t+\left(\dfrac{u^2}{2}\right)_x=0, \quad x\in(-2,2), t>0.$$

① 写出此方程的迎风格式.

② 考虑在不同的初边值条件下,用迎风格式求近似解,并给出 $t=1$ 时的近似解的图.

(i) $u(x,0)=\begin{cases} 2, & x\leqslant 0, \\ 1, & x>0, \end{cases}$ $u(-2,t)=2, \quad u(2,t)=1.$

(ii) $u(x,0)=\begin{cases} -1, & x\leqslant 0, \\ 2, & x>0, \end{cases}$ $u(-2,t)=-1, \quad u(2,t)=2.$

③ 写出 Lax-Wendroff 格式.

④ 求在如下初边值条件下的近似解,并给出 $t=1$ 时的近似解的图.

$$u(x,0)=\begin{cases} 1, & x\leqslant 0, \\ 0.5, & x>0, \end{cases} \quad u(-2,t)=1, \quad u(2,t)=0.5.$$

⑤ 考虑如下差分格式 $\begin{cases} u_j^*=u_j^k-\dfrac{r}{2}((u_{j+1}^k)^2-(u_j^k)^2), \\ u_j^{k+1}=\dfrac{u_{j+1}^*+u_{j+1}^k}{2}-\dfrac{r}{2}((u_j^k)^2-(u_{j-1}^k)^2), \end{cases}$ 证明:此格式应用到线性双曲方程时,此格式等价于 Lax-Wendroff 格式.

⑥ 考虑第四问的初边值条件,用第五问的格式求近似解.并给出 $t=1$ 时的近似解的图.

⑦ 比较两种方法所求近似解的差别,并作图画出这种差别.

11. 考虑 Klein-Gordon 方程 $u_{tt}+bu=a^2u_{xx}$,边界条件是 $u(0,t)=u(1,t)=0$,初始条件是 $u(x,0)=f(x), u_t(x,0)=0$. 系数均是正常数.

① 证明方程的真解为
$$u(x,t) = \sum_{n=1}^{\infty} a_n \sin(\lambda_n x)\cos(t\sqrt{b+\lambda_n^2 a^2}),$$
其中 $\lambda_n = n\pi$ 和 $a_n = 2\int_0^1 f(x)\sin(\lambda_n x)\mathrm{d}x$.

② 请你构造方程的显式格式,需要满足如下要求:(i)详细说明初边值条件是如何离散的.(ii)离散的精度必须是二阶,写出误差主项.(iii)离散必须满足 CFL 条件.

③ 求你给出格式的稳定性条件.

(如下问题涉及第 7 章的知识,可以作为第 7 章的练习题.)

④ 在稳定区域中,你的差分格式是色散的还是耗散的?请说明原因.

⑤ 取 $a=1, b=4, f(x)=\begin{cases}\dfrac{1}{2}\left(1-\cos\dfrac{2\pi x}{0.09}\right), & 0<x<0.09 \\ 0, & \text{否则}\end{cases}$,请给出空间节点总数的范围.

⑥ 选取满足稳定性的步长,分别计算 $t=0.9, 1.8$ 和 2.4 的近似解和真解的值,在同一坐标轴下画出他们的图.

⑦ 将⑥的时间步长缩短一半,重新做第⑥问.

⑧ 在相同的坐标系中,画出⑥、⑦中的相速度图.

⑨ 在相同的坐标系中,画出⑥、⑦中的群速度图.

⑩ 使用④、⑧、⑨的计算结果解释⑥、⑦中的出现的数值现象.(数值解为什么会超前或者滞后于真解,也即漂移现象,这与步长相关吗?)

12. 本题的目的是将均匀网格下的迎风格式推广到非均匀网格上,讨论相关的性质.时间是均匀剖分.空间网格剖分:
$$a = x_{-\frac{1}{2}} < x_{\frac{1}{2}} < x_{\frac{3}{2}} < \cdots < x_{j-\frac{3}{2}} < x_{j-\frac{1}{2}} = b, \quad \Delta x_j = x_{j-\frac{1}{2}} - x_{j-\frac{3}{2}},$$
满足下面条件:

(i) 存在常数 $\bar{c}$ 和 $\underline{c}$ 使得 $\underline{c} \leqslant \Delta x_j \leqslant \bar{c}h, \forall j$.

(ii) 步长满足单调性: $\Delta x_{j+1} \leqslant \Delta x_j, \Delta x_{j+1} \to 0$.

请考虑如下问题:

① 证明差分格式
$$u_j^{k+1} = u_j^k - \frac{a\tau}{\Delta x_j}(u_j^k - u_{j-1}^k)$$
的局部截断误差的精度是 $O(1)$ 的. 提示:$u_j^k - u_{j-1}^k \approx \dfrac{\partial u}{\partial x} \cdot \dfrac{\Delta x_j + \Delta x_{j-1}}{2}$.

② 证明差分格式
$$u_j^{k+1} = u_j^k - \frac{2a\tau}{\Delta x_j + \Delta x_{j-1}}(u_j^k - u_{j-1}^k)$$

的局部截断误差的精度是一阶的,即为 $O(h)$.

③ 如果差分格式对空间变量求和后,通过恒等变形可以写为
$$\sum_{j=1}^{j-1} u_j^{k+1}\Delta x_j = \sum_{j=1}^{j-1} u_j^k \Delta x_j,$$
则称差分格式是守恒的. 请用定义证明问题①的差分格式是守恒的,而问题②的差分格式是非守恒的.

④ 证明差分格式
$$u_j^{k+1} = u_j^k - \frac{2a\tau}{\Delta x_j}(u_{j+\frac{1}{2}}^k - u_{j-\frac{1}{2}}^k),$$
是一阶的守恒格式,其中 $u_{j+\frac{1}{2}}^k = u_j^k + \frac{\Delta x_j}{\Delta x_j + \Delta x_{j-1}}(u_j^k - u_{j-1}^k)$, $u_{j-\frac{1}{2}}^k = u_j^k - \frac{\Delta x_j}{\Delta x_j + \Delta x_{j-1}}(u_j^k - u_{j-1}^k)$.
特别地,当网格是均匀时,是二阶的守恒格式.

⑤ 当系数 a 为非常数函数,是关于空间变量的函数,记 $f(x,t) = a(x)u(x,t)$. 问题④中的差分格式改写为
$$u_j^{k+1} = u_j^k - \frac{2\tau}{\Delta x_j}(f_{j+\frac{1}{2}}^k - f_{j-\frac{1}{2}}^k),$$
其中
$$f_{j+\frac{1}{2}}^k = f(u_j^k) + \frac{\Delta x_j}{\Delta x_j + \Delta x_{j-1}}(f(u_j^k) - f(u_{j-1}^k)),$$
$$f_{j-\frac{1}{2}}^k = f(u_j^k) - \frac{\Delta x_j}{\Delta x_j + \Delta x_{j-1}}(f(u_j^k) - f(u_{j-1}^k)).$$

请先证明如下两个等式成立
$$f_{j+\frac{1}{2}}^k \approx f(u_j^k) + \frac{\partial f}{\partial x}\frac{\Delta x_j}{2} - \frac{\partial^2 f}{\partial x^2} \cdot \frac{\Delta x_j(\Delta x_j + \Delta x_{j-1})}{8},$$
$$f_{j-\frac{1}{2}}^k \approx f(u_j^k) - \frac{\partial f}{\partial x}\frac{\Delta x_j}{2} - \frac{\partial^2 f}{\partial x^2} \cdot a.$$

再证明格式是一阶守恒的. 特别地,当网格均匀时,是二阶守恒的.

⑥ 使用梯度网格:$\Delta x_j = 0.95\Delta x_{j-1}$ 和问题⑤中的差分格式求如下问题的近似解:系数 $a(x) = \dfrac{1}{(1-x)^2 + \varepsilon}$,其中 $\varepsilon = 0.01$ 的小参数. 初值 $u(x,0) = 1 + \sin(2\pi x), x \in (0,1)$,边界条件 $u(0,t) = 1$.

第6章 对流扩散方程的差分格式

对流和扩散现象大量地出现在自然界及各个工程领域中,应用广泛,其具体的表现形式多种多样. 从放液体漏斗上的热传递到水渗入土壤的过程,从多孔渗水介质的散布到可溶物在河口和近海的扩散,从污染物在浅湖的漫延到河床对化学药品的吸收,从可溶物在流动液体中的溶解到污染物质在大气中的远程传播等,这些输运过程,无不都与对流和扩散过程密切相关. 而各种生产电力的方法几乎都是以对流扩散作为其基本过程的. 甚至在金融领域,比如3.4节中的欧式期权和美式期权,就是对流扩散方程,进行期权或股票定价,比如Black-Scholes期权定价公式. 所有这些的对流和扩散过程的数学模型可以归结为下面的对流扩散方程

$$\frac{\partial u}{\partial t} + a\frac{\partial u}{\partial x} = v\frac{\partial^2 u}{\partial x^2}, \quad x \in \mathbf{R}, t > 0,$$

其中 a 是对流系数,v 是扩散系数.

在前面的章节中,已经讨论过对流方程和扩散方程差分格式,两种相互结合就可以得到对流扩散方程的差分格式.

6.1 几种差分格式

6.1.1 中心差分格式

时间导数用向前差商、空间导数用中心差商来逼近,那么就得到了一种差分格式.

$$\frac{u_j^{k+1} - u_j^k}{\tau} + a\frac{u_{j+1}^k - u_{j-1}^k}{2h} = v\frac{u_{j+1}^k - 2u_j^k + u_{j-1}^k}{h^2}. \tag{1}$$

由 Taylor 展开方法以及

$$\frac{\partial^2 u}{\partial t^2} = v^2 \frac{\partial^4 u}{\partial x^4} - 2av\frac{\partial^3 u}{\partial x^3} + a^2\frac{\partial^2 u}{\partial x^2},$$

$$\frac{\partial^3 u}{\partial t^3} = v^3 \frac{\partial^6 u}{\partial x^6} - 3av^2\frac{\partial^5 u}{\partial x^5} + 3a^2 v\frac{\partial^4 u}{\partial x^4} - a^3\frac{\partial^3 u}{\partial x^3},$$

易知,差分格式(1)的局部截断误差为 $\frac{1}{2}a^2\tau\frac{\partial^2 u}{\partial x^2} + O(\tau^2 + h^2)$.

下面来分析差分格式的稳定性,将差分格式改写为

$$u_j^{k+1} = u_j^k - \frac{1}{2}r_1(u_{j+1}^k - u_{j-1}^k) + r_2(u_{j+1}^k - 2u_j^k + u_{j-1}^k),$$

其中 $r_1 = \dfrac{a\tau}{h}, r_2 = \dfrac{\nu\tau}{h^2}$. 差分格式是两层格式，采用 Fourier 分析方法很容易计算出传播因子：

$$G(r_1, r_2) = 1 - 2r_2(1 - \cos wh) - \mathrm{i}r_1 \sin wh.$$

$$\begin{aligned}|G(r_1, r_2)|^2 &= r_1^2 \sin^2 wh + 1 + 4r_2^2(1 - \cos wh)^2 - 4r_1(1 - \cos wh)\\&= 1 - (1 - \cos wh)[4r_2 - 4r_2^2(1 - \cos wh) - r_1^2(1 + \cos wh)].\end{aligned}$$

要使 $|G| \leqslant 1$，只要 $4r_2 - 4r_2^2(1 - \cos wh) - r_1^2(1 + \cos wh) \geqslant 0$. 即有

$$4r_2 - 2r_1^2 - (4r_2^2 - r_1^2)(1 - \cos wh) \geqslant 0.$$

因为 $\dfrac{1 - \cos wh}{2} \in [0, 1]$，于是 $4r_2 - 2r_1^2 \geqslant 0, 4r_2 - 2r_1^2 + 2(r_1^2 - 4r_2^2) \geqslant 0$. 将 r_1, r_2 代入得到

$$\tau \leqslant \frac{2\nu}{a^2}, \quad \tau \leqslant \frac{h^2}{2\nu}.$$

由此得到中心显式格式的稳定性条件为

$$\tau \leqslant \frac{2\nu}{a^2}, \quad \nu\frac{\tau}{h^2} \leqslant \frac{1}{2}.$$

例 6.1 用中心格式求下面方程的近似解：

$$\begin{cases}\dfrac{\partial u}{\partial t} + \dfrac{\partial u}{\partial x} = 0.001 \cdot \dfrac{\partial^2 u}{\partial x^2}, & 0 < t < 1, 0 < x < 1,\\u(x, 0) = \mathrm{e}^x,\\u(0, t) = \mathrm{e}^{-4999t}, \quad u(1, t) = \mathrm{e}^{1 - 4999t}.\end{cases}$$

真解为 $u(x, t) = \mathrm{e}^{x - 4999t}$. 真解曲面图、近似解曲面图和误差曲面图分别如图 6.1～图 6.3 所示，此时的最大误差为 MaxErr=0.00518.

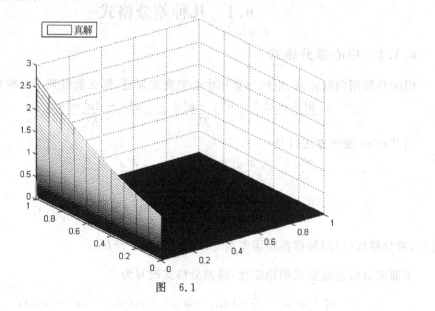

图 6.1

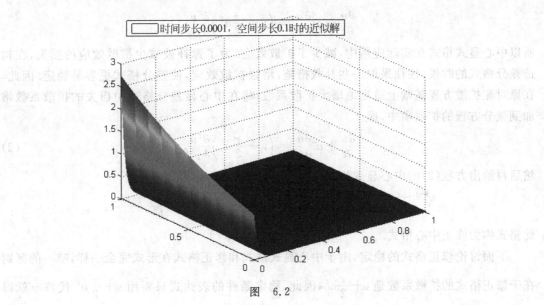

图 6.2

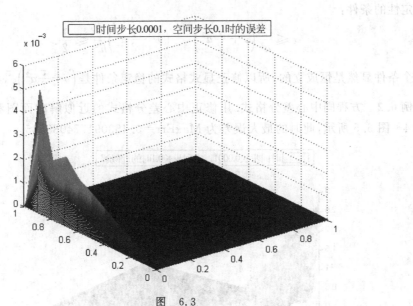

图 6.3

6.1.2 修正中心显式格式

根据上节的局部截断误差可以得到,当时间步长 τ 不趋近于 0 时,可知中心显式格式与如下对流扩散方程相容:

$$\frac{\partial u}{\partial t} + a\frac{\partial u}{\partial x} = \left(\nu - \frac{\tau}{2}a^2\right)\frac{\partial^2 u}{\partial x^2}.$$

所以中心显式格式在实际应用中,减少了扩散效应. 为了弥补被减少扩散效应的损失,在构造差分格式的时候,往往采取一些补救措施,增强扩散效应,使差分格式更容易稳定. 因此,在原对流扩散方程基础上适当地增大扩散系数,将在中心显差分格式中损失的扩散系数增加到微分方程的扩散项中,即

$$\frac{\partial u}{\partial t} + a\frac{\partial u}{\partial x} = \left(\nu + \frac{\tau}{2}a^2\right)\frac{\partial^2 u}{\partial x^2}, \tag{2}$$

然后再给出方程(2)的中心显式格式

$$\frac{u_j^{k+1} - u_j^k}{\tau} + a\frac{u_{j+1}^k - u_{j-1}^k}{2h} = \left(\nu + \frac{\tau}{2}a^2\right)\frac{u_{j+1}^k - 2u_j^k + u_{j-1}^k}{h^2}.$$

此格式称为修正中心格式.

下面讨论修正格式的稳定,由于中心显式格式和修正格式在形式完全一样,唯一的区别在于修正格式的扩散系数是 $\nu + \frac{\tau}{2}a^2$,因此,稳定条件的表达式只要用 $\nu + \frac{\tau}{2}a^2$ 代替 ν 就得到稳定性的条件:

$$\tau \leqslant \frac{2}{a^2}\left(\nu + \frac{\tau}{2}a^2\right), \quad \left(\nu + \frac{\tau}{2}a^2\right)\frac{\tau}{h^2} \leqslant \frac{1}{2}.$$

第一个条件显然是恒成立的,所以修正显式格式的稳定条件是 $\left(\nu + \frac{\tau}{2}a^2\right)\frac{\tau}{h^2} \leqslant \frac{1}{2}$.

例 6.2 方程同中心差分格式. 用修正中心差分格式的近似解曲面图和误差曲面图如图 6.4~图 6.5 所示,此时的最大误差为 MaxErr=0.453091774088545.

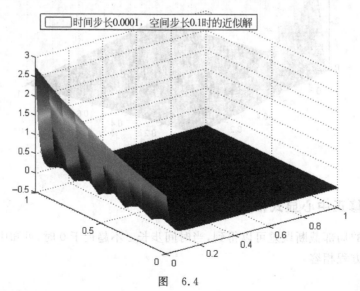

图 6.4

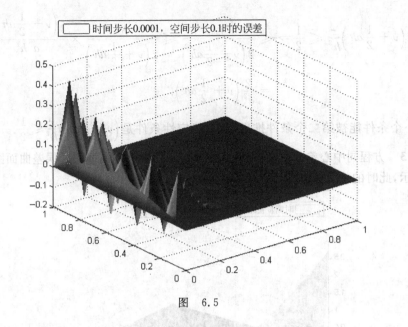

图 6.5

6.1.3 迎风格式

在对流占优的扩散方程中,在很多情况下,扩散系数 ν 很小,甚至接近于 0. 此时,从中心显式格式的第一个稳定性条件 $\tau \leqslant \dfrac{2\nu}{a^2}$ 可知,时间步长必须很小才满足稳定性的要求. 为了避免这样的情况发生,可以通过降低空间的截断误差的阶作为代价,得到相对宽松的稳定性条件. 对流项用一阶向前(向后)差分来逼近,就得到差分格式.

当 $a>0$ 时, $\dfrac{u_j^{k+1}-u_j^k}{\tau}+a\dfrac{u_j^k-u_{j-1}^k}{h}=\nu\dfrac{u_{j+1}^k-2u_j^k+u_{j-1}^k}{h^2}$;

当 $a<0$ 时, $\dfrac{u_j^{k+1}-u_j^k}{\tau}+a\dfrac{u_{j+1}^k-u_j^k}{h}=\nu\dfrac{u_{j+1}^k-2u_j^k+u_{j-1}^k}{h^2}$.

很显然,此时局部截断误差是 $O(\tau+h)$.

下面以 $a>0$ 为例说明迎风格式的稳定性.

首先,我们将迎风格式改写为

$$\dfrac{u_j^{k+1}-u_j^k}{\tau}+a\dfrac{u_{j+1}^k-u_{j-1}^k}{2h}=\left(\nu+\dfrac{ah}{2}\right)\dfrac{u_{j+1}^k-2u_j^k+u_{j-1}^k}{h^2}.$$

再次利用中心显式格式的稳定性条件,可以得到迎风格式的稳定性条件:

$$\tau\leqslant\dfrac{2}{a^2}\left(\nu+\dfrac{1}{2}ah\right),\quad \left(\nu+\dfrac{1}{2}ah\right)\dfrac{\tau}{h^2}\leqslant\dfrac{1}{2}.$$

因为

$$\left(\nu+\frac{1}{2}ah\right)\frac{\tau}{h^2}\leqslant\frac{1}{2}\Rightarrow\tau\leqslant\frac{h^2}{2\left(\nu+\frac{1}{2}ah\right)}\leqslant\frac{h^2}{2\left(\nu+\frac{1}{2}ah\right)}\times\frac{4\left(\nu+\frac{1}{2}ah\right)^2}{a^2h^2}$$

$$=\frac{2}{a^2}\left(\nu+\frac{1}{2}ah\right).$$

因此,第一个条件能被第二个条件推出,所以稳定性条件是 $\left(\nu+\frac{1}{2}ah\right)\frac{\tau}{h^2}\leqslant\frac{1}{2}$.

例 6.3 方程同中心差分格式. 用迎风差分格式的近似解曲面图和误差曲面图如图 6.6～图 6.7 所示,此时的最大误差为 MaxErr=0.02111.

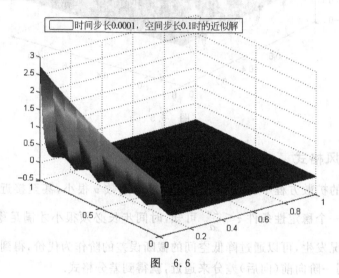

图 6.6

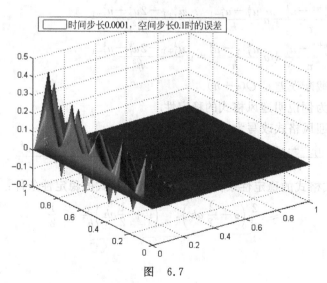

图 6.7

6.1.4 Samarskii 格式

在迎风格式中为了得到宽松的稳定性条件,我们是以牺牲局部截断误差的精度作为代价的. 为此,需要提高精度,对迎风格式进行修正. 类似于从中心显式格式得到修正中心显式格式,调整扩散项的系数,使差分格式的空间截断误差达到二阶. 可以对原对流扩散方程中的扩散项一个小的扰动,即

$$\frac{\partial u}{\partial t} + a\frac{\partial u}{\partial x} = (1+\varepsilon)\nu\frac{\partial^2 u}{\partial x^2}. \tag{3}$$

ε 为扰动系数,并且当 $h\to 0$ 时,有 $\varepsilon\to 0$.

不妨假设对流系数 $a>0$ 为例说明此格式. 对式(3)构造迎风格式

$$\frac{u_j^{k+1}-u_j^k}{\tau} + a\frac{u_j^k-u_{j-1}^k}{h} = (1+\varepsilon)\nu\frac{u_{j+1}^k-2u_j^k+u_{j-1}^k}{h^2}.$$

为了使空间截断误差达到二阶,扰动系数 ε 必须满足一定的条件,下面求 ε.

利用 Taylor 展开公式有

$$a\frac{u_j^k-u_{j-1}^k}{h} = a\frac{\partial u}{\partial x}\Big|_j^k - \frac{ah}{2}\frac{\partial^2 u}{\partial x^2}\Big|_j^k + O(h^2),$$

$$(1+\varepsilon)\nu\frac{u_{j+1}^k-2u_j^k+u_{j-1}^k}{h^2} = (1+\varepsilon)\nu\frac{\partial^2 u}{\partial x^2}\Big|_j^k + O(h^2) = \nu\frac{\partial^2 u}{\partial x^2}\Big|_j^k + \varepsilon\nu\frac{\partial^2 u}{\partial x^2}\Big|_j^k + O(h^2).$$

为了达到二阶精度,必须令

$$-\frac{ah}{2}\frac{\partial^2 u}{\partial x^2}\Big|_j = \varepsilon\nu\frac{\partial^2 u}{\partial x^2}\Big|_j.$$

因此,可得

$$\varepsilon = -\frac{ah}{2\nu}.$$

由迎风格式的稳定性条件推导出此格式的稳定性条件为

$$\left(1-\frac{ah}{2\nu}\right)\frac{\tau}{h^2} \leqslant \frac{1}{2}.$$

例 6.4 方程同中心差分格式. 用 Samarskii 差分格式的近似解曲面图和误差曲面图如图 6.8~图 6.9 所示,此时的最大误差为 MaxErr=0.0198.

6.1.5 Crank-Nicolson 格式

$$\frac{u_j^{k+1}-u_j^k}{\tau} + \frac{a}{2}\left(\frac{u_{j+1}^k-u_{j-1}^k}{2h} + \frac{u_{j+1}^{k+1}-u_{j-1}^{k+1}}{2h}\right) = \frac{\nu}{2}\left(\frac{u_{j+1}^k-2u_j^k+u_{j-1}^k}{h^2} + \frac{u_{j+1}^{k+1}-2u_j^{k+1}+u_{j-1}^{k+1}}{h^2}\right).$$

局部截断误差很显然是 $O(\tau^2+h^2)$. 下面分析稳定性.

利用 Fourier 分析方法得到传播因子:

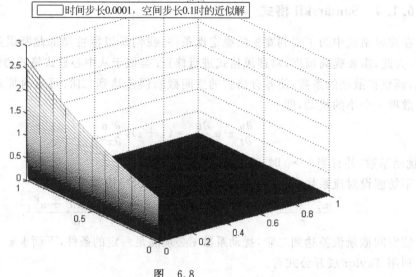

图 6.8

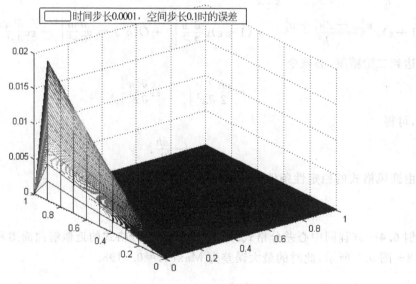

图 6.9

$$G = \frac{(1-\mu+\mu\cos wh) - \mathrm{i}\,\dfrac{r}{2}\sin wh}{(1+\mu-\mu\cos wh) + \mathrm{i}\,\dfrac{r}{2}\sin wh} = \frac{\left(1-2\mu\sin^2\dfrac{wh}{2}\right) - \mathrm{i}\,\dfrac{r}{2}\sin wh}{\left(1+2\mu\sin^2\dfrac{wh}{2}\right) + \mathrm{i}\,\dfrac{r}{2}\sin wh},$$

其中 $r=\dfrac{a\tau}{h}, \mu=\dfrac{\nu\tau}{h^2}$,

$$|G|^2 = \frac{\left(1-2\mu\sin^2\frac{wh}{2}\right)^2+\frac{r^2}{4}\sin^2 wh}{\left(1+2\mu\sin^2\frac{wh}{2}\right)^2+\frac{r^2}{4}\sin^2 wh} \leqslant 1.$$

所以 Crank-Nicolson 格式无条件稳定.

例 6.5 方程同中心差分格式. 用 Crank-Nicolson 差分格式的近似解曲面图和误差曲面图如图 6.10～图 6.11 所示, 此时的最大误差为 MaxErr=0.00327.

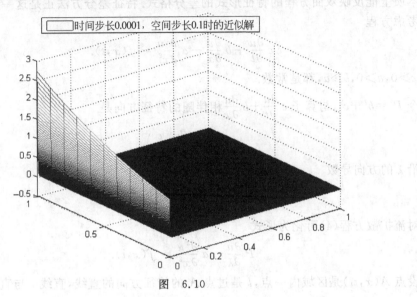

图 6.10

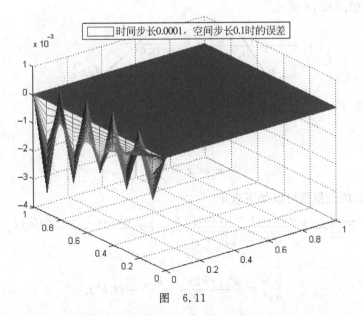

图 6.11

6.2 特征差分方法

在力学、物理和工程应用领域，经常遇到对流项系数远远大于扩散项系数。从方程分类来看，对流扩散方程属于抛物方程或者椭圆方程。但是当对流项系数远远大于扩散项系数时，它又体现出双曲方程的基本特点。因此，需要构造精度高、稳定性好、适用于小扩散系数且在本质上能反映双曲方程的特征形式的差分格式。特征差分方法正是这一类方法。

考虑方程

$$c\frac{\partial u}{\partial t} + b\frac{\partial u}{\partial x} - a\frac{\partial^2 u}{\partial x^2} = f(x,t). \tag{4}$$

其中 $c>0, a>0, b \gg a$，都是常数。

令 $P^2 = b^2 + c^2$，与算子 $c\dfrac{\partial u}{\partial t} + b\dfrac{\partial u}{\partial x}$ 相伴随的特征方向是

$$\lambda = \left(\frac{b}{P}, \frac{c}{P}\right).$$

于是沿 λ 的方向导数

$$\frac{\partial}{\partial \lambda} = \frac{c}{P}\frac{\partial}{\partial t} + \frac{b}{P}\frac{\partial}{\partial x},$$

于是对流扩散方程(4)可化为形式

$$P\frac{\partial u}{\partial \lambda} - a\frac{\partial^2 u}{\partial x^2} = f(x,t). \tag{5}$$

设点 $A(x,t_k)$ 是区域内一点，l 是过点 A 的特征方向的直线，直线 l 与直线 $t=t_{k-1}$ 的交点 $B(\bar{x}, t_{k-1})$，如图 6.12 所示。

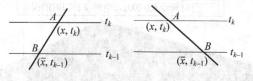

图 6.12

则

$$\bar{x} = x - \frac{b}{c}\tau. \tag{6}$$

故特征方向导数的近似值可以如下表示

$$P\frac{\partial u}{\partial \lambda} \approx P\frac{u(x,t_k) - u(\bar{x}, t_{k-1})}{\sqrt{(x-\bar{x})^2 + \tau^2}} = c \times \frac{u(x,t_k) - u(\bar{x}, t_{k-1})}{\tau}. \tag{7}$$

又因为

$$\frac{\partial^2 u}{\partial x^2} = \frac{u_{j+1}^k - 2u_j^k + u_{j-1}^k}{h^2} + O(h^2). \tag{8}$$

于是,令 $x=x_j$,将上面两式(7)~(8)代入式(5),并忽略无穷小项,得到特征差分格式

$$c \times \frac{u(x_j,t_k)-u(\bar{x},t_{k-1})}{\tau} - a\frac{u_{j+1}^k-2u_j^k+u_{j-1}^k}{h^2} = f_j^k. \tag{9}$$

6.2.1 线性插值的特征差分格式

因为点 $B(\bar{x},t_{n-1})$ 一般不是网格节点,所以 $u(\bar{x},t_{k-1})$ 是无法直接求出来的,只能做近似,一般采取插值近似.

如果 $u(\bar{x},t_{n-1})$ 是以 $\{x_j\}$ 为插值节点、以 $\{u_j^{k-1}\}$ 为插值数据构造的分段线性(或者二次)插值函数,则称格式(9)为基于插值的特征差分格式.

首先,为了论述简单方便,我们假设 $\frac{c}{|b|} \geqslant \frac{\tau}{h}$,于是根据式(6),得到 $\bar{x} \in [x_{j-1},x_j]$ 或者 $\bar{x} \in [x_j,x_{j+1}]$,不妨假设 $\bar{x} \in [x_{j-1},x_j]$ 成立,因此 $u(\bar{x},t_{k-1})$ 是 $[x_{j-1},x_j]$ 上插值数据 u_{j-1}^{k-1}, u_j^{k-1} 构成的线性插值函数. 则

$$u(\bar{x},t_{k-1}) \approx u_{j-1}^{k-1}\frac{x_j-\bar{x}}{h} + u_j^{k-1}\frac{\bar{x}-x_{j-1}}{h}, \tag{10}$$

其中

$$\bar{x} = x_j - \frac{b}{c}\tau. \tag{11}$$

把式(10)、式(11)代入式(9)得到一阶线性插值的特征差分方法:

$$c\frac{u_j^k-u_j^{k-1}}{\tau} + b\frac{u_j^{k-1}-u_{j-1}^{k-1}}{h} - a\frac{u_{j+1}^k-2u_j^k+u_{j-1}^k}{h^2} = f_j^k.$$

如果此前的假设 $\frac{c}{|b|} \geqslant \frac{\tau}{h}$ 不成立,则 $\bar{x} \notin [x_{j-1},x_j] \cup [x_j,x_{j+1}]$. 令

$$i(j) = \{i: |x_{i(j)}-\bar{x}| = \min_m |x_m-\bar{x}|\}.$$

则 $\bar{x} \in [x_{i(j)-1},x_{i(j)}]$ 或者 $\bar{x} \in [x_{i(j)},x_{i(j)+1}]$. 如图 6.12 所示,于是 $u(\bar{x},t_{k-1})$ 是 $[x_{i(j)-1},x_{i(j)}]$ (或者 $[x_{i(j)},x_{i(j)+1}]$) 上插值数据 $u_{i(j)-1}^{k-1}$, $u_{i(j)}^{k-1}$ (或者 $u_{i(j)}^{k-1}$, $u_{i(j)+1}^{k-1}$) 构成的线性插值函数. 不妨假设 $b>0$,得到插值区间是 $[x_{i(j)-1},x_{i(j)}]$. 则

$$\bar{x} = x_{i(j)} - \frac{b}{c}\tau. \tag{12}$$

进行线性插值得到

$$u(\bar{x},t_{k-1}) \approx u_{i(j)-1}^{k-1}\frac{x_{i(j)}-\bar{x}}{h} + u_{i(j)}^{k-1}\frac{\bar{x}-x_{i(j)-1}}{h}. \tag{13}$$

把式(12)、式(13)代入式(9)得到此种情形的线性特征差分格式.

此种格式的局部截断误差的阶是 $O(\tau+h)$,也可以通过能量方法得到线性插值的特征差分格式的整体误差是 $O(\tau+h)$. 详细的过程不在本书中讨论.

6.2.2 基于二次插值的特征差分格式

设 τ 充分小,使得 $\bar{x}\in[x_{j-1},x_{j+1}]$,于是在子区间 $[x_{j-1},x_{j+1}]$ 上讨论二次插值,插值节点是 x_{j-1},x_j,x_{j+1},插值数据是 $u_{j-1}^{k-1},u_j^{k-1},u_{j+1}^{k-1}$. 设 l_{j-1},l_j,l_{j+1} 分别是三个节点的 Lagrange 插值基函数,则

$$l_{j-1}(x) = -\frac{1}{2h^2}(x-x_{j-1})(x-x_{j+1}),$$

$$l_j(x) = \frac{1}{h^2}(x-x_j)(x-x_{j+1}),$$

$$l_{j-1}(x) = -\frac{1}{2h^2}(x-x_{j-1})(x-x_j).$$

于是,二次插值函数

$$L(x,t_{k-1}) = u_{j-1}^{k-1}l_{j-1}(x) + u_j^{k-1}l_j(x) + u_{j+1}^{k-1}l_{j+1}(x). \tag{14}$$

令 $\alpha = -\dfrac{b\tau}{ch}$,则有 $\bar{x} = x_j - \alpha h$,

$$l_{j-1}(\bar{x}) = -\frac{1}{h^2}(\bar{x}-x_{j-1})(\bar{x}-x_{j+1}) = -\frac{1}{2}(1-\alpha)\alpha,$$

$$l_j(\bar{x}) = \frac{1}{2h^2}(\bar{x}-x_j)(\bar{x}-x_{j+1}) = (1-\alpha)(1+\alpha),$$

$$l_{j-1}(\bar{x}) = -\frac{1}{h^2}(\bar{x}-x_{j-1})(\bar{x}-x_j) = \frac{1}{2}(1+\alpha)\alpha.$$

把上面三式代入式(14),得到

$$L(x,t_{k-1}) = \frac{\alpha^2(u_{j-1}^{k-1}+u_{j+1}^{k-1})}{2} + (1-\alpha^2)u_j^{k-1} + \frac{\alpha(u_{j+1}^{k-1}-u_{j-1}^{k-1})}{2}.$$

用插值函数值 $L(\bar{x},t_{k-1})$ 作为 $u(\bar{x},t_{k-1})$ 的近似值,即 $u(\bar{x},t_{k-1}) = L(\bar{x},t_{k-1})$. 因此得到二次插值的特征差分格式.

通过能量分析法得到此格式的整体截断误差是 $O(\tau+h^2)$.

6.3 数值耗散和数值色散

6.3.1 介绍

在前面的章节中,讨论了很多数值差分格式以及计算的实例,大家看到的是各种差分格式的数值结果表现的是如此地完美,符合理论上的结果. 一般来说,只要选择合适的例子,就足以能保证所计算的数值近似解与真解在理论上完美匹配. 本节的目的是简单介绍分析差分格式的一些技术,这些技术帮助我们在面对不同的问题时,选择合适的步长和差分格式,以便大家更好地在实践中应用.

例 6.6 考虑对流方程 $\begin{cases} \dfrac{\partial u}{\partial t} + \dfrac{\partial u}{\partial x} = 0, & x \in \mathbf{R}, t \geqslant 0, \\ u(x,0) = g(x), & x \in \mathbf{R}, \end{cases}$ $g(x) = \begin{cases} 2x, & 0 < x < 0.5, \\ 2-2x, & 0.5 < x < 1, \\ 0, & \text{其他}, \end{cases}$

用迎风格式求近似解.

解 根据 5.1 节的讨论,很容易得到方程的真解为

$$u(x,t) = g(x-t) = \begin{cases} 2(x-t), & 0 < x-t < 0.5 \\ 2-2(x-t), & 0.5 < x-t < 1 \\ 0, & \text{其他}. \end{cases}$$

$t = 0, 2, 4, 8$ 不同时刻的函数图像如图 6.13 所示. 从图像以及解的表达式可以知道,不同时刻的真解是初始条件的函数的平移 t 个单位得到的.

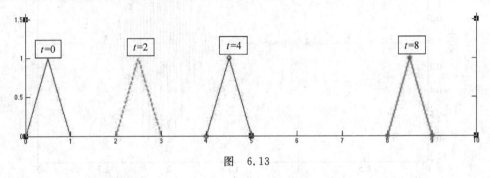

图 6.13

从数值计算结果(图 6.14)可以看到,近似解的振幅随着时间的推移是逐渐衰减的. 这是明显不符合真解的性质.

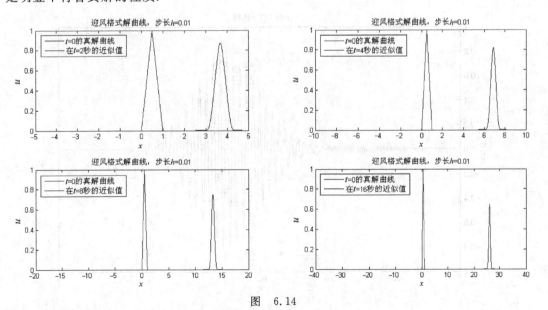

图 6.14

例 6.7 考虑对流方程 $\dfrac{\partial u}{\partial t}+\dfrac{\partial u}{\partial x}=0, t\geqslant 0, u(x,0)=\begin{cases}e^{-16\left(x-\frac{1}{2}\right)^2}\sin(40\pi x), & 0<x<1,\\ 0, & \text{其他},\end{cases}$ 用 Leap-frog(蛙跳格式)格式求近似解.

解 真解类似例 6.6 的情况,不同 t 时刻的真解也是初始函数的向右平移 t 个单位,它的解图像在此不给出了. 不同时刻 $t=2,8,32$ 的近似解图像如图 6.15～图 6.17 所示:

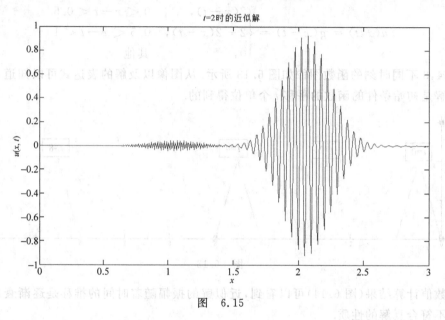

图 6.15

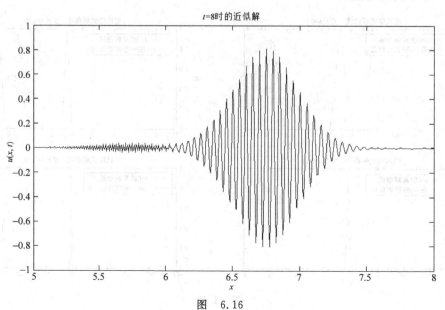

图 6.16

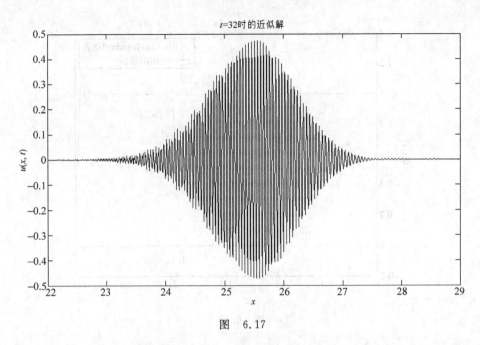

图 6.17

从三个不同时刻的数值近似解来看,好像近似解与真解已完美地匹配了,但实际上,近似解波包的中心都没有出现在它们应该出现的位置上,真解的波包中心应该分别位于 $x=2.5,8.5,32.5$ 的位置上,而数值解都出现滞后.随着时间的推移,滞后效应越来越明显.

例 6.8 考虑对流方程 $\frac{\partial u}{\partial t}+\frac{\partial u}{\partial x}=0, t\geqslant 0$,初始条件 $u(x,0)=\begin{cases}1, & 0<x<1, \\ 0, & \text{其他}, \end{cases}$ 请分别用 Lax-Wendroff 格式和 Crank-Nicolson 格式求近似解.

解 不同时刻的近似解如图 6.18~图 6.21 所示.

从上面的数值结果可以看到,无论是 LW 格式还是 CN 格式,尽管计算结果整体描述了波的传播,但是出现了不同程度的振荡,而且 CN 格式的振荡相当厉害,几乎淹没真解的性质.

6.3.2 偏微分方程的耗散与色散

在 6.3.1 节看到了数值计算中的各种奇怪现象,本节和下一节将从理论上解释为什么会出现这些奇怪的数值行为.首先从偏微分方程所反映的物理对象上开始,从物理上理解,由于方程的解是由不同的单波叠加而成的,从而自然地研究单波在物理上是如何传播的,也即在方程的解描述中起到什么作用.设平面波解为 $u=\mathrm{e}^{\mathrm{i}(\xi x+\omega t)}$,该单波解描述了时空平面上的一个波,其中:$\mathrm{i}^2=-1$,为虚数单位;$\omega$ 是波的频率,一般为复数;ξ 是波数,为实数;$\lambda=\frac{2\pi}{\xi}$ 为波长.

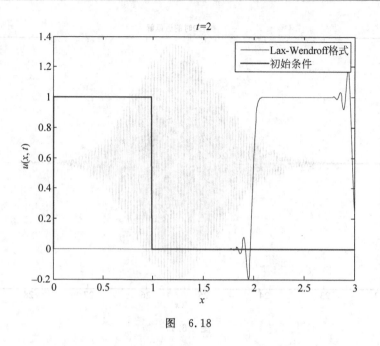

图 6.18

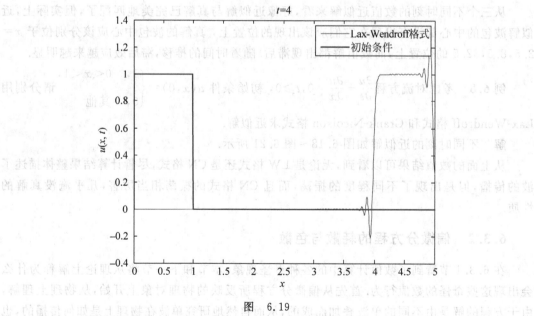

图 6.19

例 6.9 考虑对流方程 $\dfrac{\partial u}{\partial t}+a\dfrac{\partial u}{\partial x}=0$ 的单波解性质.

解 设 $u=\mathrm{e}^{\mathrm{i}(\xi x+\omega t)}$ 为对流方程的解,通过代入对流方程,简单的代数计算可得
$$\omega=-a\xi.$$

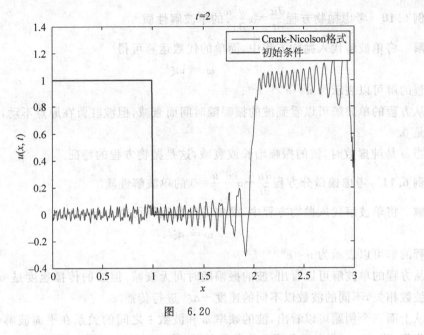

图 6.20

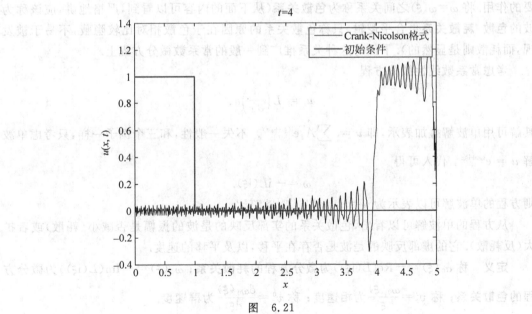

图 6.21

则方程的解可以表示为 $u = e^{i(\xi x + a\xi t)} = e^{i\xi(x+at)}$.

从方程的单波解可以看到波的振幅不随时间衰减,但是波存在一定的传播速度,是正常数 a.

例 6.10 考虑抛物方程 $\dfrac{\partial u}{\partial t}=a\dfrac{\partial^2 u}{\partial x^2}$ 的单波解性质.

解 将单波解代入抛物方程中,简单的代数运算可得
$$\omega = ia\xi^2.$$
则方程的解可以表示为 $u=\mathrm{e}^{-a\xi^2 t}\mathrm{e}^{\mathrm{i}\xi x}$.

从方程的单波解可以看到波的振幅随时间而衰减,但波驻留在原点不动,也即波的传播速度是 0.

当 ω 是纯虚数时,波的振幅增长或衰减,这是抛物方程的特征.

例 6.11 考虑偏微分方程 $\dfrac{\partial u}{\partial t}+a\dfrac{\partial^3 u}{\partial x^3}=0$ 的单波解性质.

解 将单波解代入抛物方程中,简单的代数运算可得
$$\omega = a\xi^3.$$
则方程的解可以表示为 $u=\mathrm{e}^{\mathrm{i}\xi x(x+a\xi^2 t)}$.

从方程的单波解可以看出,波的振幅随时间无衰减,但波的传播速度是 $v=a\xi^2$,也即波速与波数相关,不同的波数以不同的速度 $-a\xi^2$ 进行传播.

从上面三个例题可以看出,波的频率 ω 和波数 ξ 之间的关系在平面波解中起着至关重要的作用. 将 $\omega=\omega(\xi)$ 之间关系称为**色散关系**(从下面的内容可以看到,严格地讲,应该称为波的**色散-耗散关系**更合乎逻辑. 只称色散关系的原因在于色散相对比较隐蔽,不易于被发现,而耗散则是显然的). 下面将这种关系推广到一般的常系数微分方程上.

考虑常系数线性微分方程
$$u_t = L\left(\dfrac{\partial}{\partial x}\right)u.$$

其解可用单波解叠加表示,即 $u = \sum\limits_{\xi} A_\xi \mathrm{e}^{\mathrm{i}(\xi x+\omega t)}$. 不失一般性,和三个例子一样,只考虑单波解 $u = \mathrm{e}^{\mathrm{i}\omega t+\mathrm{i}\xi x}$,代入可得
$$\omega = -\mathrm{i}L(\mathrm{i}\xi).$$
则方程的单波解可以表示为 $u=\mathrm{e}^{\mathrm{Re}(L(\mathrm{i}\xi))t+\mathrm{i}(\mathrm{Im}(L(\mathrm{i}\xi))t+\xi x)}$.

从方程的单波解可以看出,色散关系的实部反映的是波的振幅是否减小(耗散)或者扩大(反耗散). 它的虚部反映的是波是否存在平移,以及平移的速度.

定义 称 $\alpha_0(\xi)=-\mathrm{Re}(L(\mathrm{i}\xi))$ 为微分方程的**耗散关系**;$\omega_0(\xi)=-\mathrm{Im}(L(\mathrm{i}\xi))$ 为微分方程的**色散关系**;称 $v_p^0=\dfrac{\omega_0(\xi)}{\xi}$ 为**相速度**;称 $v_g^0=\dfrac{\mathrm{d}\omega_0(\xi)}{\mathrm{d}\xi}$ 为**群速度**.

由此可以得平面单波有如下性质:

① 当 $\alpha_0(\xi)>0$ 时,微分方程是稳定的,是耗散型方程;

② 当 $\omega_0(\xi)$ 不是线性函数时,微分方程是色散的,是色散型方程;

③ 当 $\alpha_0(\xi)=0$ 时,微分方程是非耗散;

④ 当 $\alpha_0(\xi)<0$ 时,微分方程是不稳定的,解是无界的;

⑤ 当 $\omega_0(\xi)=0$ 时,则无波的传播.

6.3.3 差分格式的数值耗散和数值色散

在构造和检测数值方法如何工作时,单波解也是非常有力的工具.差分格式与微分方程一样,也有耗散关系和色散关系,但两者之间一般来说是不一致的,下面来讨论差分方程的耗散关系和色散关系,从例题开始.

例 6.12 考虑对流方程 $\dfrac{\partial u}{\partial t}+a\dfrac{\partial u}{\partial x}=0\,(a<0)$ 的迎风格式的耗散关系和色散关系.

解 考虑离散的单波解 $u_j^k = e^{i(k\widetilde{\omega}\tau+\xi jh)}$,代入迎风格式可得

$$e^{i\widetilde{\omega}\tau} = 1+r-r\cos\xi h - ir\sin\xi h.$$

则迎风格式的解 $u_j^k = (1+r-r\cos\xi h - ir\sin\xi h)^k e^{i\xi jh}$. 将上式称为迎风格式的色散关系(色散-耗散关系).由复数的代数关系有

$$|e^{i\widetilde{\omega}\tau}| = \sqrt{(1+r)^2 - 2r(1+r)\cos\xi h + r^2}.$$

① 当 $\xi h \neq 2k\pi$ 时,$|e^{i\widetilde{\omega}\tau}|<1$,则格式是耗散的;

② 当 $\xi h = 2k\pi$ 时,$|e^{i\widetilde{\omega}\tau}|=1$,则格式是无耗散无增长的;

③ 当 $r=-1$ 时,$|e^{i\widetilde{\omega}\tau}|=1$,则格式是无耗散,且此解为精确解.

设 $\widetilde{\omega}=\alpha+i\beta$,则 $|e^{i\widetilde{\omega}\tau}|=e^{-\beta\tau}$,于是可得

$$e^{-\beta\tau} = \sqrt{(1+r)^2 - 2r(1+r)\cos\xi h + r^2} \Rightarrow \beta(\xi) = -\frac{1}{2\tau}\ln((1+r)^2 - 2r(1+r)\cos\xi h + r^2).$$

由于上式讨论是否存在耗散,所以上式就是迎风格式的数值耗散关系.

下面讨论色散关系,将色散-耗散关系的右端改写为指数形式:

$$e^{i\widetilde{\omega}\tau} = 1+r-r\cos\xi h - ir\sin\xi h = |e^{i\widetilde{\omega}\tau}|\left(\frac{1+r-r\cos\xi h}{|e^{i\widetilde{\omega}\tau}|} - i\frac{r\sin\xi h}{|e^{i\widetilde{\omega}\tau}|}\right)$$

$$= e^{-\beta\tau}[\cos(\widetilde{\alpha}\tau)+i\sin(\widetilde{\alpha}\tau)] = e^{-\beta\tau}e^{i\widetilde{\alpha}\tau} = e^{-\beta\tau}e^{i\alpha\tau}.$$

于是得到关系式:$\alpha=\widetilde{\alpha}$. 由复数不同表示法之间的关系,自然有

$$\tan(\widetilde{\alpha}\tau) = \frac{-r\sin\xi h}{1+r-r\cos\xi h} \Rightarrow \widetilde{\alpha}(\xi) = \alpha(\xi) = \frac{1}{\tau}\arctan\frac{-r\sin\xi h}{1+r-r\cos\xi h}.$$

上式就是迎风格式的数值色散关系.

例 6.13 根据例 6.12 所求的色散关系,简单地讨论数值传播速度和真实传播速度之间的大小关系.

解 根据所求的色散关系和耗散关系,可以写出迎风格式的单波解形式为

$$u_j^k = e^{-\beta(\xi)}\exp\left[i\xi\left(jh-\left(-\frac{\alpha(\xi)}{\xi}\right)\right)\right].$$

由此可得,迎风格式的波速是 $-\dfrac{\alpha(\xi)}{\xi}$. 下面讨论差分格式的波速和微分方程的波速之间的

关系.实际上也是解释波的传播与色散之间的关系.

先讨论高频波,假设 $\xi h \to \pi^-$,那么由色散关系式可得 $\alpha(\xi) \to \dfrac{1}{\tau}\arctan 0$. 问题是 $\arctan 0$ 的取值,是取 0 还是取 π. 这要看 $\cos(\alpha h) = \cos(\tilde{\alpha} h)$ 的正负号. $\xi h \to \pi^-$ 时,$\sin(\xi h) \to 0$,$\cos(\xi h) \to \dfrac{1+2r}{|1+2r|}$,这个极限式子是由色散-耗散关系式给出的.

当 $r < -\dfrac{1}{2}$ 时,$\cos(\xi h) = -1$,$\arctan 0 = \pi$;当 $r > -\dfrac{1}{2}$ 时,$\cos(\xi h) = 1$,$\arctan 0 = 0$. 于是得到 $\xi h = \pi$ 高频波的传播速度为 $\dfrac{\alpha(\xi)}{\xi} = \begin{cases} 0, & -\dfrac{1}{2} < r \\ \dfrac{a}{r}, & r < -\dfrac{1}{2} \end{cases}$,因为 $a = \dfrac{1}{\tau} \cdot \pi = \dfrac{1}{\tau} \cdot \xi h = \dfrac{a}{r} \cdot \xi$.

再讨论低频波的传播情况,即 $\xi h \to 0$ 的情况.在这里使用的技术就是反复运用 Taylor 级数展开,其中用到如下几个函数的展开式:$\sin x, \cos x, \dfrac{1}{1+x}$ 和 $\arctan x$. 它们恰好是色散关系中所涉及的四个函数,所以由色散关系式以及上面四个初等函数的幂级数展开式,通过比较繁琐的代数运算计算得到

$$\alpha = -\dfrac{1}{\tau}\left[\xi r h - \dfrac{r}{6}(1+r)(1+2r)(\xi h)^3 + O((\xi h)^3)\right] \approx -a\xi\left(1 - \dfrac{1}{6}(1+r)(1+2r)(\xi h)^2\right),$$

于是,迎风格式的波的传播速度: $v = -\dfrac{\alpha}{\xi} \approx a - \dfrac{a}{6}(1+r)(1+2r)(\xi h)^2$.

当 $-1 \leqslant r < -\dfrac{1}{2}$ 时,$a - \dfrac{a}{6}(1+r)(1+2r)(\xi h)^2 < a < 0$;此不等式表示低频波在差分格式中的数值传播速度是快于微分方程中的真实传播速度的.而此时差分格式中的高频波的行为是诡异的,不移动,因为它的数值传播速度是 0.

当 $-\dfrac{1}{2} < r \leqslant 0$ 时,$a - \dfrac{a}{6}(1+r)(1+2r)(\xi h)^2 > a$. 此不等式表示低频波在差分格式中的传播速度是慢于微分方程中的传播速度的.而此时的高频波的行为却恰恰相反,数值传播速度 $\dfrac{a}{r}$ 是快于真实的传播速度 a 的.

例 6.14 根据例 6.12 所得到的耗散关系,请简单说明波是如何衰减的.

解 为了简单,不妨假设如下数据:$r = 0.8, h = 0.01, \xi = 2\pi$. 将这些数据代入到耗散关系式 $e^{-\beta\tau} = \sqrt{(1+r)^2 - 2r(1+r)\cos\xi h + r^2}$ 中,可得

$$e^{-\beta\tau} = \sqrt{0.68 + 0.32\cos(0.02\pi)} = 0.999684226 \Rightarrow (e^{-\beta\tau})^{5000} \approx 0.206.$$

此数字说明经过 5000 步的时间延伸后,数值解的振幅已经衰减到 20% 了.

从上面的例题可以看出,即使很简单的差分格式,要求出差分格式的耗散关系和色散关系也是很麻烦的事情,能否有更简单的方法呢?

在偏微分方程中,解的本身就可能就具有耗散或色散,当方程中有偶数阶导数项时,称为物理耗散;当方程中有奇数阶导数项时,称为物理色散.而在差分格式中是否也有类似的关系呢? 回答是肯定的.

假设与偏微分方程相容的差分格式一般形式写为

$$\sum_S A_s u_{j+s}^{n+1} = \sum_l B_l u_{j+l}^n.$$

其中 A_s, B_l 为差分方程的系数, $S, l \in \mathbf{Z}$. 将 u_{j+s}^{n+1}, u_{j+l}^n 各式通过 Taylor 公式展开,代入差分格式的一般形式中,自循环相消可得如下方程

$$u_t = L\left(\frac{\partial}{\partial x}\right)u + R_E + R_O,$$

其中 $R_E + R_O$ 是局部截断误差,分别为

$$R_E = \sum_l \nu_{2l} \frac{\partial^{2l} u}{\partial x^{2l}}, \quad R_O = \sum_m \mu_{2m+1} \frac{\partial^{2m+1} u}{\partial x^{2m+1}}.$$

定义 R_E 称为数值耗散余项, R_O 称为数值色散余项.

将单波解 $u(x,t) = e^{i(\xi x + \omega t)}$ 代入 $u_t = L\left(\frac{\partial}{\partial x}\right)u + R_E + R_O$ 中,进行简单代数运算后得

$$\omega = -iL(i\xi) - iR_E(i\xi) - iR_O(i\xi).$$

称为差分格式的数值色散关系(数值色散-耗散关系).

方程的单波解为 $u(x,t) = e^{i\xi x + L(i\xi) + R_E(i\xi) + R_O(i\xi)}$. 注意, $R_E(i\xi)$ 是实数,而 $R_O(i\xi)$ 是纯虚数.

定义 $\alpha_h = \alpha_0(\xi) - \sum_l (-1)^l \nu_{2l} \xi^{2l}$ 称为数值耗散;

$\omega_h = \omega_0(\xi) + \sum_m (-1)^m \mu_{2m+1} \xi^{2m+1}$ 称为数值色散;

$\nu_p^h = \nu_p^0 + \sum_m (-1)^m \mu_{2m+1} \xi^{2m}$ 称为数值相速度;

$\nu_g^h = \nu_g^0 + \sum_m (-1)^m (2m+1) \mu_{2m+1} \xi^{2m}$ 称为数值群速度.

为了讨论差分方程的色散关系与耗散关系的性质,还需如下定义:

定义 $\Delta\nu_{\text{main}} = (-1)^{l_0+1} \nu_{2l_0} \xi^{2l_0}$ 称为数值耗散主相; $\Delta\mu_{\text{main}} = (-1)^{m_0} \mu_{2m_0+1} \xi^{2m_0+1}$ 称为数值色散主相,其中 l_0, m_0 分别为 ν_{2l} 和 μ_{2m+1} 中第一个不等于 0 的系数的下标.

性质 1 如差分格式的耗散主项 $\Delta\nu_{\text{main}} = (-1)^{l_0+1} \nu_{2l_0} \xi^{2l_0} > 0$,则称格式为 l_0 阶正耗散格式,且格式稳定;反之,则称格式为 l_0 阶逆耗散格式,且格式不稳定.

性质 2 如差分格式的色散主项 $\Delta\mu_{\text{main}} = (-1)^{m_0} \mu_{2m_0+1} \xi^{2m_0+1} > 0$,则称格式为 m_0 阶正色散格式.

性质 3 若 $|\Delta\nu_{\text{main}}|^2 \geq 4|\Delta\mu_{\text{main}}|$,则格式为耗散优势格式,具有光滑效果;反之,则格式为色散优势格式,具有高频振荡发展趋势,可能产生非计算不稳定性.

例 6.15 请用数值耗散主项讨论差分格式 $\dfrac{u_j^{k+1} - u_j^k}{2} + a\dfrac{u_{j+1}^k - u_{j-1}^k}{2h} = 0$ 的稳定性.

解 通过 Taylor 公式可得

$$\frac{\partial u}{\partial t}+a\frac{\partial u}{\partial x}=-\frac{a^2\tau}{2}\frac{\partial^2 u}{\partial x^2}-\frac{h^2}{3}\frac{\partial^3 u}{\partial x^3}+\cdots.$$

则耗散主项为 $\Delta\nu_{\text{main}}=-\frac{a^2\tau}{2}\xi^2$,所以此格式中绝对不稳定的.

例 6.16 考虑对流方程 $\frac{\partial u}{\partial t}+a\frac{\partial u}{\partial x}=0$,在 $h=\frac{1}{160}$,$r=0.6$ 时且初始条件:

$$u\big|_{t=0}=\begin{cases} e^{-16x^2}\sin(40\pi x), & 0<x<1, \\ 0, & \text{其他}. \end{cases}$$

① 讨论迎风格式的群速度和漂移速度.
② 讨论蛙跳格式的群速度和漂移速度.

解 ① 迎风格式的局部截断误差:

$$R_j^k=-\frac{\tau}{2}\frac{\partial^2 u}{\partial t^2}-\frac{h}{2}\frac{\partial^2 u}{\partial x^2}-\frac{\tau^3}{4!}\frac{\partial^4 u}{\partial t^4}-\frac{h^3}{4!}\frac{\partial^4 u}{\partial x^4}+\cdots$$

$$=-\frac{\tau+h}{2}\frac{\partial^2 u}{\partial x^2}-\frac{\tau^3+h^3}{4!}\frac{\partial^4 u}{\partial t^4}+\cdots=-\frac{h}{2}(1+r)\frac{\partial^2 u}{\partial x^2}+\cdots.$$

因为 R_j^n 无奇次导数项,故为耗散格式,非色散格式,则 $\nu_g^h=\nu_g=1$,$\Delta\nu_g=0$.

② 蛙跳格式的局部截断误差

$$R_j^n=-\frac{(1-r^2)}{2}h^2\frac{\partial^3 u}{\partial x^3}+\cdots.$$

$$\nu_g^h=\nu_g^0+\sum_m(-1)^m(2m+1)\mu_{2m+1}\xi^{2m}=1-3\frac{(1-r^2)}{6}h^2(40\pi)^2-\cdots$$

$$=1-\frac{(1-0.6^2)}{2}\left(\frac{1}{160}\right)^2(40\pi)^2=1-0.1974=0.8026.$$

$\Delta\nu=\nu_g^h-\nu_g^0=0.1974$.

练 习 题

1. 考虑对流扩散方程 $\begin{cases} u_t-\varepsilon u_{xx}-au_x=f, & t>0, 0<x<1, \\ u(0,t)=g_-(t), \quad u(1,t)=g_+(t), & \text{其中 } a \text{ 是函数}. \\ u(x,0)=u_0(x), \end{cases}$

① 请写出方程的迎风格式,分 $a>0$ 和 $a<0$ 进行讨论.
② 请写出迎风格式的统一格式或者全迎风格式.
③ 采用冷冻系数法讨论迎风格式的稳定性.

2. 考虑对流扩散方程 $Du_{xx}-au_x=u_t$,$t>0$,$0<x<1$($a>0$ 常数).

① 证明 $u(x,t)=e^{-(ik\pi a+(k\pi)^2)t}e^{ik\pi x}$ 是方程的一族特解.

② 证明 $|T_k(t)| \leqslant 1$，其中 $T_k(t) = e^{-(ik\pi a + (k\pi)^2)t}$.

③ 推导下面差分格式的稳定性：

$$\frac{u_j^{k+1} - u_j^k}{\tau} + a\frac{u_{j+1}^k - u_j^k}{2h} = D\frac{u_{j+1}^k - 2u_j^k + u_{j-1}^k}{h^2},$$

$$\frac{u_j^{k+1} - u_j^k}{\tau} + a\frac{u_j^k - u_{j-1}^k}{2h} = D\frac{u_{j+1}^{k+1} - 2u_j^{k+1} + u_{j-1}^{k+1}}{h^2},$$

$$\frac{u_j^{k+1} - u_j^k}{\tau} + a\frac{u_j^{k+1} - u_{j-1}^{k+1}}{2h} = D\frac{u_{j+1}^{k+1} - 2u_j^{k+1} + u_{j-1}^{k+1}}{h^2}.$$

3. 考虑对流扩散方程 $\begin{cases} Du_{xx} - au_x = u_t, & t > 0, 0 < x < 1, \\ u(0,t) = u(1,t) = 0, & u(x,0) = g(x), \end{cases}$ 其中 D, a 为常数.

① 证明方程的解为

$$u(x,t) = \sum_{i=1}^{n} A_n e^{-\alpha_n t + \beta x} \sin(\lambda_n x),$$

其中 $A_n = 2\int_0^1 g(x) e^{-\beta x} \sin(\lambda_n x) dx, \lambda_n = n\pi, \alpha_n = D(\lambda_n^2 + \beta^2), \beta = \frac{a}{2D}$.

② 证明函数 $u(x,t) = \frac{1}{\sqrt{1+4cDt}} e^{-c(x-at-b)^2/(1+4cDt)}$（其中 b, c 是常数，$c \geqslant 0$）满足方程，并求此解所满足初始条件和边界条件.

③ 请推导满足局部截断误差为 $O(h^2 + \tau^2)$ 的隐式差分格式，并写出矩阵形式.

④ 讨论问题③中的稳定性.

⑤ 当 $g(x) = e^{-c(x-b)^2}, c = 100, b = \frac{1}{3}, D = 0.01, a = 1, T = 0.2$ 时，使用问题③中的方法，求 $t = 0.2$ 时满足如下条件的近似解：(i) 要求分别取时间节点总数 $N = 4, 8, 16$ 三种情况；(ii) 将 $t = 0.2$ 时的真解与三个数值解画在同一坐标系中.

⑥ 能否用②中的函数代替⑤中的真解？请解释原因.

⑦ 重复问题⑤的条件，在同一坐标系下，请用图表示出在 $t = 0.2$ 时最大误差与节点数 $N = 4, 8, 16, 32, 64, 128, 256$ 和 $J = 30$ 的函数关系.

⑧ 请对所求的局部截断误差表达式讨论两曲线的行为.

4. 本题的目的是让读者了解单调格式. 差分一般形式为 $u_j^{k+1} = g(u_{j-l}^k, u_{j-l+1}^k, \cdots, u_{j+l-1}^k, u_{j+l}^k)$，如果满足 $\frac{\partial g}{\partial u_{j+m}^k} \geqslant 0, -l \leqslant m \leqslant l$，则称差分格式是单调的. 考虑对流扩散方程：

$$u_t - \frac{\partial}{\partial x}\left(K(x)\frac{\partial u}{\partial x} - v(x)u\right) = 0, \quad K > 0, v > 0.$$

① 证明 $u(x,t) = w(x - vt, t)$ 是方程的解，其中 $w(x,t)$ 是热传导方程 $u_t - \frac{\partial}{\partial x}\left(K(x)\frac{\partial u}{\partial x}\right) = 0$ 的解.

② 当 K,v 为常数时,证明 $u(x,t)=\exp\left(-\dfrac{K\pi t^2}{4}\right)\sin\dfrac{\pi(x-vt)}{2}$ 满足方程.

③ 证明差分格式 $\delta_t^+ u_j^k = \dfrac{\tau}{h}\left[\left(K(x_{j+\frac{1}{2}})\delta_x^+ u_j^k - v(x_{j+\frac{1}{2}})u_j^k\right) - \left(K(x_{j-\frac{1}{2}})\delta_x^+ u_{j-1}^k - v(x_{j-\frac{1}{2}})u_{j-1}^k\right)\right]$ 是单调的差分格式.

④ 当变系数都是常数时,$u(x,t)=C$ 常数是③中的格式的真解吗?

⑤ 讨论差分格式 $\delta_t^+ u_j^k = \dfrac{\tau}{h}\left[\left(K(x_{j+\frac{1}{2}})\delta_x^+ u_j^k - v(x_{j+\frac{1}{2}})\dfrac{u_j^k + u_{j+1}^k}{2}\right) - \left(K(x_{j-\frac{1}{2}})\delta_x^+ u_{j-1}^k - v(x_{j-\frac{1}{2}})\dfrac{u_j^k + u_{j-1}^k}{2}\right)\right]$ 的单调性条件.在均匀网格下,证明 Pleclet 数 $\mathrm{Pe}=\dfrac{Kv}{h}\leqslant 2$.

⑥ 当变系数都是常数时,$u(x,t)=C$ 常数是⑤中的格式的真解吗?

⑦ 求问题③和问题⑤中差分格式的色散关系,并指出是耗散的还是色散方程.

⑧ 问题③和问题⑤中差分格式是对称的吗? 能求出系数矩阵的特征值吗?

⑨ $K=1,v=x$,选择适当的初值条件和边界条件,使②中的解作为真解.使用均匀网格 $h^{-1}=2^n(2\leqslant n\leqslant 10)$,给定网格比 $K\tau=0.45$,使用上面的两种差分格式求近似解,画出在 $t=0.25$ 时刻最大误差 $\ln(\mathrm{error})$ 与网格总数 $\ln h$ 之间的关系图,曲线的斜率是多少.

⑩ 写出 Crank-Nicolson 格式,并判断其是否单调或对称.矩阵的特征值能求出来吗? 求它的色散关系;并讨论如何选择时间步长.

5. 考虑例 6.16 中的方程:

① 讨论 Lax-Wendroff 格式的色散关系和耗散关系.

② 讨论 Lax-Wendroff 格式的群速度和相速度.

③ 若有群速度,请求滞后或超前的速度差,并与数值实验比较(例 6.7).

④ 针对 Lax-Friedrich 格式,讨论问题①、②、③.

⑤ 针对 Crank-Nicolson 格式,讨论问题①、②、③.

6. 请求下面方程的色散关系、相速度、群速度,并指出它们分别是色散型还是耗散型.

① 深海波方程 $u_t + gu_x + \mu u_{xxx} = 0$,$g,\mu$ 为正常数.

② 轴载荷的弹性梁方程 $cu_{xx} = u_{tt} + \mu u_{xxxx}$,$c,\mu$ 为正常数.

③ 量子力学中的 Schrodinger 方程 $ihu_t = -\dfrac{h^2}{2m}u_{xx} + V_u$,$h,m,V$ 为正常数.

7. 考虑方程 $\begin{cases}\alpha u_{xx} + \beta u_{xt} + u_{tt} = 0, & t>0, x\in \mathbf{R}, \\ u(x,0) = f(x), & u_t(x,0) = g(x),\end{cases}$ α,β 为常数,并且 $\alpha\neq 0, \beta^2 > 4\alpha$.

① 证明方程有如下形式解(其中 a,b 为常数):
$$u(x,t) = \dfrac{b}{a+b}f(x+at) + \dfrac{a}{a+b}f(x-bt) + \dfrac{1}{a+b}\int_{x-bt}^{x+at}g(z)\mathrm{d}z.$$

② 求点 $(\bar{x},\bar{t})$ 的依赖域.

③ 求方程的色散关系、相速度、群速度,并指出方程是色散型还是耗散型.

④ 指出 u_x 的影响是什么？特别地，判断方程 $\alpha u_{xx}+\beta u_{xt}+u_{tt}+ru_x=0$ 是色散型还是耗散型.

⑤ 指出 u_t 的影响是什么？特别地，判断方程 $\alpha u_{xx}+\beta u_{xt}+u_{tt}+ru_t=0$ 是色散型还是耗散型.

⑥ 指出 u 的影响是什么？特别地，判断方程 $\alpha u_{xx}+\beta u_{xt}+u_{tt}+ru=0$ 是色散型还是耗散型.

第7章 椭圆方程的差分格式

7.1 几种差分格式

考虑二维 Poisson 方程和 Laplace 方程：
$$-\Delta u = \frac{\partial^2 u}{\partial x^2} + \frac{\partial^2 u}{\partial y^2} = f(x,y), \quad x,y \in \Omega,$$
和
$$-\left(\frac{\partial^2 u}{\partial x^2} + \frac{\partial^2 u}{\partial y^2}\right) = 0, \quad x,y \in \Omega.$$

其中 Ω 是 x-y 平面的有界区域，其边界是由分段的光滑曲线段组成的. 为了简单起见，考虑取 Ω 为矩形区域：
$$\Omega = \{(x,y) \mid 0 < x < a, 0 < y < b\},$$
则其边界是四条直线段.

对 Ω 剖分网格如图 7.1 所示. 将区间 $[0,a]$ 和 $[0,b]$ 分别 N,M 等分，则 x 轴方向的步长 $h_1 = \frac{a}{N}$，y 轴方向的步长 $h_2 = \frac{b}{M}$，记 $x_i = ih_1$，$y_j = jh_2$，用两组平行线 $x = x_i, y = y_j (0 \leqslant i \leqslant N, 0 \leqslant j \leqslant M)$ 将矩形划分为小矩形，那么 Ω 网格剖分的点为
$$\Omega_h = \{(x_i, y_j) \mid 0 \leqslant i \leqslant N; 0 \leqslant j \leqslant M\}.$$
Ω 内部的网格点为
$$\overset{\circ}{\Omega}_h = \{(x_i, y_j) \mid 1 \leqslant i \leqslant N-1, 1 \leqslant j \leqslant M-1\}.$$
边界节点的集合为
$$\partial \Omega_h = \Omega_h \setminus \overset{\circ}{\Omega}_h.$$

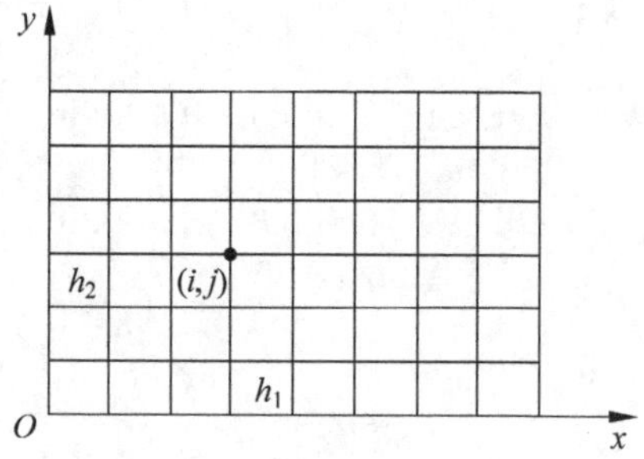

图 7.1

7.1.1 五点差分格式

考虑 Poisson 方程在内部节点 (x_i, y_j) 的取值，即
$$\left[\frac{\partial^2 u}{\partial x^2}\right]_{ij} + \left[\frac{\partial^2 u}{\partial y^2}\right]_{ij} = [f(x,y)]_{ij}.$$

分别对 x,y 方向用 Taylor 公式有

$$\frac{1}{h_1^2}(u_{i+1,j} - 2u_{ij} + u_{i-1,j}) = \left(\frac{\partial^2 u}{\partial x^2}\right)_{ij} + \frac{h_1^2}{12}\frac{\partial^4 u}{\partial x^4}(\xi_i, y_j),$$

$$\frac{1}{h_2^2}(u_{i,j+1} - 2u_{ij} + u_{i,j-1}) = \left(\frac{\partial^2 u}{\partial x^2}\right)_{ij} + \frac{h_2^2}{12}\frac{\partial^4 u}{\partial y^4}(x_i, \eta_j).$$

上面两式相加,并且忽略高阶无穷小量,得到五点格式:

$$\frac{u_{i+1,j} - 2u_{ij} + u_{i-1,j}}{h_1^2} + \frac{u_{i,j+1} - 2u_{ij} + u_{i,j-1}}{h_2^2} = f_{ij}.$$

局部截断误差为

$$R_{ij} = \frac{h_1^2}{12}\frac{\partial^4 u}{\partial x^4}(\xi_i, y_j) + \frac{h_2^2}{12}\frac{\partial^4 u}{\partial y^4}(x_i, \eta_j) = \frac{h_1^2}{12}\frac{\partial^4 u}{\partial x^4}(x_i, y_j) + \frac{h_2^2}{12}\frac{\partial^4 u}{\partial y^4}(x_i, y_j) + \cdots.$$

其中第二个等号的右边前两项称为误差主项.

例 7.1 使用五点差分格式求解方程的近似解及其误差:

$$\begin{cases} -\left(\dfrac{\partial^2 u}{\partial x^2} + \dfrac{\partial^2 u}{\partial y^2}\right) = -6(x+y), & 0 < x < 1, 0 < y < 1, \\ u(x,0) = x^3, u(x,1) = 1 + x^3, & 0 \leqslant x \leqslant 1, \\ u(0,y) = y^3, u(1,y) = 1 + y^3, & 0 \leqslant y \leqslant 1. \end{cases}$$

偏微分方程的精确解为 $u(x,y) = x^3 + y^3$,其曲面图如图 7.2 所示. 近似解的曲面图如图 7.3~图 7.6 所示,步长均为 0.1 时最大误差为 MaxErr=1.2168e−013,步长均为 0.02 时最大误差为 MaxErr=1.2211e−011.

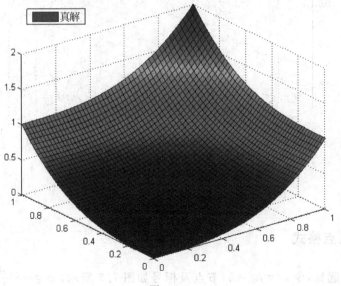

图 7.2

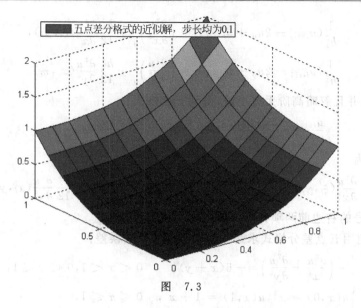

图 7.3

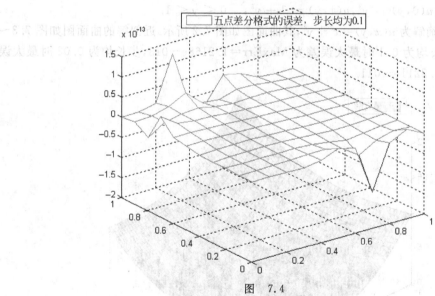

图 7.4

7.1.2 九点格式

为推导简单起见，令 $h_1=h_2=h$，节点及标号如图 7.7 所示，令 $\xi=h\dfrac{\partial}{\partial x}, \eta=h\dfrac{\partial}{\partial y}, D^2=\dfrac{\partial^2}{\partial x \partial y}$，那么通过简单的代数微分运算得到

$$\xi^2+\eta^2=h^2\Delta, \quad \xi\eta=h^2D^2,$$

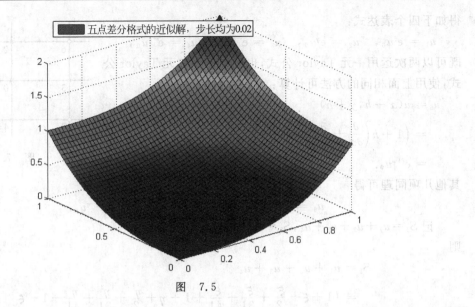

图 7.5

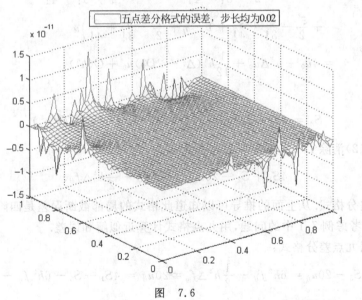

图 7.6

$$\xi^4 + \eta^4 = (\xi^2 + \eta^2)^2 - 2\xi^2\eta^2 = h^4(\Delta^2 - 2D^4).$$

则一元 Taylor 公式采用上面的记号 $u(x+h)$ 的 Taylor 展开式可以写为

$$u(x+h) = \left(1 + h\frac{\mathrm{d}}{\mathrm{d}x} + \frac{h^2}{2}\frac{\mathrm{d}^2}{\mathrm{d}x^2} + \cdots + \frac{h^n}{n!}\frac{\mathrm{d}^n}{\mathrm{d}x^n} + \cdots\right)u(x) = \mathrm{e}^{h\frac{\mathrm{d}}{\mathrm{d}x}}u(x).$$

将上式中的全导数符号 $\frac{\mathrm{d}}{\mathrm{d}x}$ 分别改写为偏导数符号 $\pm\frac{\partial}{\partial x}, \pm\frac{\partial}{\partial y}$, 然后通过简单的代数运算可

得如下四个表达式：
$$u_1 = e^{\xi}u_0, \quad u_2 = e^{\eta}u_0, \quad u_3 = e^{-\xi}u_0, \quad u_4 = e^{-\eta}u_0,$$
既可以两次运用一元 Taylor 公式，也可以运用二元 Taylor 公式，使用上面相同的方法可计算：
$$u_5 = u(x+h, y+h)$$
$$= \left(1 + h\left(\frac{\partial}{\partial x} + \frac{\partial}{\partial y}\right) + \cdots + \frac{h}{n!}\left(\frac{\partial}{\partial x} + \frac{\partial}{\partial y}\right)^n + \cdots\right)u_0$$
$$= e^{\xi+\eta}u_0.$$

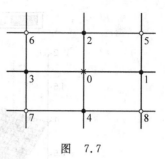

图 7.7

其他几项同理可得
$$u_6 = e^{-\xi+\eta}u_0, \quad u_7 = e^{-\xi-\eta}u_0, \quad u_8 = e^{\xi-\eta}u_0.$$
记 $S_1 = u_1 + u_2 + u_3 + u_4$, $S_2 = u_5 + u_6 + u_7 + u_8$,
则
$$S_1 = u_1 + u_2 + u_3 + u_4$$
$$= \left(1 + \xi + \frac{\xi^2}{2} + \frac{\xi^3}{3!} + \frac{\xi^4}{4!} + 1 + \eta + \frac{\eta^2}{2} + \frac{\eta^3}{3!} + \frac{\eta^4}{4!} + 1 - \xi\right.$$
$$\left. + \frac{\xi^2}{2} - \frac{\xi^3}{3!} + \frac{\xi^4}{4!} + 1 - \eta + \frac{\eta^2}{2} - \frac{\eta^3}{3!} + \frac{\eta^4}{4!}\right)u$$
$$= 4u_0 + h^2\Delta u_0 + \frac{1}{12}h^4(\Delta^2 - 2D^4)u_0 + O(h^6), \tag{1}$$

同理可得
$$S_2 = 4u_0 + 2h^2\Delta u_0 + \frac{1}{6}h^4(\Delta^2 + 4D^4)u_0 + O(h^6). \tag{2}$$

从式(1)和式(2)消除 $D^4 u_0$，并忽略高阶项可得
$$4S_1 + S_2 - 20u_0 = 6h^2 f_{ij} + \frac{1}{2}h^4 \Delta f_{ij}.$$

这就是九点差分格式。从上面的推导可以知道此格式的局部截断误差是四阶的。

例 7.2 考虑例 7.1 中的问题，用九点格式计算近似解和误差。

解 根据九点差分格式：
$$4S_1 + S_2 - 20u_{ij} = 6h^2 f_{ij} + \frac{1}{2}h^4 \Delta f_{ij} \Rightarrow 20u_{ij} = 4S_1 + S_2 - 6h^2 f_{ij} - \frac{1}{2}h^4 \Delta f_{ij}$$
$$\Rightarrow u_{ij} = \frac{4S_1 + S_2 - 6h^2 f_{ij} - \frac{1}{2}h^4 \Delta f_{ij}}{20}.$$

将 $S_1 = u_{i-1,j} + u_{i+1,j} + u_{i,j-1} + u_{i,j+1}$, $S_2 = u_{i-1,j-1} + u_{i-1,j+1} + u_{i+1,j-1} + u_{i+1,j+1}$ 代入得
$$u_{ij} = \frac{4(u_{i-1,j} + u_{i+1,j} + u_{i,j-1} + u_{i,j+1}) + (u_{i-1,j-1} + u_{i-1,j+1} + u_{i+1,j-1} + u_{i+1,j+1}) - 6h^2 f_{ij} - \frac{1}{2}h^4 \Delta f_{ij}}{20}.$$

根据 MATLAB 编程计算得到不同步长情况的近似解和误差如图 7.8~图 7.11 所示。步长

均为 0.1 时的最大误差为 MaxErr=4.4409e−015，步长均为 0.02 时的最大误差为 MaxErr=1.3989e−014.

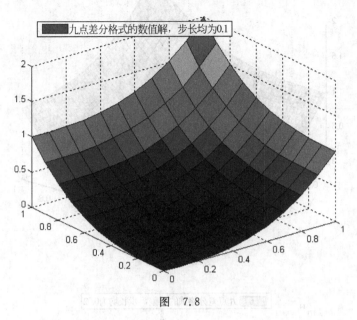

图 7.8

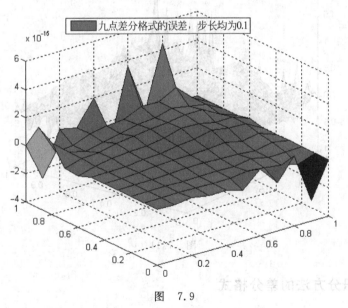

图 7.9

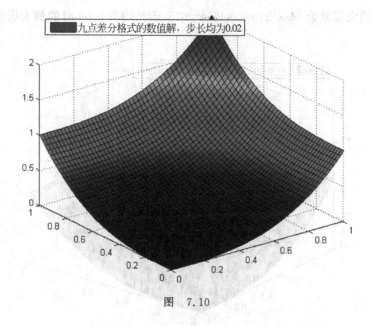

图 7.10

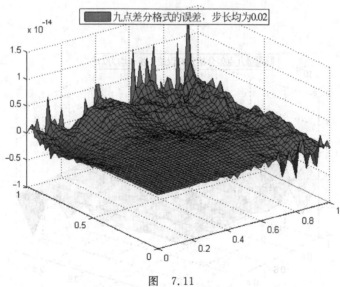

图 7.11

7.1.3 积分方法的差分格式

假设 x,y 方向的步长相同,记 $x_{i\pm\frac{1}{2}}=\left(i\pm\frac{1}{2}\right)h, y_{j\pm\frac{1}{2}}=\left(j\pm\frac{1}{2}\right)h$,在如图 7.12 所示的区域上考虑方程:

7.1 几种差分格式

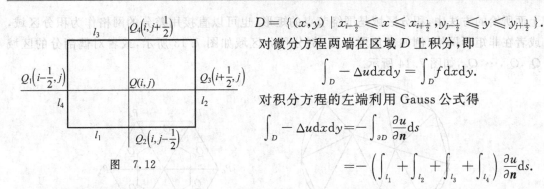

$$D = \{(x,y) \mid x_{i-\frac{1}{2}} \leqslant x \leqslant x_{i+\frac{1}{2}}, y_{j-\frac{1}{2}} \leqslant y \leqslant y_{j+\frac{1}{2}}\}.$$

对微分方程两端在区域 D 上积分, 即

$$\int_D -\Delta u \mathrm{d}x\mathrm{d}y = \int_D f \mathrm{d}x\mathrm{d}y.$$

对积分方程的左端利用 Gauss 公式得

$$\int_D -\Delta u \mathrm{d}x\mathrm{d}y = -\int_{\partial D} \frac{\partial u}{\partial \boldsymbol{n}}\mathrm{d}s$$

$$= -\left(\int_{l_1} + \int_{l_2} + \int_{l_3} + \int_{l_4}\right)\frac{\partial u}{\partial \boldsymbol{n}}\mathrm{d}s.$$

图 7.12

通过 Gauss 公式将区域内部积分转到边界上的积分, 积分区域是平行于坐标轴的矩形区域, 实际边界上的积分是定积分, 下面讨论在各边上的积分:

对于在边 l_1 上, 因为 l_1 边平行于 x 轴, 则它的外法向就是 y 轴的负方向, 即 $\boldsymbol{n} = (0,-1)$, $\frac{\partial u}{\partial \boldsymbol{n}} = -\frac{\partial u}{\partial y}$, 弧长的微分(弧微分)是 $\mathrm{d}s = \mathrm{d}x$, 因此有

$$\int_{l_1} \frac{\partial u}{\partial \boldsymbol{n}}\mathrm{d}s = -\int_{l_1} \frac{\partial u}{\partial y}\mathrm{d}x,$$

对上式的右端, 再利用中矩形积分近似公式得到

$$-\int_{l_1} \frac{\partial u}{\partial y}\mathrm{d}x \approx -\frac{\partial u}{\partial y}(x_i, y_{j-\frac{1}{2}})h + O(h^2) \approx -\frac{u_{i,j} - u_{i,j-1}}{h} \times h = -u_{i,j} + u_{i,j-1},$$

上式第二个"$\approx$"利用一阶中心差商作为导数的近似.

对于在边 l_2 上, 因为 l_2 边平行于 y 轴, 则它的外法向就是 x 轴的正方向, $\boldsymbol{n} = (1,0)$, $\frac{\partial u}{\partial \boldsymbol{n}} = \frac{\partial u}{\partial x}$, 弧长的微分(弧微分)是 $\mathrm{d}s = \mathrm{d}y$, 因此有

$$\int_{l_2} \frac{\partial u}{\partial \boldsymbol{n}}\mathrm{d}s = \int_{l_2} \frac{\partial u}{\partial x}\mathrm{d}y,$$

对上式的右端, 再利用中矩形积分近似公式得到

$$\int_{l_2} \frac{\partial u}{\partial x}\mathrm{d}y \approx \frac{\partial u}{\partial x}(x_{i+\frac{1}{2}}, y_j)h \approx \frac{u_{i+1,j} - u_{i,j}}{h} \times h = u_{i+1,j} - u_{i,j},$$

上式第二个"$\approx$"利用一阶中心差商作为导数的近似.

可以类似地计算其他两边上的数值积分:

$$\int_{l_3} \frac{\partial u}{\partial \boldsymbol{n}}\mathrm{d}s = \int_{l_3} \frac{\partial u}{\partial y}\mathrm{d}x \approx \frac{\partial u}{\partial y}(x_i, y_{j+\frac{1}{2}}) \cdot h \approx u_{i,j+1} - u_{i,j},$$

$$\int_{l_4} \frac{\partial u}{\partial \boldsymbol{n}}\mathrm{d}s = -\int_{l_4} \frac{\partial u}{\partial x}\mathrm{d}y \approx -\frac{\partial u}{\partial x}(x_{i-\frac{1}{2}}, y_j)h \approx -u_{i,j} + u_{i-1,j}.$$

于是可以得到差分格式, 即五点格式

$$-(u_{i+1,j} + u_{i-1,j} + u_{i,j+1} + u_{i,j-1}) + 4u_{ij} = h^2 f_{ij}.$$

注 (1) 关于积分区域的选取, 选择积分区域的方法不同, 得到的格式也有所不同, 在

上面所给的方法中，积分区域是围绕节点的矩形，也可以直接用差分的网格作为积分区域，或者在非矩形网格（例如三角形网格）剖分积分区域如图 7.13 所示，或者对偶剖分的区域 $Q_1, Q_2, \cdots, Q_6$，如图 7.14 所示.

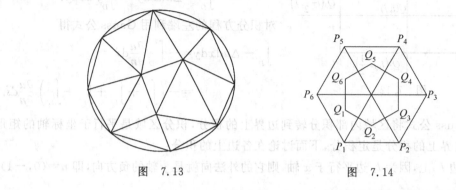

图 7.13　　　　　　图 7.14

（2）采用不同的数值积分或者不同导数近似，比如梯形积分公式或者向前差分等，也可以得到不同的差分格式.

7.2　椭圆方程的边界离散处理

7.2.1　矩形区域

第一类边界条件：$u(x, y) = \alpha(x, y), (x, y) \in \partial\Omega$.

离散边界条件：$u_{ij} = u(x_i, y_j) = \alpha(x_i, y_j), (x_i, y_j) \in \partial\Omega_h$.

第二类边界条件或者第三类边界条件：$\dfrac{\partial u}{\partial \boldsymbol{n}} + \gamma u = \beta(x, y)$.

当 $\gamma = 0$ 时，就是第二类边界条件. 此时离散边界条件的处理，如同第 5 章双曲方程的边界处理一样，增加虚拟网格，于是得到如下的离散边界格式：

$$\frac{u_{N+1,j} - u_{N-1,j}}{2h} + \gamma u_{N+1,j} = \beta_{N,j},$$

$$\frac{u_{1,j} - u_{-1j}}{2h} + \gamma u_{0,j} = \beta_{0,j}.$$

7.2.2　一般区域

方程的定解区域是一般区域时，方程的边界与差分格式的边界不一致.

1. 当问题是第一类边界条件时，下面给出三种离散方法.

方法一：直接转移法

在原始连续边界上找一个距离离散边界最近的点作为离散边界节点的值. 比如，如图 7.15 所示，离散边界节点 P 是定解区域内部的点，此点的函数值未知，但在差分格式中

7.2 椭圆方程的边界离散处理

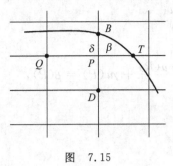

图 7.15

必须是已知的或者增加一个与点 P 相关的条件,采用直接转移的方法,离点 P 最近的边界点是点 B,则令 $u(P) = u(B)$.

方法二:线性插值法

离散边界上的节点 P 可以用 B,D 两点作线性插值得到. 设 $BP = \delta h$,则

$$u_P = \frac{h}{h+\delta h}u_D + \frac{\delta h}{h+\delta h}u_B = \frac{1}{1+\delta}u_D + \frac{\delta}{1+\delta}u_B.$$

当然节点 P 的值也可以用横轴的两点 $Q(x_j - h, y_l), T(x_j + \beta h, y_l)$ 线性插值得到.

方法三:Taylor 公式法

此方法的思想是用节点 P 以及周围的四点 B,D 和 Q,T 表示 $\frac{\partial^2 u}{\partial x^2}(P), \frac{\partial^2 u}{\partial y^2}(P)$,具体如下:

利用 Taylor 公式

$$u(B) = u(P) + \delta h u_y(P) + \frac{(\delta h)^2}{2} u_{yy}(P) + O(h^3),$$

$$u(D) = u(P) - h u_y(P) + \frac{h^2}{2} u_{yy}(P) + O(h^3),$$

从上面两式消除 $u_y(P)$ 可得

$$u_{yy}(P) = \frac{\delta u(D) - (1+\delta)u(P) + u(B)}{\frac{\delta(\delta+1)h^2}{2}} + O(h),$$

同理可得

$$u_{xx}(P) = \frac{\beta u(Q) - (1+\beta)u(P) + u(T)}{\frac{\beta(\beta+1)h^2}{2}} + O(h).$$

于是可得点 P 的一阶近似的差分格式:

$$\frac{u(Q)}{\beta+1} + \frac{u(D)}{\delta+1} - \frac{\delta+\beta}{\delta\beta}u(P) + \frac{u(T)}{\beta(\beta+1)} + \frac{u(B)}{\delta(\delta+1)} = \frac{h^2}{2}f(P).$$

2. 当第三类边界条件时,下面给出两种差分格式离散边界条件的方法.

首先从简单的开始,当离散边界节点在微分方程边界上,如图 7.16 所示.

方法一:导数逼近法

利用差商作为导数的近似.

(1) 如果边界曲线的外法向与坐标轴平行,则有

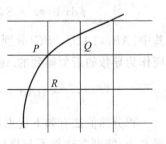

图 7.16

$$\frac{\partial u}{\partial n} = \pm \frac{\partial u}{\partial x}, \quad \text{或者} \quad \frac{\partial u}{\partial n} = \pm \frac{\partial u}{\partial y}.$$

于是第三类边界条件的离散边界条件为

$$\pm \frac{u(P) - u(Q)}{h} + \gamma u(P) = \beta(P), \quad \text{或者} \quad \pm \frac{u(P) - u(R)}{h} + \gamma u(P) = \beta(P),$$

其中当外法向与坐标轴的正向相同时,取正号,否则取负号.

(2) 如果边界曲线的外法向与坐标轴不平行,则

$$\frac{\partial u(P)}{\partial n} = \frac{\partial u}{\partial x}\cos(n,x) + \frac{\partial u}{\partial y}\cos(n,y),$$

$$\frac{u(P) - u(Q)}{h}\cos(n,x) + \frac{u(P) - u(R)}{h}\cos(n,y) + \gamma(P)u(P) = \beta(P).$$

方法二：积分插值法

利用积分守恒形式进行离散,积分守恒最大的好处就是很容易针对第二或者第三类边界条件在边界点上建立离散边界条件的差分格式.

假设点 $P(i,j)$ 是微分方程边界上的点,如图 7.17 所示, $P_1(i+1,j), P_2(i,j-1)$ 是与点 P 相邻最近的内节点. 分别过线段 PP_1, PP_2 的中点分别作坐标轴的平行线,平行线相交于点 A,它们分别交于 $\partial\Omega$ 于 B, C,由此得到一曲边 $\triangle ABC$,点 P 在曲边 BC 弧上. 取 $\triangle ABC$ 作为积分区域. 对方程两边在 $\triangle ABC$ 上积分：

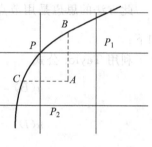

图 7.17

$$\int_{\partial\triangle ABC} \frac{\partial u}{\partial \boldsymbol{n}} \mathrm{d}s = \left(\int_{AB} + \int_{BC} + \int_{CA}\right) \frac{\partial u}{\partial \boldsymbol{n}} \mathrm{d}s = \int_{\triangle ABC} f \mathrm{d}x\mathrm{d}y,$$

$$\int_{AB} \frac{\partial u}{\partial \boldsymbol{n}} \mathrm{d}s = \int_{AB} \frac{\partial u}{\partial x} \mathrm{d}y \approx \frac{u(P_1) - u(P)}{h}|AB| = \frac{u_{i+1,j} - u_{i,j}}{h}|AB|,$$

$$\int_{CA} \frac{\partial u}{\partial \boldsymbol{n}} \mathrm{d}s = \int_{CA} -\frac{\partial u}{\partial y} \mathrm{d}x \approx -\frac{u(P) - u(P_2)}{h}|AC| = -\frac{u_{i,j} - u_{i,j-1}}{h}|AC|,$$

$$\int_{BC} \frac{\partial u}{\partial \boldsymbol{n}} \mathrm{d}s = \int_{BC} (\beta - \gamma u) \mathrm{d}s \approx (\beta_{ij} - \gamma_{ij}u_{ij})|BC|,$$

$$\int_{\triangle ABC} f \mathrm{d}x\mathrm{d}y \approx f_{ij} S_{\triangle ABC}.$$

其中 $|AB|, |AC|, |BC|$ 分别是曲边三角形三边的长度,上面的"$\approx$"利用了数值积分以及差商作为导数的近似得到的. 综合上面五个式子得到边界点离散差分格式：

$$\frac{u_{i+1,j} - u_{ij}}{h}|AB| - \frac{u_{ij} - u_{i,j-1}}{h}|AC| + (\beta_{ij} - \gamma_{ij}u_{ij})|BC| = f_{ij} S_{\triangle ABC}.$$

积分插值法有如下优点：第一,避免在边界点上近似法向导数,利用积分插值法,方便、误差小,特别在边界不与坐标轴平行时,更是具有很好的优越性;第二,用积分插值法构造

的差分格式的系数矩阵是对角线元素占优的矩阵. 如果区域边界用折线段近似, 折线段的顶点都是网格线的交点, 那么矩阵还是对称的. 这些性质会给求解方程带来很多方便.

如果离散边界节点不在微分方程边界上, 那么应首先将离散边界的节点转移到连续边界上最近的点, 然后再利用上面的各种方法类似地得到离散边界条件.

7.3 变系数椭圆方程

考虑方程
$$-\frac{\partial}{\partial x}\left(a(x,y)\frac{\partial u}{\partial x}\right) - \frac{\partial}{\partial y}\left(a(x,y)\frac{\partial u}{\partial y}\right) + c(x,y)u = f(x,y),$$

其中 $a(x,y) > \alpha > 0, c(x,y) \geqslant 0, f(x,y)$ 都充分光滑.

7.3.1 直接差分方法

与常系数方程类似, 分别对两个方向的偏导数用中心差商代替, 即

$$\frac{\partial}{\partial x}\left(a(x,y)\frac{\partial u}{\partial x}\right)_{ij} = \frac{1}{h}\left(a_{i+\frac{1}{2},j}\frac{u_{i+1,j}-u_{ij}}{h} - a_{i-\frac{1}{2},j}\frac{u_{i,j}-u_{i-1,j}}{h}\right) + O(h^2),$$

$$\frac{\partial}{\partial y}\left(a(x,y)\frac{\partial u}{\partial y}\right)_{ij} = \frac{1}{h}\left(a_{i,j+\frac{1}{2}}\frac{u_{i,j+1}-u_{ij}}{h} - a_{i,j-\frac{1}{2}}\frac{u_{i,j}-u_{i,j-1}}{h}\right) + O(h^2).$$

将上面两式代入微分方程, 并忽略无穷小项, 得到差分格式

$$\frac{1}{h}\left(a_{i+\frac{1}{2},j}\frac{u_{i+1,j}-u_{ij}}{h} - a_{i-\frac{1}{2},j}\frac{u_{i,j}-u_{i-1,j}}{h}\right)$$
$$+ \frac{1}{h}\left(a_{i,j+\frac{1}{2}}\frac{u_{i,j+1}-u_{ij}}{h} - a_{i,j-\frac{1}{2}}\frac{u_{i,j}-u_{i,j-1}}{h}\right) + c_{ij}u_{ij} = f_{ij}$$

局部截断误差是 $O(h^2)$.

7.3.2 有限体积法(积分差分方法)

记 $x_{i\pm\frac{1}{2}} = \left(i\pm\frac{1}{2}\right)h, y_{j\pm\frac{1}{2}} = \left(j\pm\frac{1}{2}\right)h$, 在如下区域上对方程积分:

$$D_{ij} = \{(x,y) \mid x_{j-\frac{1}{2}} \leqslant x \leqslant x_{j+\frac{1}{2}}, y_{j-\frac{1}{2}} \leqslant y \leqslant j_{j+\frac{1}{2}}\}.$$

即有 $\iint_{D_{ij}}\left[-\frac{\partial}{\partial x}\left(a(x,y)\frac{\partial u}{\partial x}\right) - \frac{\partial}{\partial y}\left(a(x,y)\frac{\partial u}{\partial y}\right) + c(x,y)u\right]dxdy = \iint_{D_{ij}}f(x,y)dxdy.$

$$\iint_{D_{ij}}\frac{\partial}{\partial x}\left(a(x,y)\frac{\partial u}{\partial x}\right)dxdy = \int_{y_{j-\frac{1}{2}}}^{y_{j+\frac{1}{2}}}dy\int_{x_{i-\frac{1}{2}}}^{x_{i+\frac{1}{2}}}\frac{\partial}{\partial x}\left(a(x,y)\frac{\partial u}{\partial x}\right)dx$$

$$= \int_{y_{j-\frac{1}{2}}}^{y_{j+\frac{1}{2}}}\left[a(x_{i+\frac{1}{2}},y)\frac{\partial u}{\partial x}(x_{i+\frac{1}{2}},y) - a(x_{i-\frac{1}{2}},y)\frac{\partial u}{\partial x}(x_{i-\frac{1}{2}},y)\right]dy.$$

对上式右端用中矩形积分近似有

$$\int_{y_{j-\frac{1}{2}}}^{y_{j+\frac{1}{2}}} \left[a(x_{i+\frac{1}{2}},y) \frac{\partial u}{\partial x}(x_{i+\frac{1}{2}},y) - a(x_{i-\frac{1}{2}},y) \frac{\partial u}{\partial x}(x_{i-\frac{1}{2}},y) \right] \mathrm{d}y$$

$$= \left[a(x_{i+\frac{1}{2}},y_j) \frac{\partial u}{\partial x}(x_{i+\frac{1}{2}},y_j) - a(x_{i-\frac{1}{2}},y_j) \frac{\partial u}{\partial x}(x_{i-\frac{1}{2}},y_j) \right] h + O(h^3).$$

同理有

$$\iint_{D_{ij}} \frac{\partial}{\partial y}\left(a(x,y) \frac{\partial u}{\partial y}\right) \mathrm{d}x \mathrm{d}y = \left[a(x_i,y_{j+\frac{1}{2}}) \frac{\partial u}{\partial y}(x_i,y_{j+\frac{1}{2}}) - a(x_i,y_{j-\frac{1}{2}}) \frac{\partial u}{\partial y}(x_i,y_{j-\frac{1}{2}}) \right] h + O(h^3).$$

$$\iint_{D_{ij}} c(x,y) u \mathrm{d}x \mathrm{d}y = c_{ij} u_{ij} h^2 + O(h^3), \quad \iint_{D_{ij}} f(x,y) \mathrm{d}x \mathrm{d}y = f_{ij} h^2 + O(h^3).$$

再由一阶中心差商近似一阶导数：

$$\frac{\partial u}{\partial x}(x_{i+\frac{1}{2}},y_j) \approx \frac{u_{i+1,j} - u_{i,j}}{h}, \quad \frac{\partial u}{\partial x}(x_{i-\frac{1}{2}},y_j) \approx \frac{u_{i,j} - u_{i-1,j}}{h}.$$

对于 y 方向的偏导数也可以类似地得到.

综合上述，并且忽略高阶无穷小项，得到

$$-\frac{1}{h^2}[a_{i+\frac{1}{2},j}(u_{i+1,j}-u_{i,j}) - a_{i-\frac{1}{2},j}(u_{i,j}-u_{i-1,j})]$$

$$-\frac{1}{h^2}[a_{i,j+\frac{1}{2}}(u_{i,j+1}-u_{i,j}) - a_{i,j-\frac{1}{2}}(u_{i,j}-u_{i,j-1})] + c_{ij}u_{ij} = f_{ij}.$$

这与直接法得到的五点格式完全相同.

积分插值法最大的优点在于对积分区域的灵活性，它不但适应于矩形网格，它还可以应用于其他比较复杂的区域，比如三角形网格剖分、非矩形网格的四边形网格剖分. 在后面讨论有限元的时候，再详细讨论其他网格剖分，积分插值法(有限体积法)有类似于有限元的地方，具体细节第 9 章讨论.

7.4 极坐标形式的差分格式

在椭圆方程中，经常遇到偏微分方程的定解区域是圆域、环形域或者扇形区域的情形，此时采用极坐标是比较方便的. 利用坐标变换：

$$\begin{cases} x = r\cos\theta, \\ y = r\sin\theta, \end{cases}$$

Poisson 方程可以化为

$$\frac{1}{r} \frac{\partial}{\partial r}\left(r \frac{\partial u}{\partial r}\right) + \frac{1}{r^2} \frac{\partial^2 u}{\partial \theta^2} = -f(r,\theta).$$

并且坐标变换将 xOy 平面上圆域、环形域或者扇形区域映射为 $r\theta$ 平面上有界矩形区域和半带状区域，即 $\{(r,\theta) \mid 0 \leqslant \theta \leqslant 2\pi, 0 \leqslant r \leqslant R\}$, $\{(r,\theta) \mid 0 \leqslant \theta \leqslant 2\pi, R_1 \leqslant r \leqslant R_2\}$ 和 $\{(r,\theta) \mid 0 \leqslant$

$\theta \leqslant \theta_0, 0 \leqslant r \leqslant \infty\}$. 进行类似于直角坐标下的矩形剖分. 不妨假设步长都为等步长的, 在 r 轴方向的步长为 h, θ 方向的步长为 Δ.

从上面的方程可以看出, 当系数 $r=0$ 时, 系数是奇异的. 为此必须补充条件:

$$\lim_{r \to 0} r \frac{\partial u}{\partial r} = 0.$$

首先考虑, 节点不在 r-θ 平面上的 θ 轴上时的差分格式, 可以利用前面的变系数的方法得到这些节点满足的差分格式:

$$-\frac{r_{i+\frac{1}{2},j}(u_{i+1,j} - u_{i,j}) - r_{i-\frac{1}{2},j}(u_{i,j} - u_{i-1,j})}{r_i h^2} - \frac{u_{i,j+1} - 2u_{i,j} + u_{i,j-1}}{r_i^2 \Delta^2} = f_{ij}, \quad i \geqslant 1.$$

现在考虑当节点在 θ 轴上时的差分格式, 利用积分插值的方法, 选取的积分区域为 $[\varepsilon, h] \times [\theta_{j-\frac{1}{2}}, \theta_{j+\frac{1}{2}}]$. 首先对微分方程的两边同时乘以 r, 然后积分, 再对 ε 求极限, 最后利用中矩形积分公式以及差商与微商的关系得到

$$-\frac{2}{h^2}(u_{1,j} - u_{0,j}) - \frac{4}{h^2 \Delta^2}(u_{0,j+1} - 2u_{0,j} + u_{0,j-1}) = f_{0,j}.$$

联立上面两个式子得到极坐标下的差分格式.

7.5 多重网格法

用有限差分方法数值求解偏微分方程时, 首先要将求解区域剖分后, 离散微分方程得到差分方程组, 然后用直接方法或 Jacobi 迭代、Gauss-Siedel 迭代方法求解选定网格上的代数方程组. 此时, 无论是直接法还是迭代法, 都不会与网格发生任何联系. 然而实际上, 线性方程组的求解是依赖于网格的. 一般说, 在细网格上得到的解精度会高于粗网格上的. 但是细网格的计算量大, 粗网格的计算小, 通常不可能预先确定一种合适的网格剖分, 剖分过密会导致代数方程组过大, 而且用迭代方法求解时, 亦不可能预先给出较好的初值, 因而造成计算时间过多. 在不损失精确度的前提, 能否将细网格上的数值求解转化粗网格上, 提高效率? 多重网格法的思想就应运而生, 它是一种优良的加速迭代法. 以两点边值问题为例, 说明多重网格方法的基本思想.

考虑两点边值问题

$$\begin{cases} -u'' = f(x), & x \in (0, \pi), \\ u(0) = u(\pi) = 0 \end{cases}$$

的差分格式:

$$\begin{cases} -\dfrac{u_{j-1} - u_j + u_{j+1}}{h^2} = f(x_j), \\ u_0 = u_N = 0, \quad j = 1, 2, \cdots, N-1. \end{cases}$$

改写为矩阵形式 $A u_h = f_h$, 其中

$$A = \frac{1}{h^2}\begin{pmatrix} 2 & -1 & & \\ -1 & \ddots & \ddots & \\ & \ddots & \ddots & -1 \\ & & -1 & 2 \end{pmatrix}, \quad u_h = (u_1, u_2, \cdots, u_{N-1})^T, \quad f_h = (f_1, f_2, \cdots, f_{N-1})^T.$$

为了求解差分格式方程组，采用 Jacobi 松弛法迭代格式：$u_h^{(i+1)} = J(w)u_h^{(i)} + \frac{w}{2}hf_h$，其中 w 为松弛因子，$J(w) = (1-w)I + wJ, J = I - \frac{h^2}{2}A = \frac{1}{2}\begin{pmatrix} 0 & 1 & & \\ 1 & \ddots & \ddots & \\ & \ddots & \ddots & 1 \\ & & 1 & 0 \end{pmatrix}.$

根据线性代数的知识，很容易得到：

① $\lambda_{Jk} = 1 - w + w\left(1 - \frac{h^2}{2}\lambda_{Ak}\right) = 1 - 2w\sin^2\frac{kh}{2}.$

② A 与 $J(w)$ 有相同的特征向量，即

$$v_{h,k} = (\sin kh, \sin 2kh, \cdots, \sin(N-1)kh)^T, \quad k = 1, 2, \cdots, N-1.$$

下面讨论初始误差 e_0 如何在 Jacobi 迭代过程中进行误差传播的，e_i 为第 i 次迭代后的误差，根据线性代数的知识：

$$e_0 = a_1 v_{h,1} + a_2 v_{h,2} + \cdots + a_{N-1} v_{h,N-1},$$

$$e_i = J^i(w)e_0 = J^i(w)(a_1 v_{h,1} + a_2 v_{h,2} + \cdots + a_{N-1} v_{h,N-1})$$
$$= \sum_{k=1}^{N-1} a_k \lambda_{Jk}^i v_{h,k} = \sum_{k=1}^{N-1} a_k \left(1 - 2w\sin^2\frac{kh}{2}\right)^i v_{hk}.$$

从上式可以看出要使 $e_i \to 0$ 快速收敛，实际上就是要 $\left(1 - 2w\sin^2\frac{kh}{2}\right)^i \to 0$ 快速收敛，取松弛因子 $w = \frac{2}{3}$，当 $k \in \left[\frac{N}{2}, N-1\right]$ 时，特征向量是对应的高频分量，$\left|1 - 2w\sin^2\frac{kh}{2}\right| < \frac{2}{3}$，很快收敛于 0，也即高频分量衰减速度很快；当 $k \in \left[1, \frac{N}{2}\right]$，特征向量所对应的是低频分量，然而此时特征值接近于 1，收敛速度很慢，也即低频分量衰减速度很慢. 于是 Jacobi 迭代的收敛速度由低频分量决定的，多重网格方法正是基于观察到这个现象而提出来的.

考虑区域 $R = (0, \pi), N$ 等分区间，$N = 2^M, h = \frac{1}{N} = \Delta x$，网格使用符号 G^h，上角标表示网格尺寸. 一系列网格 $G^h, G^{2h}, G^{4h}, \cdots, G^{\frac{1}{2}}, G^1$. I_h^{2h} 表示从 G^h 到 G^{2h} 的网格变换，称 $I_h^{2h}: G^h \to G^{2h}$ 为限制算子；I_{2h}^h 表示从 G^{2h} 到 G^h 的网格变换，称 $I_{2h}^h: G^{2h} \to G^h$ 为延拓算子或插值算子.

取 $N = 8$ 和 $N = 4$ 为例说明如何操作限制算子和延拓算子或插值算子，此时的差分方程分别为

$$\begin{pmatrix} 2 & -1 & & \\ -1 & \ddots & \ddots & \\ & \ddots & \ddots & -1 \\ & & -1 & 2 \end{pmatrix}_{7\times 7} \begin{Bmatrix} u_1^h \\ \vdots \\ u_7^h \end{Bmatrix} = \begin{Bmatrix} f_1^h \\ \vdots \\ f_7^h \end{Bmatrix} \quad \text{和} \quad \begin{pmatrix} 2 & -1 & 0 \\ -1 & 2 & -1 \\ 0 & -1 & 2 \end{pmatrix} \begin{Bmatrix} u_1^h \\ u_2^h \\ u_3^h \end{Bmatrix} = \begin{Bmatrix} f_1^h \\ f_2^h \\ f_3^h \end{Bmatrix}.$$

限制算子 $I_h^{2h} = \dfrac{1}{4} \begin{pmatrix} 1 & 2 & 1 & 0 & 0 & 0 & 0 \\ 0 & 0 & 1 & 2 & 1 & 0 & 0 \\ 0 & 0 & 0 & 0 & 1 & 2 & 1 \end{pmatrix}$，延拓算子或插值算子 $I_{2h}^h = \dfrac{1}{2} \begin{pmatrix} 1 & 0 & 0 \\ 2 & 0 & 0 \\ 1 & 1 & 0 \\ 0 & 2 & 0 \\ 0 & 1 & 1 \\ 0 & 0 & 2 \\ 0 & 0 & 1 \end{pmatrix}$，通过简单的代数运算可得

$$I_h^{2h} v_{h,k} = \cos^2 \frac{k\pi}{2N} v_{2h,k}, \quad k=1,\cdots,\frac{N}{2}-1,$$

$$I_h^{2h} v_{h,\frac{N}{2}} = 0,$$

$$I_h^{2h} v_{h,N-k} = \sin^2 \frac{k\pi}{2N} v_{2h,k}, \quad k=1,\cdots,\frac{N}{2}-1,$$

$$I_{2h}^h v_{2h,k} = \cos^2 \frac{k\pi}{2N} v_{h,k} - \sin^2 \frac{k\pi}{2N} v_{h,N-k}, \quad k=1,\cdots,\frac{N}{2}-1.$$

细网格上的光滑迭代，粗网格上校正，两者结合产生了快速收敛，但各自收敛很慢，甚至不收敛，这样的组合称为多重网格迭代. 在讲述算法步骤之前，先解释下面的符号：

w：差分格式 $Au_h = f_h$ 的一个近似解；

r：残量 $r = f_n - Aw$；

e：解的误差，即满足差分格式方程 $Ae = r$，也即 $e = u_h - w$.

在此要注意的是：解的误差 e 也是近似解，也是通过迭代法求解的，一般记为 e_h.

二重网格的基本步骤：

1：光滑化. 在细网格 G^h 上的差分方程 $Au_h = f_h$ 上用松弛迭代 m 次得近似解 $\bar{u}_h$.

2：粗网格校正.

① 计算细网格上的残差 $r_h = f_h - A_h \bar{u}_h$；

② 将细网格上的误差限制到粗网格上，即 $f_{2h} = I_h^{2h} r_h$；

③ 计算粗网格上的残差 e_{2h}，即求解 $A_{2h} u_{2h} = f_{2h}$，得 e_{2h}；

④ 延拓粗网格上的误差 e_{2h} 到细网格上，得到细网格上的误差校正量，即 $\bar{e}_h = I_{2h}^h e_{2h}$；

⑤ 校正细网格上的近似解，即 $\hat{u}_h = \bar{u}_h + \bar{e}_h$；

⑥ 以 $\hat{u}_h$ 为初始值，在细网格上用松弛迭代法求解差分方程 $Au_h = f_h$，得结果 u_h.

多重网格的基本步骤，以四重网格的 V 循环网格算法为例进行说明：

① 光滑化. 以 u_h^0 为初值,在细网格 G^h 上用迭代法求解 $Au_h=f_h$ 的近似解 $\bar{u}_h$,以及计算细网格上的残差或者残量 $r_h=f_h-A_h\bar{u}_h$;

② 网格 G^{2h} 上,以 $e_{2h}=0$ 为初值,用迭代法求解 $A_{2h}e_{2h}=I_h^{2h}r_h$ 的近似解 $\bar{e}_{2h}$,以及计算细网格上的残差或者残量 $r_{2h}=f_{2h}-A_{2h}\bar{e}_{2h}$;

③ 网格 G^{4h} 上,以 $e_{4h}=0$ 为初值,用迭代法求解 $A_{4h}e_{4h}=I_{2h}^{4h}r_{2h}$ 的近似解 $\bar{e}_{4h}$,以及计算细网格上的残差或者残量 $r_{8h}=f_{8h}-A_{8h}\bar{e}_{4h}$;

④ 网格 G^{8h} 上,以 $e_{8h}=0$ 为初值,用迭代法求解 $A_{8h}e_{8h}=I_{4h}^{8h}r_{4h}$ 的近似解 $\bar{e}_{8h}$,以及计算细网格上的残差或者残量 $r_{8h}=f_{8h}-A_{8h}\bar{e}_{8h}$;

注 如果 $8h$ 网格足够粗,网格节点不多的情况下,可以精确求解.

⑤ 网格 G^{4h} 上,对误差 $\bar{e}_{4h}$ 进行修正,首先计算初值 $\hat{e}_{4h}^0=\bar{e}_{4h}+I_{8h}^{4h}\bar{e}_{4h}$,然后用迭代法求解 $A_{4h}e_{4h}=f_{4h}$ 的近似解 $\bar{\bar{e}}_{4h}$;

⑥ 网格 G^{2h} 上,对误差 $\bar{e}_{2h}$ 进行修正,首先计算初值 $\hat{e}_{2h}^0=\bar{e}_{2h}+I_{4h}^{2h}\bar{\bar{e}}_{4h}$,然后用迭代法求解 $A_{2h}e_{2h}=f_{2h}$ 的近似解 $\bar{\bar{e}}_{2h}$;

⑦ 在网格 G^h 上,对误差 $\bar{e}_h$ 进行修正,$\bar{\bar{e}}_h=\bar{e}_h+I_{2h}^h\bar{\bar{e}}_{2h}$;

⑧ 在网格 G^h 上,对解的近似值进行修正,首先计算初值 $\bar{u}_h^0=\bar{u}_h+\bar{\bar{e}}_h$,然后用迭代法求解 $A_hu_h=f_h$ 的近似解 u_h.

通过上述 8 个步骤,可以看出整个过程像字母 V 字形,由此称为 V 循环,图形如图 7.18 所示,还有 W 循环和 FMV 循环,可参考相关文献.

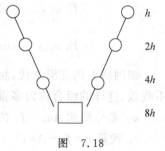

图 7.18

○:表示该层网格上进行光滑迭代;

\:表示由细网格到粗网格的转换;

/:表示由粗网格到细网格的转换;

□:表示精确求解.

练 习 题

1. 考虑方程 $\begin{cases} u_{xx}+u_{yy}+\alpha u_x+\beta u_y+ru=0, & (x,y)\in[0,a]\times[0,b],\alpha,\beta,r \text{ 为常数}, \\ u(x,0)=u(0,y)=u(a,y)=0, & u(x,b)=g(x). \end{cases}$

① 请推导满足局部截断误差为 $O(h^2+\tau^2)$ 的差分格式,并将其写为矩阵形式,要求当 $\alpha=\beta=r=0$ 时,矩阵为五带状的.

② 当 $\alpha=\beta=0$ 时,求 r 使上述差分格式可以用 CGM 求解.

③ 当 $r=0$ 时,求 α,β 使①差分格式可以用 CGM 求解.

④ 组合②、③中的所述条件,请问满足上述条件能否用 CGM 求解.

⑤ 使用积分法推导①的差分格式.

(提示: (1)积分区域为 $\left[x_i-\frac{h}{2},x_i+\frac{h}{2}\right]\times\left[y_i-\frac{k}{2},y_i+\frac{k}{2}\right]$; (2)数值积分使用中矩形公式; (3)数值导数使用中心差商.)

⑥ 请问①和⑤中所得差分格式是否具有相同的局部截断误差?

2. 考虑方程 $\begin{cases} u_{xx}+u_{yy}=0, & (x,y)\in[0,1]^2, \\ u(0,y)=u(1,y)=u(x,1)=0, & u_y(x,0)=g(x). \end{cases}$ 本题的目的是如何更好地处理 Neumann 边界条件, 为了得到二阶误差 $O(h_2^2)$:

① 方法一. 使用中心差商逼近 $\left.\dfrac{\partial u}{\partial y}\right|_{y=0}=g(x)$, 也即虚拟边界 $u_{i,-1}$, 写出此种离散方法的矩阵形式, 并问矩阵是否对称正定.

② 方法二. 使用单边差商逼近 $\left.\dfrac{\partial u}{\partial y}\right|_{y=0}=g(x)$, 请你给出二阶误差单边差商, 写出此种离散方法的矩阵形式, 并问矩阵是否对称正定.

3. 考虑用九点格式离散二阶混合偏导数 $\dfrac{\partial^2 u}{\partial x \partial y}$.

4. 考虑椭圆边值问题 $\Delta u=0, (x,y)\in\Omega=(-1,1)^2\setminus(-1,0)^2$, 边界条件如下:

$$\begin{cases} u(x,0)=x^4, & x\in[-1,0], & u(x,y)=1-6x^2+x^4, & y=\pm1, \\ u(0,y)=y^4, & y\in[-1,0], & u(x,y)=1-6y^2+y^4, & x=\pm1. \end{cases}$$

① 证明真解关于直线 $y=x$ 对称, 并求真解.

② 使用差分法求方程的近似解, 并与真解比较.

5. 考虑椭圆边值问题 $\Delta u=0, (x,y)\in\Omega=\{(x,y):1>|x|+|y|<2.5\}$, 边界条件如下:

$$u=\begin{cases} 0, & |x|+|y|=2.5, \\ 1, & |x|+|y|=1, \end{cases}$$

取步长 $h=\dfrac{1}{2}$, 使用矩形网格和差分法求近似解.

6. 利用一般区域上的边界处理方法二和方法三求解下面边值问题:

$$\begin{cases} u_{xx}+u_{yy}=0, & x^2+y^2<1, y>0, \\ u(x,y)=100, & x^2+y^2<1, y>0, \\ u(x,y)=0, & -1<x<1, y>0 \end{cases}$$

的近似解(步长 $=0.5$).

7. 考虑方程
$$\begin{cases} u_{xx} + u_{yy} = f(x,y), & 0 < x < 1, 0 < y < 1, \\ \dfrac{\partial u}{\partial n} = g(x,y), & x = y = 0, x = y = 1. \end{cases}$$

请回答如下问题：

① 在矩形网格剖分下，用五点格式离散内部节点，边界条件（除四个角点）采用虚拟网格法离散，四个角点采用偏导数加权平均的思路离散，请写出上述离散方法得到的逼近格式．

② 在问题①中，取步长为 0.5，写出逼近格式 $AU = F$．

③ 证明问题②得到的系数矩阵是不可逆的，也即奇异的．

④ 证明 $AU = F$ 通过初等行变换可以变成对称阵 $A'U = F'$，而且不改变逼近格式．

⑤ 证明 $A'U = F'$ 解存在的充要条件是 $\int_\Omega f \mathrm{d}x\mathrm{d}y = \int_{\partial\Omega} g \mathrm{d}S$．注意：解不唯一．

8. 平面上的区域 $\Omega = \{(x,y): 1 < x^2 + y^2 < 4, x > 0, y > 0\}$，也即圆环的一部分．考虑椭圆边值问题 $\Delta u = 0, (x,y) \in \Omega$，边界条件如下：
$$\begin{cases} u(x,0) = x, & x \in [1,2], \quad u(x,y) = 1, \quad x^2 + y^2 = 1, \quad x, y > 0, \\ u(0,y) = y, & y \in [1,2], \quad u(x,y) = 2, \quad x^2 + y^2 = 4, \quad x, y > 0. \end{cases}$$

① 求椭圆方程在极坐标下的表示．

② 求在极坐标网格下的五点差分格式．

③ 建立下面直角坐标系下的网格剖分：
$$x^2 + y^2 = 1, \quad x^2 + y^2 = 2.25, \quad x^2 + y^2 = 4,$$
$$y = 0, \quad y = \frac{\sqrt{3}}{3}x, \quad y = \sqrt{3}x, \quad x = 0.$$

④ 将上面的直角坐标下的网格转化为及坐系的网格．

⑤ 求解在上述网格剖分下的极坐标系下的近似解．

⑥ 将边界条件改为如下的条件
$$\begin{cases} u(x,0) = \ln x, & x \in [1,2], \quad u(x,y) = 0, \quad x^2 + y^2 = 1, \quad x, y > 0, \\ u(0,y) = \ln y, & y \in [1,2], \quad u(x,y) = \ln 2, \quad x^2 + y^2 = 4, \quad x, y > 0. \end{cases}$$

请你用在③~④的网格剖分方法，求解此边值问题的近似解．

⑦ 在③~④的方法下，编程求解问题⑥的近似解．要求：剖分不同的网格尺寸，画出误差与网格总结点数的对数图，也即纵坐标是误差的对数 ln，横坐标是结点总数的对数 ln．

（**注** 真解为 $u(x,y) = \dfrac{1}{2}\ln(x^2 + y^2)$．）

第 8 章 变分问题的近似计算方法

前面几章介绍了差分方法求解微分方程的近似值,在如下两章介绍另外一种重要的数值求解方法——有限元方法求解微分方程.这种方法属于变分法的范畴,有限元方法是古典变分法与分片多项式相结合的产物.在介绍变分问题之前,引入一些常用的函数集合符号:

$C[a,b] = \{f(x) | f(x)$在$[a,b]$上连续$\}$,称为连续函数空间.
$C^1[a,b] = \{f(x) | f'(x)$在$[a,b]$上连续$\}$,称为一阶连续函数空间.
$C_0^1[a,b] = \{f(x) | f \in C^1[a,b], f(a) = f(b) = 0\}$.
$L^2[a,b] = \left\{f(x) \left| \int_a^b f^2(x) \mathrm{d}x < \infty \right.\right\}$,称为平方可积函数空间.

等等,这些集合称为**容许类函数集合**.

8.1 古典变分问题的例子

例 8.1 最小曲面问题

设 xOy 平面上的开区域 Ω,其边界记为 $\partial\Omega$,在 $\partial\Omega$ 上给定函数值 $u|_{\partial\Omega} = \varphi(x,y)$,$\varphi(x,y)$ 是已知函数,于是得到一空间曲线 $C: \begin{cases} \varphi(x,y) = 0, \\ F(x,y,z) = 0, \end{cases}$ 其中曲面 $\Sigma: F(x,y,z) = 0$ 正是所要求的曲面,此曲面要求满足的条件是由曲线 C 在空间中所张成的曲面面积最小.

由微积分的知识可以推导出曲面 $\Sigma: F(x,y,z) = 0$ 在开区域 Ω 上的面积表达式.
不妨假设函数 $F(x,y,z) = 0$ 满足隐函数存在定理的条件,则有 $z = f(x,y)$,并且曲面的面积可表示为

$$S = \iint_\Omega \sqrt{1 + \left(\frac{\partial f}{\partial x}\right)^2 + \left(\frac{\partial f}{\partial y}\right)^2} \, \mathrm{d}x\mathrm{d}y.$$

很显然,当给定不同的 f 时,面积 S 是不同的.曲面面积是关于函数 $f(x,y)$ 的函数,称面积 S 是函数 $f(x,y)$ 的泛函.函数 $f(x,y)$ 必须满足如下条件:①存在连续的一阶偏导数;②$f(x,y)$ 在边界 $\partial\Omega$ 必须与 $\varphi(x,y)$ 相等.用集合的概念描述为

$$f(x,y) \in K = \{u | u \in C^1(\bar{\Omega}), u|_{\partial\Omega} = \varphi(x,y)\}.$$

于是,求最小曲面问题就可以转化为如下泛函极值的问题:

$$\begin{cases} 求 f_0 \in K, & 使得 \\ S(f_0) \leqslant S(f), & \forall f \in K. \end{cases}$$

例 8.2 最速降线问题

求质点的运动轨迹曲线,质量为 m 的质点在重力的作用下,沿此光滑曲线无摩擦运动,使质点从点 $A(0,0)$ 下降到点 $B(a,b)$ 的速度最快或者时间最短.

设任意一条过 A,B 两点的曲线的方程为 $y=y(x)$,点 P 是曲线上的任意一点,设质点过此点的速率是 $v=\dfrac{\mathrm{d}s}{\mathrm{d}t}$,由能量守恒有

$$\frac{1}{2}m\left(\frac{\mathrm{d}s}{\mathrm{d}t}\right)^2 = mgy \Rightarrow \frac{\mathrm{d}s}{\mathrm{d}t} = \sqrt{2gy}, \tag{1}$$

其中 s 是质点所走过的路程,即从 A 点到 P 点的弧长.由弧微分公式:

$$\mathrm{d}s = \sqrt{1+(y')^2}\,\mathrm{d}x, \tag{2}$$

把式(2)代入式(1)有

$$\sqrt{1+(y')^2}\,\frac{\mathrm{d}x}{\mathrm{d}t} = \sqrt{2gy} \quad \text{或者} \quad \mathrm{d}t = \frac{\sqrt{1+(y')^2}}{\sqrt{2gy}}\,\mathrm{d}x.$$

对上式两边进行积分,得到从 A 点到 B 点的时间为

$$T = \int_0^a \frac{\sqrt{1+(y')^2}}{\sqrt{2gy}}\,\mathrm{d}x.$$

显然,选择不同的路径曲线,得到时间是不同的,即时间 T 是路径 $y(x)$ 的函数.曲线 $y=y(x)$ 要满足如下条件:①函数 $y(x)$ 存在一阶导数;②点 $A(0,0),B(a,b)$ 必须在曲线上,即 $y(0)=0,y(a)=b$.用集合的概念描述为

$$K = \{y \mid y \in C^1[0,a], y(0)=0, y(a)=b\}.$$

于是,求最速下降问题就可以转化为如下泛函极值的问题:

$$\begin{cases} 求\ y_0 \in K, & 使得 \\ T(y_0) \leqslant T(y), & \forall\, y \in K. \end{cases}$$

例 8.3 等周问题

在周长为 l 的所有在平面上光滑的封闭曲线中,求所围面积最大的曲线.

设封闭曲线的参数方程为 $\begin{cases} x=x(s), \\ y=y(s), \end{cases} 0 \leqslant s \leqslant T$,由弧长公式知曲线方程应该满足如下方程:

$$\int_a^b \sqrt{\left(\frac{\mathrm{d}x}{\mathrm{d}s}\right)^2 + \left(\frac{\mathrm{d}y}{\mathrm{d}s}\right)^2}\,\mathrm{d}s = l. \tag{3}$$

由封闭曲线所围成的面积公式有

$$S(x,y) = \frac{1}{2}\int_C x\,\mathrm{d}y - y\,\mathrm{d}x = \frac{1}{2}\int_0^T (xy' - yx')\,\mathrm{d}s.$$

曲线 $\begin{cases} x=x(s), \\ y=y(s), \end{cases} 0 \leqslant s \leqslant T$ 要满足:①函数 $x(s),y(s)$ 存在一阶导数;②函数 $x(s),y(s)$ 满足

式(3). 用集合的概念描述为

$$K = \left\{(x,y) \,\middle|\, x,y \in C^1[0,T], \int_a^b \sqrt{\left(\frac{dx}{ds}\right)^2 + \left(\frac{dy}{ds}\right)^2}\, ds = l\right\}.$$

于是,等周问题转化为如下泛函极值的问题

$$\begin{cases} 求 \ x_0, y_0 \in K, \quad 使得 \\ S(x_0, y_0) \geqslant S(x,y), \quad \forall\, x,y \in K. \end{cases}$$

例 8.4 短程线问题

求在曲面 $F(x,y,z)=0$ 上给定两点 $A(x_1,y_1,z_1), B(x_2,y_2,z_2)$ 之间最短曲线的方程. 比如,球面上任意两点之间的球面上距离最短的曲线就是过这两点的大圆的劣弧.

设 x 为参数,曲面上的光滑曲线用参数方程 $y=y(x), z=z(x)$ 表示. 那么过 A, B 两点的曲线长度为

$$L(y,z) = \int_{x_1}^{x_2} \sqrt{1+(y'(x))^2+(z'(x))^2}\, dx.$$

曲线 $\begin{cases} y=y(x), \\ z=z(x), \end{cases}$ $x_1 \leqslant x \leqslant x_2$ 要满足:①函数 $y(x), z(x)$ 存在一阶导数;②函数满足 $y(x_1)=y_1, z(x_1)=z_1$. 用集合的概念描述为

$$K = \{(y,z) \mid y,z \in C^1[x_1, x_2], y(x_1)=y_1, z(x_1)=z_1\}.$$

于是,短程线问题转化为如下泛函极值的问题:

$$\begin{cases} 求 \ y_0, z_0 \in K, \quad 使得 \\ L(y_0, z_0) \leqslant L(y,z), \quad \forall\, y,z \in K. \end{cases}$$

总结上面四个实际问题的例子,都是研究泛函在某个集合上的极值问题. 这就是古典变分问题. 如何求解它们呢? 下一节回答这个问题.

8.2 变分问题的等价问题

8.2.1 二次函数的极值问题

变分法是构造微分方程数值解的基础,有很重要的实际和理论意义. 为了易于理解,首先以大家较为熟悉的 n 元二次函数的极值问题为例,介绍变分法.

在 n 维欧氏空间考虑二次函数

$$J(x) = \frac{1}{2}\sum_{i,j=1}^n a_{i,j} x_i x_j - \sum_{i=1}^n b_i x_i.$$

令 $\boldsymbol{A}=(a_{ij})_{n\times n}, a_{ij}=a_{ji}, \boldsymbol{x}=(x_1,\cdots,x_n)^T, \boldsymbol{b}=(b_1,\cdots,b_n)^T$,并且矩阵 $\boldsymbol{A}$ 是正定的,则

$$J(x) = \frac{1}{2}(\boldsymbol{Ax}, \boldsymbol{x}) - (\boldsymbol{b}, \boldsymbol{x}),$$

其中$(\cdot,\cdot)$表示n维欧氏空间中的向量内积.

由微积分的知识,二次函数在点$\boldsymbol{x}_0=(x_1^0,x_2^0,\cdots,x_n^0)^T$为极值的必要条件是

$$\frac{\partial J(\boldsymbol{x})}{\partial x_i}=\sum_{j=1}^n a_{ij}x_j^0-b_i=0,\quad i=1,2,\cdots,n,$$

即$\boldsymbol{A}\boldsymbol{x}_0-\boldsymbol{b}=\boldsymbol{0}$.

下面从另外一个全新的角度来讨论二次函数的极值问题.

设二次泛函$J(\boldsymbol{x})$在$\boldsymbol{x}_0$处达到极小,则对于一切$\boldsymbol{x}\in\mathbf{R}^n, \boldsymbol{x}\neq\boldsymbol{0},\alpha\in\mathbf{R}$,令$\varphi(\alpha)=J(\boldsymbol{x}_0+\alpha\boldsymbol{x})$,则$\varphi(\alpha)=J(\boldsymbol{x}_0+\alpha\boldsymbol{x})\geqslant J(\boldsymbol{x}_0)=\varphi(0)$.于是,把多元变量的函数极值问题转化单变量函数极值问题.

$$\begin{aligned}\varphi(\alpha)&=J(\boldsymbol{x}_0+\alpha\boldsymbol{x})=\frac{1}{2}(\boldsymbol{A}\boldsymbol{x}_0+\alpha\boldsymbol{A}\boldsymbol{x},\boldsymbol{x}_0+\alpha\boldsymbol{x})-(\boldsymbol{b},\boldsymbol{x}_0+\alpha\boldsymbol{x})\\&=\frac{1}{2}[(\boldsymbol{A}\boldsymbol{x}_0,\boldsymbol{x}_0)+\alpha(\boldsymbol{A}\boldsymbol{x}_0,\boldsymbol{x})+\alpha(\boldsymbol{A}\boldsymbol{x}+\boldsymbol{x}_0)+\alpha^2(\boldsymbol{A}\boldsymbol{x},\boldsymbol{x})]-(\boldsymbol{b},\boldsymbol{x}_0)-\alpha(\boldsymbol{b},\boldsymbol{x})\\&=J(\boldsymbol{x}_0)+\alpha(\boldsymbol{A}\boldsymbol{x}_0-\boldsymbol{b},\boldsymbol{x})+\frac{\alpha^2}{2}(\boldsymbol{A}\boldsymbol{x},\boldsymbol{x})\end{aligned}$$

若$\varphi(\alpha)$在$\alpha=0$处达到极小,则有$\varphi'(0)=0$,即

$$(\boldsymbol{A}\boldsymbol{x}_0-\boldsymbol{b},\boldsymbol{x})=0,\quad\forall\,\boldsymbol{x}\in\mathbf{R}^n,$$

因此

$$\boldsymbol{A}\boldsymbol{x}_0-\boldsymbol{b}=\boldsymbol{0}.$$

又因为$\alpha=0$是极小值点,则有$\varphi''(\alpha)=(\boldsymbol{A}\boldsymbol{x},\boldsymbol{x})>0$,则有矩阵$\boldsymbol{A}$是正定的.

假设矩阵$\boldsymbol{A}$是正定的,且$\boldsymbol{A}\boldsymbol{x}_0-\boldsymbol{b}=\boldsymbol{0}$,因此有

$$\varphi(\alpha)=J(\boldsymbol{x}_0)+\frac{\alpha^2}{2}(\boldsymbol{A}\boldsymbol{x},\boldsymbol{x})\geqslant J(\boldsymbol{x}_0).$$

当且仅当$\alpha=0$时,等号成立.于是有如下定理成立.

定理1 若矩阵$\boldsymbol{A}$是对称正定阵,则下面三个命题等价:

① $\boldsymbol{x}_0$是方程$\boldsymbol{A}\boldsymbol{x}-\boldsymbol{b}=\boldsymbol{0}$的解.

② $(\boldsymbol{A}\boldsymbol{x}_0,\boldsymbol{x})-(\boldsymbol{b},\boldsymbol{x})=0$对一切$\boldsymbol{x}\in\mathbf{R}^n$成立.

③ $\boldsymbol{x}_0\in\mathbf{R}^n$是二次函数$J(\boldsymbol{x})$的极小值点,即$J(\boldsymbol{x}_0)=\min\limits_{\boldsymbol{x}\in\mathbf{R}^n}J(\boldsymbol{x})$.

8.2.2 泛函极值问题中的基本概念和Euler方程

考虑实值泛函:

$$J(f)=\int_\Omega F(x,f,f')\mathrm{d}x,$$

其中$F(x,f,f')$是$\mathbf{R}^3$上的某个区域上的二次连续可微的函数,f属于某个容许函数集合V,于是变分问题的典型例子是:求函数$u\in V$,使得

$$J(u)=\min_{f\in V}J(f).$$

如果泛函的形式不同,容许函数类不同,就可以得到不同的变分问题.

为了讨论求泛函极值的方法,需要下面不加证明重要结论——变分基本引理.

变分基本引理 设 $f(x)\in C[a,b]$,且对一切 $g(x)\in C[a,b]$,如果
$$\int_a^b f(x)g(x)\mathrm{d}x = 0,$$
则
$$f(x) = 0, \quad \forall x \in [a,b].$$

为了讨论泛函的极值,可提出类似于微积分中的一些概念,比如邻域、极值等.

设函数集合 K,函数 $f\in K$,则称 $\delta(f)=\{g\mid |f(x)-g(x)|<\varepsilon, \forall x\in[a,b]\}$ 为函数 $f(x)$ 的邻域.

如果函数 $f\in K$,且对任何 $g(x)\in\delta(f)$ 都有 $J(f(x))\leqslant J(g(x))$,则称函数 $f(x)$ 是泛函 $J(\cdot)$ 的局部极小值.

现在讨论局部极小值的必要条件. 设函数 $f(x)$ 是泛函的局部极小值. 考虑给函数 $f(x)$ 一个微小的摄动,得到一个新函数:
$$f_\alpha(x) = f(x) + \alpha\eta(x),$$
其中 $\eta(x)\in C_0^1[a,b]$,α 是充分小的实数,使得 $f_\alpha(x)\in\delta(f)$.

考虑泛函 $J(f) = \int_a^b F(x,f,f')\mathrm{d}x$,则
$$J(f+\alpha\eta) = \int_a^b F(x,f(x)+\alpha\eta(x),f'(x)+\alpha\eta'(x))\mathrm{d}x.$$
因为 $f(x)$ 是泛函的局部极小值,则有 $J(f)\leqslant J(f+\alpha\eta)$.

令 $\varphi(\alpha)=J(f+\alpha\eta)$,因此得到 0 是函数 $\varphi(\alpha)$ 的极小值点. 由此把一个泛函的极值问题转化为我们熟悉的函数极值问题. 因此
$$\left.\frac{\mathrm{d}\varphi}{\mathrm{d}\alpha}\right|_{\alpha=0} = \int_a^b \left(\frac{\partial F(x,f,f')}{\partial f}\eta(x) + \frac{\partial F(x,f,f')}{\partial f'}\eta'(x)\right)\mathrm{d}x = 0.$$

由分部积分可以得到
$$\int_a^b \frac{\partial F(x,f,f')}{\partial f'}\eta'(x)\mathrm{d}x = \left.\frac{\partial F(x,f,f')}{\partial f'}\eta(x)\right|_{x=a}^{x=b} - \int_a^b \frac{\mathrm{d}}{\mathrm{d}x}\frac{\partial F(x,f,f')}{\partial f'}\eta(x)\mathrm{d}x$$
$$= -\int_a^b \frac{\mathrm{d}}{\mathrm{d}x}\left(\frac{\partial F(x,f,f')}{\partial f'}\right)\eta(x)\mathrm{d}x,$$

于是
$$\int_a^b \left[\frac{\partial F}{\partial f} - \frac{\mathrm{d}}{\mathrm{d}x}\left(\frac{\partial F}{\partial f'}\right)\right]\eta(x)\mathrm{d}x = 0.$$

由变分基本引理有
$$\frac{\partial F}{\partial f} - \frac{\mathrm{d}}{\mathrm{d}x}\left(\frac{\partial F}{\partial f'}\right) = 0. \tag{4}$$

这就是 $f(x)$ 在集合 K 内使泛函 $J(\cdot)$ 达到极小的必要条件. 方程(4)称为 Euler 方程. 另外

称 $\delta J = \left.\dfrac{\mathrm{d}\varphi}{\mathrm{d}\alpha}\right|_{\alpha=0}$ 称为泛函 $J(\cdot)$ 的一阶变分. 同理可以定义高阶变分, 比如二阶变分:

$$\delta^2 J = \left.\dfrac{\mathrm{d}^2\varphi}{\mathrm{d}\alpha^2}\right|_{\alpha=0} = \int_a^b \left[\dfrac{\partial^2 F(x,f,f')}{\partial f^2}\eta^2(x) + 2\dfrac{\partial^2 F(x,f,f')}{\partial f \partial f'}\eta(x)\eta'(x) \right.$$
$$\left. + \dfrac{\partial^2 F(x,f,f')}{\partial^2 f'}(\eta'(x))^2 \right]\mathrm{d}x.$$

例 8.5 考虑泛函

$$J(y) = \dfrac{1}{2}\int_a^b \left[p(x)\left(\dfrac{\mathrm{d}y}{\mathrm{d}x}\right)^2 + q(x)y^2 - 2f(x)y \right]\mathrm{d}x,$$

求 Euler 方程.

解 设 $F(x,y,y') = \dfrac{1}{2}\left[p(x)\left(\dfrac{\mathrm{d}y}{\mathrm{d}x}\right)^2 + q(x)y^2 - 2f(x)y \right]$, 则

$$\dfrac{\partial F}{\partial y} = q(x)y - f(x), \quad \dfrac{\partial F}{\partial y'} = p(x)y',$$

因此 Euler 方程为

$$q(x)y - f(x) - \dfrac{\mathrm{d}}{\mathrm{d}x}(p(x)y') = 0.$$

例 8.6 求最速降线问题(捷线问题)的解.

解 泛函为 $T = \int_0^a \dfrac{\sqrt{1+(y')^2}}{\sqrt{2gy}}\mathrm{d}x$, 且 $y(0)=0, y(a)=b$. 设 $F(x,y,y') = \dfrac{\sqrt{1+(y')^2}}{\sqrt{2gy}}$, 则 Euler 方程为 $\dfrac{\partial F}{\partial y} - \dfrac{\mathrm{d}}{\mathrm{d}x}\left(\dfrac{\partial F}{\partial y'}\right) = 0$.

又因为 $\dfrac{\mathrm{d}}{\mathrm{d}x}\left(F - y'\dfrac{\partial F}{\partial y'}\right) = y'\dfrac{\partial F}{\partial y} + y''\dfrac{\partial F}{\partial y'} - y''\dfrac{\partial F}{\partial y'} + y'\dfrac{\mathrm{d}}{\mathrm{d}x}\left(\dfrac{\partial F}{\partial y'}\right) = 0$,

由此可得 $F - y'\dfrac{\partial F}{\partial y'} = C$ (常数), 也即

$$\dfrac{\sqrt{1+(y')^2}}{\sqrt{2gy}} - y'\dfrac{1}{\sqrt{2gy}}\dfrac{y'}{\sqrt{1+(y')^2}} = C,$$

化简得 $\dfrac{1}{\sqrt{2gy}\sqrt{1+(y')^2}} = C$, 也即 $y(1+(y')^2) = \dfrac{1}{2gC^2} = 2r$. 引入变量代换 $x = x(\theta)$, 并设 $y' = \cot\dfrac{\theta}{2}$, 则

$$y = 2r\sin^2\dfrac{\theta}{2} = r(1-\cos\theta).$$

上式求导可得 $y'\dfrac{\mathrm{d}x}{\mathrm{d}\theta} = r\sin\theta$, 于是有

$$\dfrac{\mathrm{d}x}{\mathrm{d}\theta} = r(1-\cos\theta) \Rightarrow x = r(\theta - \sin\theta) + C.$$

又因为曲线过点 $(0,0)$ 和 (a,b) 可以确定两个常数 r 和 C，则所求的曲线方程为如下参数方程：
$$\begin{cases} x = r(\theta - \sin\theta), \\ y = r(1 - \sin\theta), \end{cases}$$
其是旋轮线的一部分.

8.2.3 泛函极值问题的等价问题

由于求解变分问题一般都很困难，经常无法断定变分问题是否有解，或者有几个解，至于求出它的解更是困难重重. 在本书中，为了讨论简单，仅讨论比较简单的泛函在某些特殊的函数类上的极值问题，以例题的形式进行说明.

例 8.7 当 $T>0, \beta>0$ 时，考虑泛函
$$\begin{aligned} J(u) &= \frac{1}{2}\iint_\Omega [T(u_x^2 + u_y^2) - 2f(x,y)u(x,y)]\mathrm{d}x\mathrm{d}y + \int_{\partial\Omega}\left(\frac{1}{2}\beta u^2 - \gamma u\right)\mathrm{d}s \\ &= \frac{1}{2}\iint_\Omega [T(\nabla u)^2 - 2f(x,y)u(x,y)]\mathrm{d}x\mathrm{d}y + \int_{\partial\Omega}\left(\frac{1}{2}\beta u^2 - \gamma u\right)\mathrm{d}s \end{aligned} \tag{5}$$
的极值点所满足的方程.
$$J(u+\alpha\eta) = \frac{1}{2}\iint_\Omega [T(\nabla(u+\alpha\eta))^2 - 2f(x,y)(u+\alpha\eta)]\mathrm{d}x\mathrm{d}y$$
$$+ \int_{\partial\Omega}\left[\frac{1}{2}\beta(u+\alpha\eta)^2 - \gamma(u+\alpha\eta)\right]\mathrm{d}s,$$
$$\delta J = \frac{\mathrm{d}J(u+\alpha\eta)}{\mathrm{d}\alpha}\bigg|_{\alpha=0} = \iint_\Omega [T\nabla u \nabla\eta - f(x,y)\eta]\mathrm{d}x\mathrm{d}y + \int_{\partial\Omega}(\beta u - \gamma)\eta\mathrm{d}s$$
$$= \iint_\Omega [-\nabla\cdot(T\nabla u) - f(x,y)]\eta\mathrm{d}x\mathrm{d}y + \int_{\partial\Omega}\left(T\frac{\partial u}{\partial n} + \beta u - \gamma\right)\eta\mathrm{d}s = 0.$$
由变分基本引理：
$$\begin{cases} -\nabla\cdot(T\nabla u) - f = 0, & (x,y) \in \Omega, \\ T\dfrac{\partial u}{\partial n} + \beta u - \gamma = 0, & (x,y) \in \partial\Omega, \end{cases} \tag{6}$$
这个边界条件也是自然边界条件.

注 从上面的例 8.5 和例 8.7 可以看出，泛函对函数 $u(x,y)$ 的条件比微分方程要求的条件低，前者只要一阶可导，而微分方程要二阶可导. 因此只要函数 $u(x,y)$ 满足一定的条件，就可以得到如下定理.

定理（最小位能原理） 设 $u \in C^1(\bar{\Omega}) \cap C^2(\Omega)$，是泛函(5)的极小值点，则 $u(x,y)$ 是边值问题(6)的解. 反之，$u(x,y)$ 是边值问题(6)的解，则 $u(x,y)$ 是泛函(5)的极小值点.

证明 定理的第一部分已经在上面已经讨论了,下面证明定理的第二部分.

如果 $u(x,y)$ 是边值问题(6)的解,考虑泛函(5),取函数 $u+\alpha\eta$,

$$J(u+\alpha\eta) = \frac{1}{2}\iint_\Omega [T(\nabla(u+\alpha\eta))^2 - 2f(x,y)(u+\alpha\eta)]dxdy$$

$$+ \int_{\partial\Omega}\left(\frac{1}{2}\beta(u+\alpha\eta)^2 - \gamma(u+\alpha\eta)\right)ds$$

$$= \frac{1}{2}\iint_\Omega [T(\nabla u)^2 + 2\alpha T \nabla u \nabla\eta + T\alpha^2(\nabla\eta)^2 - 2f(x,y)u - 2\alpha f(x,y)\eta]dxdy$$

$$+ \int_{\partial\Omega}\left(\frac{1}{2}\beta u^2 + \alpha\beta u\eta + \frac{1}{2}\alpha\beta\eta^2 - \gamma u - \alpha\gamma\eta\right)ds$$

$$= J(u) + \frac{1}{2}\iint_\Omega [2\alpha T \nabla u \nabla\eta - 2\alpha f(x,y)\eta]dxdy + \frac{1}{2}\iint_\Omega T\alpha^2(\nabla\eta)^2 dxdy$$

$$+ \int_{\partial\Omega}(\alpha\beta u\eta - \alpha\gamma\eta)ds + \int_{\partial\Omega}\frac{1}{2}\beta\alpha^2\eta^2 ds.$$

对上式中的第二项由 Gauss 公式有

$$J(u+\alpha\eta) = J(u) + \alpha\iint_\Omega [-\nabla\cdot(T\nabla u) - f(x,y)]\eta dxdy + \frac{1}{2}\iint_\Omega T\alpha^2(\nabla\eta)^2 dxdy$$

$$+ \alpha\int_{\partial\Omega}\left(T\frac{\partial u}{\partial n} + \beta u - \gamma\right)\eta ds + \int_{\partial\Omega}\frac{1}{2}\alpha^2\beta\eta^2 ds.$$

因为 $u(x,y)$ 是边值问题(6)的解,于是上式的第二项和第四项等于 0. 因此

$$J(u+\alpha\eta) = J(u) + \frac{1}{2}\iint_\Omega T\alpha^2(\nabla\eta)^2 dxdy + \frac{1}{2}\int_{\partial\Omega}\alpha^2\beta\eta^2 ds > J(u),$$

因此, $u(x,y)$ 是泛函(5)的极小值点.

因为上面的泛函在物理学上通常表示物体的位能,所以此定理称为最小位能原理.

下面仍然考虑边值问题,设 $u(x,y)$ 是边值问题(6)的解. 对微分方程(6)两边同时乘以 $v(x,y) \in C_0^1(\bar{\Omega})$,然后在 Ω 上积分,由 Gauss 公式以及边界条件:

$$-\iint_\Omega (\nabla\cdot(T\nabla u) + f(x,y))v dxdy$$

$$= \iint_\Omega \left(T\frac{\partial u}{\partial x}\frac{\partial v}{\partial x} + T\frac{\partial u}{\partial y}\frac{\partial v}{\partial y} - fv\right)dxdy - \int_{\partial\Omega} T\frac{\partial u}{\partial n}v ds$$

$$= \iint_\Omega T\nabla u \nabla v dxdy - \iint_\Omega fv dxdy - \int_{\partial\Omega}(-\beta u + \gamma)v ds$$

$$= 0.$$

于是,满足边值问题的解 $u(x,y)$ 也必须满足

$$\iint_\Omega T\nabla u \nabla v dxdy - \iint_\Omega fv dxdy - \int_{\partial\Omega}(-\beta u + \gamma)v ds = 0, \quad \forall v(x,y) \in C_0^1(\bar{\Omega}). \quad (7)$$

8.2 变分问题的等价问题

反过来,如果 $u(x,y)$ 是上式(7)的解,并且 $u\in C^1(\bar{\Omega})\bigcap C^2(\Omega)$. 由 Gauss 公式有

$$\iint_{\Omega} T\nabla u\ \nabla v \mathrm{d}x\mathrm{d}y - \iint_{\Omega} fv\mathrm{d}x\mathrm{d}y - \int_{\partial\Omega}(-\beta u+\gamma)v\mathrm{d}s$$

$$= \int_{\partial\Omega} T\frac{\partial u}{\partial n}v\mathrm{d}s - \iint_{\Omega}(\nabla\cdot(T\nabla u)+f(x,y))v\mathrm{d}x\mathrm{d}y - \int_{\partial\Omega}(-\beta u+\gamma)v\mathrm{d}s$$

$$= -\iint_{\Omega}(\nabla\cdot(T\nabla u)+f(x,y))v\mathrm{d}x\mathrm{d}y$$

$$+ \int_{\partial\Omega}\left(T\frac{\partial u}{\partial n}+\beta u-\gamma\right)v\mathrm{d}s = 0,\quad \forall v(x,y)\in C_0^1(\bar{\Omega}).$$

由变分基本引理得到

$$\begin{cases} -\nabla\cdot(T\nabla u)-f=0, & (x,y)\in\Omega, \\ T\dfrac{\partial u}{\partial n}+\beta u-\gamma=0, & (x,y)\in\partial\Omega. \end{cases}$$

于是,得到如下定理.

定理 设 $u\in C^1(\bar{\Omega})\bigcap C^2(\Omega)$,并且是式(7)的解,则 $u(x,y)$ 是边值问题(6)的解. 反之,$u(x,y)$ 是边值问题(6)的解,则 $u(x,y)$ 是式(7)的解.

注 从上面可以看出,此式(7)的左端是泛函(6)的一阶变分,因此有 $\delta J(u,v)=0$,如果将 $v(x,y)$ 看成位移函数 $u(x,y)$ 的增量,则它表示弹性力学中的"虚位移". 因此式(7)在力学上的意义:在平衡状态下,任给一个满足约束条件的虚位移,则物体所受外力所做的功,等于物体所受惯性力所做的功. 此是力学上的虚功原理,因此,此定理也叫虚功原理,方程(7)称为虚功方程.

总结上面两个定理,可以得到如下三个问题之间在一定条件下的等价关系.

设 $u\in C^1(\bar{\Omega})\bigcap C^2(\Omega)$:

① $u(x,y)$ 是边值问题(6)的解;

② $u(x,y)$ 是泛函(5)的极小值点;

③ $u(x,y)$ 是(7)的解.

通常把这三个问题的等价关系称之为**变分原理**.

此等价关系完全类似于 8.2.1 节的定理 1,可以认为是向量空间的结论在函数空间上的推广.

从上面的证明,可以看出,问题(5)和问题(7)对解的存在性,要求的条件比问题(6)的条件弱. 前者只要求 $C^1(\bar{\Omega})$,而后者要求 $C^2(\Omega)$. 另外,这三个问题都是讨论薄膜在平衡位置的振动过程,然而每个问题却反映了不同的力学原理. 问题(6)是反映的力平衡原理,问题(5)是反映的最小位势原理,是 Ritz 弱形式,问题(7)反映的是虚功原理,是 Galerkin 弱形式.

为了书写的简洁,引入如下记号,这些记号在后经常用到.

$$a(u,v) = \iint_\Omega T\,\nabla u\,\nabla v \mathrm{d}x\mathrm{d}y + \int_{\partial\Omega} \beta uv \mathrm{d}s,$$

$$L(v) = \iint_\Omega fvv \mathrm{d}x\mathrm{d}y + \int_{\partial\Omega} \gamma v \mathrm{d}s.$$

于是泛函极值问题可以改写为：求 $u \in K$ 使得

$$J(u) = \min_{v \in K} J(v),$$

其中 $J(v) = \frac{1}{2} a(v,v) - L(v)$.

方程(7)改写为：$a(u,v) = L(v), \forall v \in C_0^1(\Omega)$.

如果 $a(u,v)$ 满足，$\forall \alpha_1, \alpha_2, \beta_1, \beta_2 \in R, \forall u_1, u_2, v_1, v_2 \in K$，都有

$$a(\alpha_1 u_1 + \alpha_2 u_2, \beta_1 v_1 + \beta_2 v_2) = \alpha_1 \beta_1 a(u_1, v_1) + \alpha_1 \beta_2 a(u_1, v_2)$$
$$+ \alpha_2 \beta_1 a(u_2, v_1) + \alpha_2 \beta_2 a(u_2, v_2),$$

称 $a(u,v)$ 为双线性泛函.

8.3 变分问题的数值计算方法

在讨论数值计算方法之前，需要一些基本标准的假设，保证所讨论的问题的解存在性与唯一性.

设二次泛函

$$J(v) = \frac{1}{2} a(v,v) - L(v), \tag{8}$$

其中 $L(v)$ 是 $C^1(\bar{\Omega})$ 上有界的线性泛函，$a(u,v)$ 是 $C^1(\bar{\Omega})$ 上的双线性泛函，而且满足：

① 对称性：如果 $a(u,v) = a(v,u), \forall u,v \in V$.

② 有界的：如果 $|a(u,v)| \leqslant c||u|| \cdot ||v||, \forall u,v \in V$.

③ 正定性：如果 $a(u,u) \geqslant c||u||^2, \forall u \in V$.

其中 $||\cdot||$ 是集合 V 上的某个范数，c 表示正常数，视不同情况取不同的值.

8.3.1 Ritz 方法

考虑如下变分问题

$$J(u) = \min_{v \in K} J(v).$$

设 S_n 是 $C^1(\bar{\Omega})$ 的一个有限维(n 维)子空间，设 $\varphi_1, \varphi_2, \cdots, \varphi_n$ 是 V 中 n 个线性无关的元素，即 $\varphi_1, \varphi_2, \cdots, \varphi_n$ 是子空间 S_n 的基底，因此

$$S_n = \mathrm{span}\{\varphi_1, \varphi_2, \cdots, \varphi_n\},$$

为了保证近似解的收敛到真解，子空间 S_n 与空间 $C^1(\bar{\Omega})$ 之间应该还有如下基本关系：

$$\lim_{n\to\infty} S_n = C^1(\bar{\Omega}).$$

用子空间 S_n 代替容许函数空间 $C^1(\bar{\Omega})$,在子空间上求泛函的极小值,即求 $u_n \in S_n$,使得
$$J(u_n) = \min_{v \in S_n} J(v).$$

任取 $\forall w_n \in S_n$,则 $w_n = \sum_{i=1}^{n} c_i \varphi_i$,其中 $\{c_i\}_{i=1}^{i=n}$ 是一组实数,代入到式(10)中,
$$J(w_n) = \frac{1}{2} a(w_n, w_n) - L(w_n) = \frac{1}{2} a\left(\sum_{i=1}^{n} c_i \varphi_i, \sum_{j=1}^{n} c_j \varphi_j\right) - L\left(\sum_{i=1}^{n} c_i \varphi_i\right)$$
$$= \frac{1}{2} \sum_{i,j=1}^{n} c_i c_j a(\varphi_i, \varphi_j) - \sum_{i=1}^{n} [c_i L(\varphi_i)].$$

从上式可以看出,将一个泛函极值的问题转化为了一个求 n 元 $\{c_i\}_{i=1}^{i=n}$ 二次函数极值的问题.

二次函数的系数矩阵为 $\boldsymbol{A} = (a_{ij})_{n\times n}$,其中:
$$a_{ij} = a(\varphi_i, \varphi_j), \quad i, j = 1, 2, \cdots, n.$$

因为双线性泛函 $a(u,v)$ 是对称正定的,则矩阵 $\boldsymbol{A} = (a_{ij})_{n\times n}$ 是对称正定的,作为练习,读者自行证明.因此,二次函数存在极小值点 $\{c_i^0\}_{i=1}^{i=n}$,使得
$$\left.\frac{\partial J(w_n)}{\partial c_i}\right|_{c_i^0} = 0, \quad i = 1, 2, \cdots, n,$$

即
$$\sum_{j=1}^{n} a(\varphi_i, \varphi_j) c_j^0 - L(\varphi_i) = 0, \quad i = 1, 2, \cdots, n. \tag{9}$$

由于系数行列式不为零,故有唯一解.求出 $\{c_i^0\}_{i=1}^{i=n}$,从而得到近似解:
$$u_n = \sum_{i=1}^{n} c_i^0 \varphi_i.$$

8.3.2 Galerkin 方法

考虑等价的 Galerkin 形式,即求 $u \in V$,使得对于 $v \in V$,有
$$a(u,v) - L(v) = 0. \tag{10}$$

取有限维子空间 S_n 为
$$S_n = \mathrm{span}\{\varphi_1, \varphi_2, \cdots, \varphi_n\}.$$

于是问题变为求近似变分问题
$$\text{求 } u_n \in S_n, \text{使 } \forall v_n \in S_n, \text{有 } a(u_n, v_n) - L(v_n) = 0.$$

因为 $u_n \in S_n, v_n \in S_n$,则可取
$$u_n = \sum_{i=1}^{n} c_i^0 \varphi_i, \quad v_n = \sum_{i=1}^{n} c_i \varphi_i.$$

代入式(10),得

$$a(u_n, v_n) - L(v_n) = \sum_{i,j=1}^{n} a(\varphi_i, \varphi_j) c_j^0 c_i - \sum_{i=1}^{n} c_i L(\varphi_i)$$
$$= \sum_{i=1}^{n} \left[\sum_{j=1}^{n} a(\varphi_i, \varphi_j) c_j^0 - L(\phi_i) \right] c_i = 0.$$

由 $\{c_1, c_2, \cdots, c_n\}^{\mathrm{T}}$ 的任意性,得

$$\sum_{j=1}^{n} a(\varphi_i, \varphi_j) c_j^0 - L(\varphi_i) = 0, \quad i = 1, 2, \cdots, n. \tag{11}$$

系数阵是正定的.

注 ① 比较式(9)和式(11),从形式上看,两者完全一样.但是它们是有区别的.如果没有假设双线性泛函的对称性,很显然问题(8)和问题(10)是不等价的,因为泛函 $J(v)$ 不能表示为 $\frac{1}{2} a(v, v) - L(v)$ 的形式,于是用 Ritz 方法就无法得到式(9),然而使用 Galerkin 方法仍然能得到方程组(11).说明 Galerkin 方法的适用性更广.

② 关于子空间 S_n 的选取.在实际应用中,得到子空间 S_n 是很困难的事情.因为所选取的基函数必须满足一定的条件,比如光滑性,由基函数张成的子空间能够近似容许函数类空间或边界条件等.下面通过例题来说明这一点.

例 8.8 使用 Ritz 方法求特征值问题:
$$\begin{cases} y'' + \lambda y = 0, & 0 < x < 1, \\ y(0) = y(1) = 0 \end{cases}$$
的最小特征值的近似值和相应解的近似值.

解 考虑二次泛函

$$J(y) = \int_0^1 \left(\frac{\mathrm{d}y}{\mathrm{d}x}\right)^2 \mathrm{d}x.$$

此外,特征值需要归一化,也即 $\int_0^1 y^2 \mathrm{d}x = 1$.于是两点特征值问题转化为二次泛函在归一化条件下求极值.

为了满足边界条件,取多项式基函数系 $\varphi_i = (1-x)x^i, i = 1, 2, 3, \cdots$.为了计算简单,取两个函数作为基,于是令 $y_2 = c_1 \varphi_1 + c_2 \varphi_2$,代入二次泛函得

$$J(y_2) = \frac{1}{3}\left(c_1^2 + c_1 c_2 + \frac{2}{5} c_2^2\right).$$

归一化条件:

$$\int_0^1 y_2^2 \mathrm{d}x = \frac{1}{30}\left(c_1^2 + c_1 c_2 + \frac{2}{7} c_2^2\right) = 1.$$

构造 Lagrange 函数:

$$F(c_1, c_2, L) = \frac{1}{3}\left(c_1^2 + c_1 c_2 + \frac{2}{5} c_2^2\right) + L\left[\frac{1}{30}\left(c_1^2 + c_1 c_2 + \frac{2}{7} c_2^2\right) - 1\right].$$

并分别对 c_1, c_2 求导，令导数为 0，即

$$\begin{cases} \dfrac{\partial F(c_1,c_2,L)}{\partial c_1} = \dfrac{1}{3}(2c_1+c_2) + \dfrac{L}{30}(2c_1+c_2) = 0, \\ \dfrac{\partial F(c_1,c_2,L)}{\partial c_2} = \dfrac{1}{3}\left(c_1+\dfrac{4}{5}c_2\right) + \dfrac{L}{30}\left(c_1+\dfrac{4}{7}c_2\right) = 0, \\ \dfrac{1}{30}\left(c_1^2 + c_1 c_2 + \dfrac{2}{7}c_2^2\right) = 1. \end{cases}$$

上面三个方程联立求解得

$$c_1 = \sqrt{30}, \quad c_2 = 0, \quad L = -10.$$

则 $y_2 = \sqrt{30}(1-x)x$，对应的特征值为 $\lambda = \int_0^1 (y_2')^2 \mathrm{d}x = \int_0^1 30(2x-1)^2 \mathrm{d}x = 10$. 而微分方程的最小特征值是 $\pi^2 \approx 9.8696$，误差很小的.

例 8.9 使用 Galerkin 方法求解两点边值问题：

$$\begin{cases} -\dfrac{\mathrm{d}^2 u}{\mathrm{d}x^2} = x^2, \quad 0 < x < 1, \\ u(0) = 0, \quad u'(1) = 0 \end{cases}$$

的一个近似解.

解 取容许函数空间

$$V = S_0^1[0,1] = \{v \mid v \in C^1[0,1], v(0) = 0\}.$$

方法一：取子空间 $S_N = \mathrm{span}\{\varphi_1, \varphi_2, \cdots, \varphi_N\}$，其中 $\varphi_i = \dfrac{x^i}{i}, i=1,2,\cdots,N$. 双线性泛函和线性泛函分别为

$$a(u,v) = \int_0^1 \dfrac{\mathrm{d}u}{\mathrm{d}x} \dfrac{\mathrm{d}v}{\mathrm{d}x} \mathrm{d}x, \quad L(v) = \int_0^1 x^2 v \mathrm{d}x.$$

下面计算系数的值：

$$a(\varphi_i, \varphi_j) = \int_0^1 \dfrac{\mathrm{d}\varphi_i}{\mathrm{d}x} \cdot \dfrac{\mathrm{d}\varphi_j}{\mathrm{d}x} \mathrm{d}x = \dfrac{1}{i+j+1},$$

$$L(\varphi_i) = \int_0^1 x^2 \cdot \dfrac{x^i}{i} \mathrm{d}x = \dfrac{1}{i \cdot (i+3)}.$$

当 $N=2$ 时，得到方程组：

$$\begin{pmatrix} \dfrac{1}{3} & \dfrac{1}{4} \\ \dfrac{1}{4} & \dfrac{1}{5} \end{pmatrix} \begin{pmatrix} c_1 \\ c_2 \end{pmatrix} = \begin{pmatrix} \dfrac{1}{4} \\ \dfrac{1}{10} \end{pmatrix}.$$

解得 $c_1 = 6, c_2 = -7$. 因此近似解为 $u_2 = 6x - \dfrac{7}{2}x^2$.

当 $N=3$，可以求得系数矩阵是

$$\begin{pmatrix} \dfrac{1}{3} & \dfrac{1}{4} & \dfrac{1}{5} \\ \dfrac{1}{4} & \dfrac{1}{5} & \dfrac{1}{6} \\ \dfrac{1}{5} & \dfrac{1}{6} & \dfrac{1}{7} \end{pmatrix}.$$

此矩阵的条件数比较大了，数值求解是不稳定的，即使人工求解，也是一个比较大的挑战——你能在 10 分钟内求解以它为系数矩阵的非齐次方程吗？当 $N=5$，系数矩阵的条件数可以达到 10^5，对数值求解更是一个巨大的挑战。

方法二：取子空间 $S_N = \mathrm{span}\{\varphi_1, \varphi_2, \cdots, \varphi_N\}$，其中 $\varphi_j = \sin(j\pi x), j=1,2,\cdots, N$. 取 $N=2$，类似方法一的方法，可得系数矩阵和右端非齐次向量分别为

$$\begin{pmatrix} \dfrac{\pi^2}{2} & \\ & 2\pi^2 \end{pmatrix}, \quad \begin{pmatrix} \dfrac{1}{\pi} - \dfrac{4}{\pi^3} \\ -\dfrac{1}{2\pi} \end{pmatrix}.$$

解得系数 $c_1 = \dfrac{2}{\pi^3} - \dfrac{4}{\pi^4}, c_2 = \dfrac{1}{4\pi^3}$. 近似解为

$$u_2 = \left(\dfrac{2}{\pi^3} - \dfrac{4}{\pi^4}\right)\sin(\pi x) + \dfrac{1}{4\pi^3}\sin(2\pi x).$$

方法三：取子空间 $S_N = \mathrm{span}\{\varphi_1, \varphi_2, \cdots, \varphi_N\}$，其中 φ_j 是 $[0,1]$ 等距节点的分段线性 Lagrange 基函数.

$$\varphi_j = \begin{cases} \dfrac{x - x_{j-1}}{x_j - x_{j-1}}, & x_{j-1} \leqslant x \leqslant x_j, \\ \dfrac{x_{j+1} - x}{x_{j+1} - x_j}, & x_j \leqslant x \leqslant x_{j+1}, \\ 0, & \text{其他}. \end{cases} \quad j=1,2,\cdots,N,$$

计算系数矩阵中的元素：

$$a(\varphi_i, \varphi_j) = \begin{cases} \dfrac{2}{h}, & i = j, \\ -\dfrac{1}{h}, & |i-j| = 1, \\ 0, & \text{其他}. \end{cases}$$

则得到方程组：

$$-u_{j-1} + 2u_j - u_{j+1} = h\int_0^1 f\varphi_j \mathrm{d}x, \quad j=1,2,\cdots, N-1.$$

这个就不具体求解了，可以作为练习. 当 N 较小时，可以手算；当 N 较大时，变为求解，系数矩阵是三带状的对角阵，具有很好的规律.

从上面的例题，大致可以窥探出 Ritz 方法和 Galerkin 方法有显而易见却无法弥补的缺

点.特别是例 8.9,给出了三种方法,下面来分析三种方法的优缺点:

方法一:

① 基函数的选取.对于两点第一类边值问题,基函数的选取相对比较容易,第二类就比较麻烦了.然而,对高维情况,除了非规则的定解区域(比如长方形)外,子空间的基函数的选取是很困难的.

② 计算量的问题.当取子空间的维数为 n 时,需要至少计算 $\dfrac{n^2}{2}$ 次的积分才能求出 $a(\varphi_i, \varphi_j)$ 和 $L(\varphi_i)$,这是很大的计算量.

③ 数值求解方程组的问题.如果按照例题中的传统方法选取基函数,当 n 比较大时,得到的方程组的系数矩阵的条件数也很大,此时,对方程组进行数值计算是不稳定的.

方法二:看起来是很完美的,系数矩阵是对角的,不存在上面方法的所有缺点,很完美地解决了方法一的所有缺点,那么方法二应该算很好的算法.但是并非如此,因为方法二所选的基函数恰恰是方程的特征函数,在实际问题中,求解特征函数的难度与求解析解的困难是一样的.

方法三:貌似解决了方法一的所有缺点,应该是不错的选择.它恰恰是下一章要讲的方法——有限元方法.

练 习 题

1. 求最小曲面问题的 Euler 方程.
2. 求等周问题的 Euler 方程.
3. 求最短程问题的 Eular 方程.
4. 用变分法的证明平面上两点之间的距离直线段最短.
5. 请用 Ritz 方法求特征值问题 $\begin{cases} y''+y+\lambda y=0, & 0<x<1, \\ y(0)=y(1)=0 \end{cases}$ 最小特征值的近似值以及对应的特征函数.
6. 在横向荷载 P 和垂直外力 $f(x)$ 的作用下,悬垂的电线满足下面的常微分方程模型:

$$-P\dfrac{\mathrm{d}^2 u}{\mathrm{d}x^2} = f(x), \quad u(0)=u(l)=0.$$

其中 u 表示电线每点的位移.此方程的解是系统势能(泛函)的最小值点,系统势能为

$$J(u) = \int_0^l \left[\dfrac{P}{2}\left(\dfrac{\mathrm{d}u}{\mathrm{d}x}\right)^2 - fu\right]\mathrm{d}x.$$

证明:在相同的解集合(空间)上,利用 Ritz 方法求势能泛函的近似解等价于使用 Galerkin 方法求解微分方程的近似解.

7. 发生小形变的一段梁满足下面的数学模型:E 为弹性模量,I 为第二惯性量,f 为荷载,K 为基础模数,

$$EI\frac{d^4u}{dx^4} + Ku = f(x).$$

系统势能泛函为

$$J(u) = \int_0^l \left[\frac{EI}{2}\left(\frac{d^2u}{dx^2}\right)^2 + \frac{K}{2}u^2 - fu\right]dx.$$

① 求微分方程的 Ritz 近似方程。
② 求方程的 Galerkin 近似方程。
③ Ritz 方法求势能泛函的近似解是否等价于使用 Galerkin 方法求解微分方程的近似解？

8. 考虑泛函 $J(y) = \int_a^b \left[\left(\frac{dy}{dx}\right)^2 - y^2 - 2xy\right]dx$，其中 $y(0) = y(1) = 0$。
① 求 Euler 方程。
② 求泛函的极值函数。
③ 在函数系 $\varphi_i = (1-x)x^i (i=1,2)$ 中，请用 Ritz 方法求泛函的极值函数的近似函数。
④ 在函数系 $\varphi_i = (1-x)^i x (i=1,2)$ 中，请用 Galerkin 方法求泛函的极值函数的近似函数。
⑤ 针对上面两种近似，与真值比较精度。
⑥ 在函数系 $\varphi_i = \sin(i\pi x)(i=1,2)$ 中，分别用 Ritz 方法和个 Galerkin 方法求近似解。

9. 考虑两点边值问题 $\begin{cases} y'' + y - x = 0, & 0 < x < 1, \\ y(0) = y(1) = 0. \end{cases}$
① 在函数系 $\varphi_i = (1-x)x^i (i=1,2)$ 中，请分别用 Ritz 方法和 Galerkin 方法求近似函数。
② 在函数系 $\varphi_i = \sin(i\pi x)(i=1,2)$ 中，请用 Ritz 方法和 Galerkin 方法求近似函数。
③ 针对上面两种近似，与真值比较精度。

10. 考虑 Poisson 方程的边值问题 $\begin{cases} -\Delta u = 2, & (x,y) \in \Omega, \\ u|_{\partial\Omega} = 0, \end{cases}$ 其中 $\Omega = \{(x,y) \mid |x| < a, |y| < b\}$。
① 求等价的 Ritz 弱形式。
② 求等价的 Galerkin 弱形式。
③ 在函数系 $\varphi(x,y) = (a^2 - x^2)(b^2 - y^2)$ 中，使用上面的两种方法求近似解。
④ 你能构造出满足边界条件的其他类型非多项式的函数系吗？
⑤ 根据所构造的函数系求近似解。
⑥ 组合③、④的函数系，求近似解。
⑦ 结合③～⑥的求解过程，请叙述这样的方法的缺点。

11. 证明：矩阵 $A = (a_{ij})_{n \times n}$，其中 $a_{ij} = a(\varphi_i, \varphi_j)$ 是对称正定的。

12. 分别求练习题 10 中 $N=4$ 和 $N=10000$ 未解完的方程组的解.

13. 本题设计的目的：尽管很多模型通过微分方程来描述,但方程的解不具有在数学上所要求的导数,也即,如果要求满足方程的高阶导数,那么在数学上的解是不存在的.但物理上这些解是存在的(也见 9.2 节).

① 证明 $u(x,t)=\begin{cases}\dfrac{2x}{1+\alpha}, & 0<x<\alpha, \\ \dfrac{x+\alpha}{1+\alpha}, & \alpha<x<1\end{cases}$ 是方程 $\begin{cases}-(au')'=0, & x\in(0,1), \\ u(0)=0, & u(1)=1\end{cases}$ 的解,其中

$a(x)=\begin{cases}1, & 0<x<\alpha, \\ 2, & \alpha<x<1.\end{cases}$

② 证明 $u(x,t)=\begin{cases}\dfrac{(1+x)(1-\alpha)}{2}, & -1<x<\alpha, \\ \dfrac{(1-x)(1+\alpha)}{2}, & \alpha<x<1\end{cases}$ 是方程 $\int_{-1}^{1}u'v'\mathrm{d}x=v(\alpha),\forall v\in C_0^{\infty}(-1,1)$ 的解.

第 9 章 有限元方法

在上一章介绍了变分问题的两种近似求解的方法：Ritz 方法和 Galerkin 方法，并且指出这两种方法存在的缺点：子空间如何选取，也即基函数的选取很困难，计算量很大等。本章所介绍的有限元方法是工程技术人员发展起来的，并由数学研究人员给出严格的数学基础。它是变分问题与分片多项式相结合的产物。它在数学上属于第 8 章两种变分法的近似方法的推广，但是它克服了这两种变分近似法的缺点，在本质上作了革命性的改进，已成为求微分方程定解问题的一种很有效的数值计算方法。目前它在结构力学、弹性力学和固体力学等方面得到很大的应用。

尽管如此，在本书中也只是极其简单地介绍有限元方法的数学基础以及理论上如何实现，只是有限元方法的入门知识，知道有限元方法是干什么用的，可以做什么，它的理论基础是什么，为什么用有限元？简单介绍如何将有限元变成程序来实现，但离编写复杂的程序实现比较复杂的问题还有一定的距离，感兴趣的读者可以阅读参考文献，那里有很详细的介绍。

本章首先从简单的两点边值问题入手，然后介绍椭圆方程的有限元方法。有限元方法求解微分方程定解问题的基本步骤可以归结为：

① 将微分方程定解问题转化为变分形式或弱形式。

② 网格剖分，即对定解区域作剖分，一维情况的单元是小区间，二维情况一般是三角形单元和四边形单元。

③ 构造基函数或者单元形函数，得到有限元空间。

④ 形成有限元方程。

⑤ 求解有限元方程。

在此书只关注的是第①~④步。为了很好地讨论有限元方法，首先介绍一些预备知识——Lagrange 插值函数。

9.1 Lagrange 插值函数

当精确函数 $y=f(x)$ 非常复杂或未知时，仍能测量或者统计出在一列节点 $x_0, x_1, \cdots, x_n$ 处的函数值 $y_0=f(x_0), y_1=f(x_1), \cdots, y_n=f(x_n)$。根据这些已知条件，构造一个简单易算的近似函数 $\varphi(x)$，满足条件 $y_i=\varphi(x_i), i=0,1,\cdots,n$，这里的 $\varphi(x)$ 称为 $f(x)$ 的插值函数。$x_0, x_1, \cdots, x_n$ 称为插值节点。

下面的任务是如何求解此函数.很显然,最简单的是 n 次多项式函数.因此,问题转化为:已知函数 $f(x)$ 在 $[a,b]$ 上有 $n+1$ 个互异点 $x_0, x_1, \cdots, x_n$ 处的函数值,即 $y_i = f(x_i)$,求一个至多 n 次多项式函数

$$\varphi_n(x) = a_0 + a_1 x + \cdots + a_n x^n$$

使得 $y_i = \varphi_n(x_i)$.利用待定系数法求解多项式系数 $\{a_i\}_{i=0}^{i=n}$,得到如下方程组:

$$\begin{cases} a_0 + a_1 x_0 + a_2 x_0^2 + \cdots + a_n x_0^n = y_0, \\ a_0 + a_1 x_1 + a_2 x_1^2 + \cdots + a_n x_1^n = y_1, \\ \quad\quad\quad\quad \vdots \\ a_0 + a_1 x_n + a_2 x_n^2 + \cdots + a_n x_n^n = y_n. \end{cases}$$

因为方程组的系数矩阵为范德蒙特行列式,所以系数矩阵可逆,于是方程组的解 $\{a_i\}$ 存在而且唯一,这说明在 $n+1$ 个互异节点上的至多 n 次插值多项式存在而且唯一.

当插值节点的数量很大时,上面的方程求解起来并不容易,计算量相当巨大,并且不一定精确.因此,必须寻找一种简单易行而准确的方法.首先,从节点个数较小开始,找出其中规律.从最原始的办法起步——待定系数法.当 $n=1$ 时,此时的插值多项式是一次多项式 $\varphi_1(x) = a_0 + a_1 x$.由待定系数法,得到

$$\begin{cases} a_0 + a_1 x_0 = y_0, \\ a_0 + a_1 x_1 = y_1. \end{cases}$$

求解方程组得

$$a_0 = \frac{y_1 x_0 - y_0 x_1}{x_0 - x_1}, \quad a_1 = \frac{y_1 - y_0}{x_1 - x_0}.$$

因此一次插值多项式为

$$\varphi_1(x) = \frac{y_1 x_0 - y_0 x_1}{x_0 - x_1} + \frac{y_1 - y_0}{x_1 - x_0} x.$$

为了窥豹其中的规律,将上式恒等变形为

$$\varphi_1(x) = y_0 \times \frac{x - x_1}{x_0 - x_1} + y_1 \times \frac{x - x_0}{x_1 - x_0}.$$

记 $l_0(x) = \frac{x - x_1}{x_0 - x_1}, l_1(x) = \frac{x - x_0}{x_1 - x_0}$,则

$$\varphi_1(x) = y_0 l_0(x) + y_1 l_1(x).$$

很显然,此形式比上面的形式好看很多,会发现其中的一些基本的性质,比如

$$l_0(x_0) = 1, \quad l_0(x_1) = 0, \quad l_1(x_0) = 0, \quad l_1(x_1) = 1.$$

即 $l_i(x)(i=0,1)$ 在对应的插值节点 x_i 处的值为 1,否则为 0.此时,一次多项式 φ_1 是 $l_i(x)$ $(i=0,1)$ 的线性组合,而且组合系数是函数值.因此,称 $l_i(x)(i=0,1)$ 为插值节点 x_i 处的 **Lagrange 基函数**.于是,任何一次插值多项式都可以表述为节点处的 Lagrange 基函数的线性组合,并且其对应的组合系数是此节点处的函数值.

由此推广，当有 $n+1$ 个互异节点时，可以得到 n 次插值多项式。只要构造出每个节点的 Lagrange 基函数 $l_j(x)$，它们满足：

$$l_j(x_i) = \begin{cases} 0, & i \neq j, \\ 1, & i = j, \end{cases}$$

并且 $l_j(x)$ 是 n 次多项式。由上面的条件和多项式的根的理论很容易求得 $l_j(x)$ 的表达式：

$$l_j(x) = \frac{(x-x_0)\cdots(x-x_{j-1})(x-x_{j+1})\cdots(x-x_n)}{(x_j-x_0)\cdots(x_j-x_{j-1})(x_j-x_{j+1})\cdots(x_j-x_n)}, \quad j = 0, 1, \cdots, n.$$

则在 $n+1$ 个互异节点的 n 次插值多项式为

$$\varphi_n(x) = \sum_{i=0}^{n} y_i l_i(x).$$

在有限元方法中，多项式插值使用更多的是分段插值而非整体插值，根据本书的需要，下面简单罗列一下分段 Lagrange 插值的知识。

分段插值的提出是因为高次插值并不会带来更高的精度，甚至会出现不好的现象，于是考虑将大区间化为小区间，化整为零的技巧。然后在每个小区间上进行 Lagrange 插值，同整体插值一样，每个节点有基函数，并且满足相应基函数性质。下面列出分段线性插值的基函数：

$$l_j(x) = \begin{cases} \dfrac{x-x_{j-1}}{x_j-x_{j-1}}, & x_{j-1} \leqslant x \leqslant x_j, \\ \dfrac{x_{j+1}-x}{x_{j+1}-x_j}, & x_j \leqslant x \leqslant x_{j+1}, \\ 0, & \text{其他}. \end{cases} \quad j = 0, 2, \cdots, n,$$

细心的读者可能已经发现上面的分段函数恰恰是第 8 章例 8.9 的第三种方法所给出的函数系。

9.2 微分方程的弱形式

有限元的第一步就是将微分方程转化为等价的弱形式问题。本节首先通过一个简单的例子讨论为什么需要弱形式，然后讲述如何转化为等价的弱形式。考虑最简单的两点齐次 Dirichlet 边值问题开始。

1. 一维的齐次 Dirichlet 边值问题：

$$\begin{cases} -u'' = f(x), & 0 < x < 1, \\ u(0) = 0, & u(1) = 0. \end{cases}$$

此方程反映的物理模型是：柔软的弹性弦两端固定，在外力 $F(x) = \int_0^x f(t)\,\mathrm{d}t$ 的作用下，线上各点随之运动，变量 u 表示弦上各点在垂直方向上的位移。然而在实际应用中，上述微分方程实际上很难满足。原因在于外力的线密度函数 $f(x)$ 的光滑性质不容易满足。比如：

情况① $f(x)$是δ函数,如图 9.1 所示,它仅在 $x=0.5$ 处施加单位的外力,其他地方都是 0. 此种情况的问题在物理上是存在的,并且它的物理解是存在的而且连续(但不可微或者不可导),但不满足微分方程,其解如图 9.2 所示.

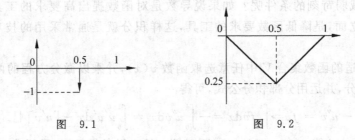

图 9.1　　　　　　　　　图 9.2

情况② 仅考虑在 $x=0.4$ 和 $x=0.6$ 处施加单位的外力,其他地方都是 0. 如图 9.3 所示,同样如此,此问题在物理上的解是存在,而且连续(但不可微或者不可导),也不满足微分方程,其解如图 9.4 所示.

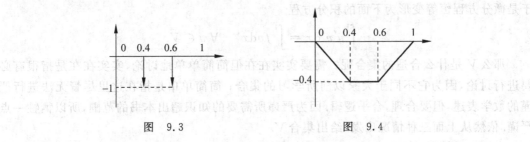

图 9.3　　　　　　　　　图 9.4

情况③ 仅考虑在区间[0.4,0.6]施加单位密度为 1 的外力,其他地方为 0,如图 9.5 所示. 它的解同样不满足方程,但是物理解存在连续可导,不具有二阶可导,如图 9.6 所示. 解的表达式如下:

$$u(x)=\begin{cases}-\dfrac{1}{10}x, & x\in[0,0.4],\\ \dfrac{1}{2}x^2-\dfrac{1}{2}x+\dfrac{2}{25}, & x\in[0.4,0.6],\\ -\dfrac{1}{10}(1-x), & x\in[0,0.4].\end{cases}$$

图 9.5　　　　　　　　　图 9.6

从上面三种情况可以看出，微分方程要求过于苛刻，也即条件太强了，因此，有必要弱化导数的高阶条件，根据这三种情况，只要满足一阶可导，甚至不可导（在有限个点不可导，但左右导数存在），只要满足连续就可以，比如前两种情况.

如何做到减弱苛刻的条件呢？如果说导数是对函数提出高要求的工具的话，那么积分就是它的对立面，是降低函数要求的工具，这样积分就是通常采用的技巧了. 具体操作如下：

首先，在合适的函数集合 V 中任意选取函数 $v(x)$，并乘以微分方程的两边；然后在定解区间 $[0,1]$ 积分，并运用分部积分公式，可得

$$-u''v = fv \Rightarrow \int_0^1 fv\,\mathrm{d}x = -\int_0^1 u''v\,\mathrm{d}x = \int_0^1 u'v'\,\mathrm{d}x - [u'v]\big|_0^1.$$

最后，选取函数 $v(x)$ 使 $v(0)=v(1)=0$（原因是 u 的边界条件已知，无须求，u' 等待被所求的函数值决定，于是要从上式消除它），则上面的式子变为

$$-\int_0^1 u''v\,\mathrm{d}x = \int_0^1 u'v'\,\mathrm{d}x.$$

于是微分方程恒等变形为下面的积分方程

$$-\int_0^1 u'v'\,\mathrm{d}x = \int_0^1 fv\,\mathrm{d}x, \quad \forall v \in V.$$

那么 V 是什么合适的集合呢？需要实实在在但简简单单地讨论，实实在在是指很有必要进行讨论，因为它不同于大家以前所学习的集合；简简单单是指在这里尽管无法进行严谨的数学表述，但要合理，合乎逻辑. 因为严谨所需要的知识超出本书的范围，所以牺牲一点严谨. 依然从上面三种情况出发，给出集合 V.

上面三种情况基本包括了将来要遇到的大多数函数类型，那么函数集合 V 应该包含这样的函数——分片连续，仅有有限个不可导点，但在不可导点的左右导数存在. 为什么要求左右导数存在呢？因为它保证了导函数的积分有意义，即 $\int_0^1 (v')^2 \mathrm{d}x < \infty$. 注意的是，这里的 v' 是比经典导数有更广泛意义的导数，至少包含除掉有限个不可导点（但左右导数存在）后求导的导数，这样的导数还是采用记号 v'. 综合上述，集合 V 具体的数学表达如下：

首先定义集合

$$H^1([0,1]) = \left\{ v : \int_0^1 (v^2 + v'^2)\,\mathrm{d}x < \infty \right\}.$$

此集合的含义就是将前面分片连续的函数包含进去. 那么集合 V 在 H^1 的基础上添加相应的边界条件：

$$V = \{v : v \in H^1([0,1]), v(0) = v(1) = 0\} = H_0^1([0,1]).$$

这样的集合称为**试探函数空间**.

问题转变为：求 $u \in V$ 使得 $\int_0^1 u'v'\,\mathrm{d}x = \int_0^1 fv\,\mathrm{d}x, \forall v \in V.$

上述积分方程称为微分方程的弱形式，也即上一章所讲的变分形式.

2. 非齐次 Dirichlet 边界条件：$u(0)=u_0, u(1)=u_1$.

为了利用齐次的情况，首先齐次化边界条件. 如何齐次化呢？很简单，将函数图像的两个端点通过适当的方式移动到坐标轴 x 轴上，这样函数值就是 0 了. 如何移动呢？想象函数图像，通过几何直观，很容易有，函数减去通过端点的直线 $l_g(x)=(1-x)u_0-xu_1$ 就可以得到，也即 $u(x)-l_g(x)=w(x)$，显然 $w(0)=w(1)=0$.

将 $u(x)=w(x)+l_g(x)$ 代入方程，简单计算可得如下齐次边界条件的方程：

$$\begin{cases} -w''=f(x), & 0<x<1, \\ w(0)=0, & w(1)=0. \end{cases}$$

余下的步骤同情况①.

3. Neumann 问题：

$$\begin{cases} -u''=f(x), & 0<x<1, \\ u'(0)=h_0, & u'(1)=h_1. \end{cases}$$

任取合适的函数 $v(x)$，乘以微分方程的两边. 然后在定解区间 $[0,1]$ 积分，再运用分部积分公式可得

$$\int_0^1 fv\,dx = -\int_0^1 u''v\,dx = \int_0^1 u'v'\,dx - [u'v]\big|_0^1 = \int_0^1 u'v'\,dx - h_1 v(1) + h_0 v(0),$$

$$\int_0^1 u'v'\,dx = \int_0^1 fv\,dx + h_1 v(1) - h_0 v(0).$$

于是微分方程的弱形式问题：求 $u \in V = \left\{ v \,\Big|\, \int_a^b \left[\left(\dfrac{dv}{dx}\right)^2 + v^2\right]dx < +\infty \right\} = H^1([0,1])$，使得

$$\int_0^1 u'v'\,dx = \int_0^1 fv\,dx + h_1 v(1) - h_0 v(0), \quad \forall v \in V.$$

注 情况①和情况③的边界条件不同，导致集合（试探函数空间）不同. 请读者思考为什么不同？

4. 混合问题：

$$\begin{cases} -\dfrac{d^2 u}{dx^2} + q(x)u = f, & x \in (0,1), \\ u(0)=0, \quad \dfrac{du(1)}{dx} + \alpha u(1) = \gamma. \end{cases}$$

结合情况①和情况③的方法有

$$\int_0^1 fv\,dx = -\int_0^1 u''v\,dx = \int_0^1 u'v'\,dx + \int_0^1 quv\,dx - [u'v]\big|_0^1$$

$$= \int_0^1 u'v'\,dx + \int_0^1 quv\,dx - \gamma v(1) + \alpha u(1)v(1),$$

于是，微分方程的弱形式是：求 $u \in V$，使得

$$\int_0^1 u'v'\mathrm{d}x + \int_0^1 quv\mathrm{d}x + \alpha u(1)v(1) = \int_0^1 fv\mathrm{d}x + \gamma v(1), \quad \forall v \in V.$$

其中 $V = \left\{ v \,\Big|\, \int_a^b \left[\left(\dfrac{\mathrm{d}v}{\mathrm{d}x}\right)^2 + v^2\right]\mathrm{d}x < +\infty, v(0) = 0 \right\}$.

5. 二维齐次 Dirichlet 边界的 Poisson 问题：

$$\begin{cases} -\Delta u = f, & (x,y) \in \Omega, \\ u = 0, & (x,y) \in \partial\Omega. \end{cases}$$

任取合适的函数 $v(x,y)$，乘以微分方程的两边。然后在定解区域上积分，再运用 Green 公式可得

$$\int_\Omega f\cdot v\mathrm{d}x\mathrm{d}y = -\int_\Omega \Delta u\cdot v\mathrm{d}x\mathrm{d}y = -\int_{\partial\Omega}\dfrac{\partial u}{\partial \boldsymbol{n}}\cdot v\mathrm{d}s + \int_\Omega \nabla u\cdot \nabla v\mathrm{d}x\mathrm{d}y.$$

为了消除在边界上的积分，取函数 $v(x,y)$ 满足边界条件 $v|_{\partial\Omega}=0$，代入上式可得

$$\int_\Omega \nabla u\cdot \nabla v\mathrm{d}x\mathrm{d}y = \int_\Omega f\cdot v\mathrm{d}x\mathrm{d}y.$$

微分方程的弱形式是：求 $u \in V$，使得

$$\int_\Omega \nabla u\cdot \nabla v\mathrm{d}x\mathrm{d}y = \int_\Omega f\cdot v\mathrm{d}x\mathrm{d}y, \quad \forall v \in V.$$

其中集合 V 类似于一维的情况，$V = \{v\,|\,v \in H^1(\Omega), v|_{\partial\Omega}=0\} = H_0^1(\Omega)$.

6. 二维非齐次 Dirichlet 边界的 Poisson 问题：

$$\begin{cases} -\Delta u = f, & (x,y) \in \Omega, \\ u = g, & (x,y) \in \partial\Omega. \end{cases}$$

方法相同于一维的非齐次 Dirichlet 边界问题，首先齐次化边界，类似于一维得到函数 l_g，为了简单起见，这里假设此函数性质很好，二阶可微。然后令 $u = w + l_g$，代入方程：

$$\begin{cases} -\Delta w = f + \Delta l_g, & (x,y) \in \Omega, \\ w = 0, & (x,y) \in \partial\Omega. \end{cases}$$

这样非齐次问题就转化为齐次问题了。

7. 混合非齐次边值问题：

$$\begin{cases} -\Delta u = f, & (x,y) \in \Omega, \\ u|_{\Gamma_D} = g, \quad \dfrac{\partial u}{\partial \boldsymbol{n}}\Big|_{\Gamma_N} = \varphi, \quad \Gamma_N = \partial\Omega \setminus \Gamma_D. \end{cases}$$

当 $\Gamma_D = \varnothing$ 时，问题是 Neumann 问题，步骤相同于 Dirichlet 问题。

$$\int_\Omega f\cdot v\mathrm{d}x\mathrm{d}y = -\int_\Omega \Delta u\cdot v\mathrm{d}x\mathrm{d}y = -\int_{\partial\Omega}\dfrac{\partial u}{\partial \boldsymbol{n}}\cdot v\mathrm{d}s + \int_\Omega \nabla u\cdot \nabla v\mathrm{d}x\mathrm{d}y$$

$$= -\int_{\partial\Omega}\varphi\cdot v\mathrm{d}s + \int_\Omega \nabla u\cdot \nabla v\mathrm{d}x\mathrm{d}y.$$

此时,微分方程的弱形式是:求 $u \in V$,使得

$$\int_\Omega \nabla u \cdot \nabla v dxdy = \int_\Omega f \cdot v dxdy + \int_{\partial\Omega} \varphi \cdot v ds, \quad \forall v \in V,$$

其中 $V = H^1(\Omega)$.

当 $\Gamma_D \neq \varnothing$ 时,此时需要齐次化 Dirichlet 边界,令 $u = w + l_g$,还是假设 l_g 光滑性很好. 基于上面的 Neumann 条件的讨论情况, $\dfrac{\partial u}{\partial n}$ 在这里无须关心,而 Dirichlet 部分边界齐次化后,需要选取满足的边界条件 $v|_{\Gamma_D} = 0$,于是得到

$$\int_\Omega \nabla w \cdot \nabla v dxdy = \int_\Omega f \cdot v dxdy + \int_{\Gamma_N} \varphi \cdot v ds - \int_\Omega \Delta l_g \cdot v dxdy.$$

微分方程的弱形式是:求 $u \in V$,使得

$$\int_\Omega \nabla w \cdot \nabla v dxdy = \int_\Omega f \cdot v dxdy + \int_{\Gamma_N} \varphi \cdot v ds + \int_\Omega \nabla l_g \cdot \nabla v dxdy, \quad \forall v \in V.$$

$V = \{v : v \in H^1(\Omega), v|_{\Gamma_D} = 0\}.$

9.3 一维问题的有限元方法

9.3.1 线性有限元空间

在 9.2 节花了大量的篇幅探讨弱形式之后,下面的工作就是讲述有限元方法的精髓部分:有限元空间的构造. 在进行有限元空间构造之前,需要网格剖分,因为有限元空间的构造是建立在定解区域剖分的基础之上的.

对 $[a,b]$ 进行剖分,使 $a = x_0 < x_1 < \cdots < x_N = b$,小区间 e_i 的长度 $h_i = x_i - x_{i-1}$,每一个小区间称为单元. 令 $h = \max\limits_i h_i$.

在讲述有限元空间的构造之前,再回顾例 8.9 的方法三以及例题后的总结性阐述,方法三给出的基函数:

$$\varphi_j = \begin{cases} \dfrac{x - x_{j-1}}{x_j - x_{j-1}}, & x_{j-1} \leqslant x \leqslant x_j, \\ \dfrac{x_{j+1} - x}{x_{j+1} - x_j}, & x_j \leqslant x \leqslant x_{j+1}, \\ 0, & \text{其他}. \end{cases} \quad j = 1, 2, \cdots, N,$$

从此例中,可以看出此方法的优点:基函数构造的便捷性、局部非零性、计算的简单性. 很自然会产生问题,既然这么好,那能推广吗? 理论基础是什么? 这些就是我们要探讨的内容.

在上述剖分的基础上,构造 $H^1[a,b]$ 或者 $H_0^1[a,b]$ 的有限维子空间 V_h,称子空间 V_h 为离散的试探函数空间. 试探函数空间 V_h 应该满足如下要求:

① 子空间 V_h 中的任何元素(函数)限制在任意一个单元 e_i 上时,都是一次函数.

② 子空间 V_h 中的任何元素(函数)满足一定的光滑性,在 $[a,b]$ 上是连续函数.

设 $v_h(x) \in V_h$,其在单元 e_i 上是一次函数,根据上节插值多项式的结论有

$$v_h(x)|_{e_i} = v_h(x_{i-1}) \frac{x_i - x}{h_i} + v_h(x_i) \frac{x - x_{i-1}}{h_i},$$

$x \in e_i, \quad i = 1, 2, \cdots, N.$

因此,从几何图形角度来看,$v_h(x)$ 是一个分段线性函数,如图 9.7 所示.

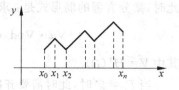

图 9.7

下面的问题是如何将子空间 V_h 中的元素全部表示出来,也即如何求子空间 V_h 的基底. 根据试探函数空间的元素的特点以及分段 Lagrange 插值,得到分段线性函数:

$$\varphi_0(x) = \begin{cases} \dfrac{x_1 - x}{h_1}, & x_0 \leqslant x < x_1, \\ 0, & x \geqslant x_1, \end{cases}$$

$$\varphi_i(x) = \begin{cases} 0, & x \leqslant x_{i-1}, \\ \dfrac{x - x_{i-1}}{h_i}, & x_{i-1} \leqslant x < x_i, \\ \dfrac{x_{i+1} - x}{h_{i+1}}, & x_i \leqslant x < x_{i+1}, \\ 0, & x_{i+1} \leqslant x, \end{cases}$$

$$\varphi_N(x) = \begin{cases} 0, & x \leqslant x_{N+1}, \\ \dfrac{x - x_{N-1}}{h_N}, & x_{N-1} \leqslant x \leqslant x_N. \end{cases}$$

现在函数族给出来了,是否合适作为基底呢?那么就要看,它们是否在子空间中,是否线性无关了. 下面证明它们满足这两条.

很显然,上面所选取的函数满足:

$$\varphi_j(x_i) = \begin{cases} 0, & i \neq j, \\ 1, & i = j, \end{cases}$$

并且它们是连续的分段线性函数,因此都属于子空间 V_h. 并且都具有局部非零性,因此也称为整体基函数. 它们的函数图像如图 9.8 所示:

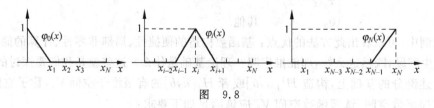

图 9.8

很容易验证 $\varphi_i(x)$ 函数列是线性无关的,因为,令

$$c_0 \varphi_0(x) + c_1 \varphi_1(x) + \cdots + c_i \varphi_i(x) + \cdots + c_N \varphi_N(x) = 0.$$

取 $x=x_i$，代入上式，利用基函数的性质得
$$c_i\varphi_i(x_i) = 0 \Rightarrow c_i = 0.$$
于是 $\varphi_i(x)$ 函数列可以成为子空间 V_h 的基底。因此 V_h 由 $\varphi_i(x)$ 函数列张成，即
$$V_h = \mathrm{span}\{\varphi_0(x),\varphi_1(x),\cdots,\varphi_N(x)\}, \quad x \in [a,b],$$
称此空间为**线性有限元空间**。所以 $\forall v_h \in V_h$，存在实数列 $v_0,v_1,\cdots,v_N$，使得
$$v_h(x) = v_0\varphi_0(x) + v_1\varphi_1(x) + \cdots + v_N\varphi_N(x).$$

9.3.2 有限元方程的生成

在上一章中，提到 Ritz 方法和 Galerkin 方法的很大缺陷，就是需要计算大量的积分，在进行数值计算需要消耗大量的计算机的内存和时间。下面讨论这样构造的有限元空间如何使计算更加简单，在计算机上容易编写程序实现。

从 9.3.1 节的基函数可以看到，除掉两端的端点的基函数，中间节点的基函数从函数表达式看，完全相同，只是随节点坐标的不同有所变化。或者从几何图形上看，由两组线段和两组射线中的一条或者两条线段和两组射线拼接而成。由于两组射线是恒为 0 的量，无须讨论，下面讨论每组线段之间的相似性。如何探讨呢？

假设是均匀剖分，即 $h_i = h$。考虑坐标变换 $\xi = \dfrac{x - x_{i-1}}{h}$。则此变换将单元 $e_i = [x_{i-1}, x_i]$ 变换到区间 $[0,1]$ 上，$x_{i-1} \to 0, x_i \to 1$，区间 $[0,1]$ 称为参考单元。很容易求出参考单元上端点的基函数，$N_0(\xi) = \xi, N_1(\xi) = 1 - \xi$，称这两个函数为形函数。于是节点整体基函数可用形函数 $N_0(\xi), N_1(\xi)$ 表示出来。分别为

$$\varphi_0(x) = \begin{cases} N_1(\xi), & x_0 \leqslant x < x_1, \\ 0, & x \geqslant x_1, \end{cases} \quad \text{其中} \xi = \frac{x - x_0}{h},$$

$$\varphi_i(x) = \begin{cases} 0, & x \leqslant x_{i-1}, \\ N_0(\xi), & x_{i-1} \leqslant x < x_i, \\ N_1(\xi), & x_i \leqslant x < x_{i+1}, \\ 0, & x_{i+1} \leqslant x, \end{cases} \quad \text{其中} \xi = \frac{x - x_{i-1}}{h},$$

$$\varphi_N(x) = \begin{cases} 0, & x \leqslant x_{N+1}, \\ N_0(\xi), & x_{N-1} \leqslant x \leqslant x_N, \end{cases} \quad \text{其中} \xi = \frac{x - x_N}{h}.$$

尽管在无穷维的函数空间 $H^1[a,b]$ 上求真解很困难，但是，在 $H^1[a,b]$ 的子空间 V_h 上进行求解就容易多了，用离散变分问题来逼近连续的变分问题。

离散变分问题：求 $u_h(x) \in V_h$，使 $a(u_h, v_h) = L(v_h), \forall v_h \in V_h$。

令 $u_h(x) = \sum_{i=0}^{N} u_i^* \varphi_i(x), v_h(x) = \varphi_j(x)$。由此得到

$$\sum_{i=0}^{N} a(\varphi_i, \varphi_j) u_i^* = L(\varphi_j), \quad 0 \leqslant j \leqslant N,$$

写成矩阵形式

$$Au^* = f.$$

其中 $A = (a(\varphi_i, \varphi_j))_{(N+1)\times(N+1)}$, $u^* = (u_0^*, u_1^*, \cdots, u_N^*)^T$, $f = (L(\varphi_0), L(\varphi_1), \cdots, L(\varphi_N))^T$. 称此线性代数方程组为有限元方程.

抽象的有限元方程组已经得到,具体的方程组还需要继续计算,下面讲述如何计算系数矩阵和右端非齐次向量. 以一维混合边界条件为例,也即 9.2 节的混合问题,来说明如何计算.

根据基函数的性质可知,当 $|i-j| \geq 2$ 时, $\varphi_i(x)\varphi_j(x) = 0$, $\varphi_i'(x)\varphi_j'(x) = 0$. 因此,得到有限元的系数矩阵每行至多只有三个非零元素,即

$$a(\varphi_{j-1}, \varphi_j) = \int_{x_{j-1}}^{x_j} [\varphi_{j-1}'\varphi_j' + q\varphi_{j-1}\varphi_j] dx = \int_{x_{j-1}}^{x_j} (-h_j^{-2} + q\varphi_{j-1}\varphi_j) dx$$

$$= \int_0^1 [h_j^{-1} + h_j q(x_{j-1} + h_j\xi)\xi(1-\xi)] d\xi,$$

$$a(\varphi_j, \varphi_j) = \int_{x_{j-1}}^{x_j} [\varphi_j'\varphi_j' + q\varphi_j\varphi_j] dx + \int_{x_j}^{x_{j+1}} (\varphi_j'\varphi_j' + q\varphi_j\varphi_j) dx$$

$$= \int_{x_{j-1}}^{x_j} [h_j^{-2} + q\varphi_j\varphi_j] dx + \int_{x_{j-1}}^{x_j} (h_{j+1}^{-2} + q\varphi_j\varphi_j) dx$$

$$= \int_0^1 [h_j^{-1} + h_j q(x_{j-1} + h_j\xi)\xi^2] d\xi + \int_0^1 [h_{j+1}^{-1} + h_{j+1} q(x_j + h_{j+1}\xi)(1-\xi)^2] d\xi,$$

$$a(\varphi_j, \varphi_{j+1}) = \int_{x_j}^{x_{j+1}} [\varphi_j'\varphi_{j+1}' + q\varphi_j\varphi_{j+1}] dx = \int_{x_j}^{x_{j+1}} (-h_{j+1}^{-2} + q\varphi_j\varphi_{j+1}) dx$$

$$= \int_0^1 [-h_{j+1}^{-1} + h_{j+1} q(x_j + h_{j+1}\xi)\xi(1-\xi)] d\xi,$$

$$a(\varphi_N, \varphi_N) = \int_{x_{N-1}}^{x_N} [\varphi_N'\varphi_N' + q\varphi_N\varphi_N] dx + \alpha u(x_N)$$

$$= \int_0^1 [h_N^{-1} + h_N q(x_j + h_{j+1}\xi)\xi^2] d\xi + \alpha u(x_N).$$

从上面的计算可以得到,在系数矩阵中,第一行的元素只有前面两列存在非零元素,最后一行的元素中最后两列存在非零元素. 右端项:

$$L(\varphi_j) = \int_{x_{j-1}}^{x_j} f\varphi_j dx + \int_{x_j}^{x_{j+1}} f\varphi_j dx$$

$$= \int_0^1 f(x_{j-1} + h_j\xi)\xi h_j d\xi + \int_0^1 f(x_j + h_{j+1}\xi)(1-\xi) h_{j+1} d\xi,$$

$$L(\varphi_N) = \int_{x_{N-1}}^b f\varphi_N dx + \gamma\varphi_N(1) = \int_0^1 f(x_{N-1} + h_N\xi)(1-\xi) h_N d\xi + \gamma.$$

如果左边值条件为非齐次的,即 $u(0) = \beta$. 可设

$$u_h(x) = \sum_{i=0}^N u_i^* \varphi_i(x) = u_0^* \varphi_0(x) + \sum_{i=1}^N u_i^* \varphi_i(x) = \beta\varphi_0(x) + \sum_{i=1}^N u_i^* \varphi_i(x).$$

则得到有限元方程:

$$\sum_{i=1}^{N} a(\varphi_i,\varphi_j)u_i^* = L(\varphi_j), \quad 1 \leqslant j \leqslant N,$$

即

$$\sum_{i=1}^{N} a(\varphi_i,\varphi_j)u_i^* = L(\varphi_j) - \beta a(\varphi_0,\varphi_j), \quad 1 \leqslant j \leqslant N.$$

根据基函数的性质,实际上,只是修改了第一个方程的右端,其余的保持不变.

在实际的工程计算中,并不是按照上面的方法构造有限元方程,而是先分析每个单元上的有限元方程,然后合成得到在整个区间上的有限元方程. 称单元上得到的系数矩阵为单元刚度阵. 整个区间上的有限元方程的系数矩阵称为总刚度阵. 由刚度阵分析得到有限元方程的方法很灵活,特别是程序上容易实现,计算量小.

考虑在第 i 个单元 $[x_{i-1},x_i]$ 计算单元刚度阵. 它是 u_{i-1},u_i 的二次型,写成

$$(\boldsymbol{u}^{(i)})^{\mathrm{T}} \boldsymbol{K}^{(i)} \boldsymbol{u}^{(i)},$$

其中 $\boldsymbol{u}^{(i)} = (u_{i-1},u_i)^{\mathrm{T}}$, $\boldsymbol{K}^{(i)} = \begin{pmatrix} a_{i-1,i-1}^{(i)} & a_{i-1,i}^{(i)} \\ a_{i,i-1}^{(i)} & a_{i,i}^{(i)} \end{pmatrix}$ 是单元刚度阵,单元刚度阵中的元素为

$$a_{i-1,i-1}^{(i)} = a(\varphi_{i-1},\varphi_{i-1}) = \int_0^1 [h_i^{-1} + h_i q(x_{i-1}+h_i\xi)(1-\xi)^2]\mathrm{d}\xi,$$

$$a_{i,i}^{(i)} = a(\varphi_i,\varphi_i) = \int_0^1 [h_i^{-1} + h_i q(x_{i-1}+h_i\xi)\xi^2]\mathrm{d}\xi,$$

$$a_{i-1,i}^{(i)} = a_{i,i-1}^{(i)} = a(\varphi_{i-1},\varphi_i) = \int_0^1 [-h_i^{-1} + h_i q(x_{i-1}+h_i\xi)\xi(1-\xi)]\mathrm{d}\xi.$$

把单元刚度矩阵 $\boldsymbol{K}^{(i)}$ 扩充为 $N+1$ 阶方阵,$N+1$ 阶方阵第 $i,i-1$ 行和第 $i,i-1$ 列交叉位置的元分别就是 $a_{i-1,i-1}^{(i)}, a_{i-1,i}^{(i)}, a_{i,i-1}^{(i)}$ 和 $a_{i,i}^{(i)}$,其余元素是 0,即

$$\boldsymbol{K}^{(i)} = \begin{pmatrix} 0 & & & & & & \\ & \ddots & & & & & \\ & & 0 & & & & \\ & & & a_{i-1,i-1}^{(i)} & a_{i-1,i}^{(i)} & & \\ & & & a_{i,i-1}^{(i)} & a_{i,i}^{(i)} & & \\ & & & & & 0 & \\ & & & & & & \ddots \\ & & & & & & & 0 \end{pmatrix}.$$

还可以把单位荷载向量进行类似的扩充得到

$$\boldsymbol{f}^{(i)} = (0,\cdots,0,f_0^{(i)},f_1^{(i)},0,\cdots,0)^{\mathrm{T}}.$$

记 $\boldsymbol{u} = (u_0,u_1,\cdots,u_{N-1},u_N)^{\mathrm{T}}$,则有

$$\boldsymbol{K} = \sum_{i=1}^{n-1} \boldsymbol{K}^{(i)}, \quad \boldsymbol{F} = \sum_{i=1}^{n-1} \boldsymbol{f}^{(i)}.$$

于是得到在整个定解区域上的有限元方程:

$$Ku = F,$$

其中 K 为总刚度矩阵,F 总荷载向量.

9.3.3 一维高次有限元

根据理论的误差分析,可以知道,上一小节所讨论的一次元的误差是 $O(h^2)$,有时候为了提高有限元的精度,需要增加试探函数空间 V_h 的维数.有两种方法可以提高试探函数空间的维数:一是增加节点的个数(即加密网格);另外一种方法是提高插值多项式的次数,也即高次有限元.此节重点讨论二次有限元,要求在每一个单元上是二次多项式,在单元的节点处连续.

仿照线性有限元的方法,当在单元 $[x_{i-1}, x_i]$ 上进行一次插值时,构造一次多项式 $ax+b$,有两个自由度(未知量 a,b),需要两个插值条件,所以给定两个端点的值.当在单元 $[x_{i-1}, x_i]$ 上进行二次插值时,构造二次多项式 ax^2+bx+c,是三个自由度(未知量 a,b 和 c),此时需要三个插值条件.两个端点对应的函数值不能完全确定三个自由度,还需要另外一个条件.为此,我们取单元中点对应的函数值,这样在每个单元中点上增设了一个条件.于是就可以在单元 $[x_{i-1}, x_i]$ 构造 Lagrange 插值基函数.为此,首先在 $[0,1]$ 区间上构造二次 Lagrange 插值基函数 $L_0(\xi), L_{1/2}(\xi)$ 和 $L_1(\xi)$.

首先考虑 $L_0(\xi)$,$L_0(\xi)$ 满足插值条件:

$$L_0(0) = 1, \quad L_0\left(\frac{1}{2}\right) = 0, \quad L_0(1) = 0.$$

由根与因子的关系,显然,$L_0(\xi)$ 的表达式为 $L_0(\xi) = c(1-\xi)\left(\frac{1}{2}-\xi\right)$.再由 $L_0(0)=1$ 得到 $c=2$,即

$$L_0(\xi) = 2(1-\xi)\left(\frac{1}{2}-\xi\right) = (1-\xi)(1-2\xi).$$

令变换 $\xi = \dfrac{x-x_{i-1}}{h_i}$,即 $x_{i-1} \to 0, x_i \to 1$.得到

$$L_0(x) = \left(1 - \frac{x-x_{i-1}}{h_i}\right)\left(1 - 2\frac{x-x_{i-1}}{h_i}\right).$$

再考虑 $L_{1/2}(\xi)$,$L_{1/2}(\xi)$ 满足插值条件:

$$L_{1/2}(0) = L_{1/2}(1) = 0, \quad L_{1/2}\left(\frac{1}{2}\right) = 1,$$

则有

$$L_{1/2}(\xi) = 4\xi(1-\xi),$$
$$L_{1/2}(x) = 4 \times \frac{x-x_{i-1}}{h_i}\left(1 - \frac{x-x_{i-1}}{h_i}\right).$$

同理得到 $L_1(\xi) = \xi(2\xi-1)$,也即 $L_1(x) = \dfrac{x-x_{i-1}}{h_i}\left(2 \times \dfrac{x-x_{i-1}}{h_i} - 1\right)$,如图 9.9 所示.

由此得到单元的 Lagrange 基函数,也即形函数,下面构造在整个定解区域上的整体基

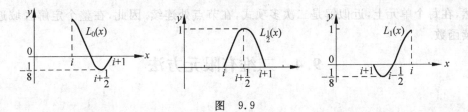

图 9.9

函数. 考虑节点 x_i,因为节点 x_i 是单元 $[x_{i-1}, x_i]$ 和 $[x_i, x_{i+1}]$ 的共同的端点. 在不同的单元,两者的 Lagrange 基函数是不一样的. 因为在单元 $[x_{i-1}, x_i]$ 上的变换是 $\xi = \dfrac{x - x_{i-1}}{h_i}$,令 $x_i \to 1$;而在单元 $[x_i, x_{i+1}]$ 上的变换是 $\xi = \dfrac{x - x_i}{h_{i+1}}$,令 $x_i \to 0$. 于是在不同单元上的形函数不同,只要将相邻两个单元上的 Lagrange 形函数拼接起来得到在节点 x_i 的整体基函数,如下:

$$\varphi_i(x) = \begin{cases} \left(1 - \dfrac{x - x_i}{h_{i+1}}\right)\left(1 - 2 \times \dfrac{x - x_i}{h_{i+1}}\right), & x_i \leqslant x \leqslant x_{i+1}, \\ \dfrac{x - x_{i-1}}{h_i}\left(2 \times \dfrac{x - x_{i-1}}{h_i} - 1\right), & x_{i-1} \leqslant x \leqslant x_i, \\ 0, & \text{其他}. \end{cases}$$

而单元中点的整体基函数就是在此单元上是 Lagrange 基函数,而在此单元外等于零的分段函数,即

$$\varphi_{i+\frac{1}{2}}(x) = \begin{cases} 4 \times \dfrac{x - x_{i-1}}{h_i}\left(1 - \dfrac{x - x_{i-1}}{h_i}\right), & x_{i-1} \leqslant x \leqslant x_i, \\ 0, & \text{其他}. \end{cases}$$

它们的形状如图 9.10 所示:

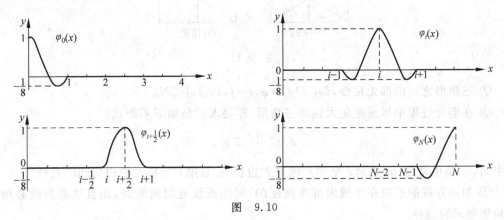

图 9.10

因此,二次有限元的近似解可以表示为

$$u_h(x) = \sum_{i=0}^{n} u_i \varphi_i(x) + \sum_{i=1}^{n} u_{i-\frac{1}{2}} \varphi_{i-\frac{1}{2}}(x).$$

很显然,在每个单元上,近似解是二次多项式,在节点处连续.因此,在整个定解区域近似解是连续函数.

9.4 二维有限元方法

9.4.1 三角线性有限元方法

讲述三角线性有限元方法,按照如下几个标准的步骤进行介绍(都只是简单地介绍主要步骤,具体细节读者翻阅书后的参考文献).

第一步:网格剖分

在构造二维线性有限元空间之前,先必须对定解区域进行剖分.在二维空间中,区域剖分的方法基本是三角形剖分和四边形剖分,四边形剖分基本使用的是矩形剖分.本节着重介绍三角形剖分,在下一节中讨论有关四边形剖分.三角形剖分就是将定解区域分割为有限个小三角形单元.

设定解区域 Ω 的边界 $\Gamma=\partial\Omega$ 分片光滑,若不是由直折线段组成,那么采取截弯取直的办法,用适当的折线段 Γ_h 逼近 Γ,用 Ω_h 近似 Ω.三角形的顶点称为节点,记为 $P_i(x_i, y_i)$ $(1 \leqslant i \leqslant N_P)$.每一个三角形称为单元,记为 $e_k, 1 \leqslant k \leqslant N_e$.三角形剖分必须注意如下几点,要求三角形剖分必须是正则的.

① 每个单元的顶点必须是另外一个单元的顶点,不能是相邻单元的边上的点.原因是方便构造插值函数,如图 9.11 所示.

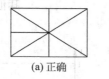
(a) 正确

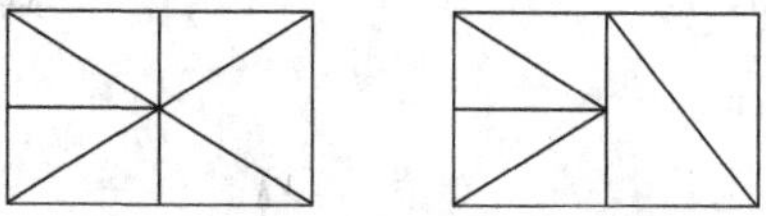

(b) 错误

图 9.11

② 三角形之间内部无重叠,即 $\dot{e}_i \cap \dot{e}_j = \varphi, i \neq j, 1 \leqslant i, j \leqslant N_e$.

③ 在剖分过程中尽量避免大钝角三角形,即要求满足如下不等式

$$c_1 \leqslant \frac{h_i}{\rho_i} \leqslant c_2,$$

其中 c_1, c_2 是正常数,h_i 是第 i 个单元的最大边长,ρ_i 是第 i 个单元的内切圆的直径.

④ 如果方程的系数在区域内部是间断的,则用折线近似间断线,而且这些折线必须是三角形单元的边界.

⑤ 如果定解区域的边界是由有限条光滑曲线组成的,则这些光滑曲线的交点也必须是节点,如果在边界条件中的系数也是间断的.则间断点也必须是节点.

⑥ 对于任何一个单元,单元最多有两个顶点落在边界上.

注 ① 三角剖分具有很好的灵活性和适应性.一般的定解区域很容易满足正则剖分.另外,根据实际情况的需要来安排节点的位置,比如,对扳手进行受力分析,在应力或者位移变化较大的区域,可以适当增加单元的个数,即加密节点,然而,在应力或者位移变化平缓的区域,可以适当减少单元的个数,即设置较少的节点.

② 区域剖分好后,必须对节点和单元编号,一般来说,编号顺序可以是任意的.但是编号的顺序会直接影响有限元方程组的系数矩阵的结构.因为在求解有限元方程组时一般采用数值解法,这样,系数矩阵的结构会影响计算的速度和计算量.另外,根据不同的数值算法,还会影响计算机的存储量.

③ 当定解区域不是直多边形时,由于对定解区域的边界截弯取直,所得到的区域 Ω_h 不同于 Ω,所以子空间 V_h 不是真解空间的子空间.在本书中,对此不做讨论,为了简单,我们都假设 Ω_h 等于 Ω.

第二步:线性有限元空间的构造

在上述剖分的基础上,构造 $H^1(\Omega)$ 的有限维子空间 V_h,即为有限元函数空间.V_h 应该满足如下要求:

① 子空间 V_h 中的任何元素(函数)限制在任意一个单元上 e_i 上时,都是一次函数.

② 子空间 V_h 中的任何元素(函数)满足一定的光滑性,在 Ω 是连续函数.即

$$V_h = \{v_h(x,y) \mid v_h(x,y) \in C(\Omega), v_h(x,y)|_e \in P_1(x,y)\},$$

其中 $P_1(x,y)$ 是一次多项式.

有限元空间的构造主要表现在基函数的构造,基函数的构造主要表现在单元形函数的构造.根据线性有限元空间的要求,形函数 $N_i(x,y)$(编号为 i 的节点在某个单元上的节点基函数)必须满足以下条件:

① 在单元 e 上时,是一次函数.

② 设 $P_j(j=1,2,\cdots,M)$ 是单元 e 上的某个顶点(也即节点),每个节点都对应一个形函数,并且满足 $N_i(P_j)=\delta_{ij}$,其中 M 是单元上节点个数的总数.例如,三角线性单元,节点总数是 3.

③ 单元之外,每个形函数都等于 0.

由于是三角线性有限元,单元节点的个数是 3,因此单元每个节点的自由度是 1,即只需给定在每个节点的函数值.就定解区域的整体剖分而言,在节点 P_i 处确立了一个整体基函数,它是以节点 P_i 为顶点的所有单元上的节点形函数拼接而成的,它是分片线性的,而且局部非零.它满足条件 $\varphi_i(P_j)=\delta_{ij}(i,j=1,2,\cdots,N)$,其中 N 为定解区域上的节点的总数.其图形如图 9.12 所示.

每个节点对应一个相应的基函数,由这些基函数 $\{\varphi_i\}(i=1,2,\cdots,N)$ 很容易构造出分片线性的,而且在整个定解区域上连续

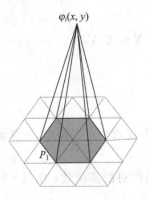

图 9.12

的函数集合,即有限元空间 V_h. 并且可以证明在正则剖分的情况下,有限元空间 $V_h = \text{span}\{\varphi_1, \varphi_2, \cdots, \varphi_N\}$ 在网格步长 $h \to 0$ 时,有限元空间收敛到广义解空间. 因为 $\{\varphi_i\}(i=1,2,\cdots,N)$ 是线性无关的,所以它是有限元空间的一组基底. 则对任何 $u_h \in V_h$, 有

$$u_h(x,y) = \sum_{i=1}^N u_i \varphi_i(x,y).$$

第三步:形成有限元方程

为了讨论的方便,假设微分方程的边界条件为齐次边界条件,即 $u(x,y)|_\Gamma = 0$. 令 $u_h(x,y) = \sum_{i=1}^N u_i \varphi_i(x,y), v_h(x,y) = \sum_{i=1}^N v_i \varphi_i(x,y)$, 代入 Galerkin 变分形式 $a(u,v) = L(v)$ 中得到下面的方程组:

$$a(u_h, v_h) = F(v_h) \Rightarrow \sum_{i=1}^N a(\varphi_i, \varphi_j) u_i = F(\varphi_j), \quad j=1,2,\cdots,N,$$

其中

$$a(\varphi_i, \varphi_j) = \iint_{\Omega_h} \left(\frac{\partial \varphi_i}{\partial x} \frac{\partial \varphi_j}{\partial x} + \frac{\partial \varphi_i}{\partial y} \frac{\partial \varphi_j}{\partial y} \right) \mathrm{d}x \mathrm{d}y,$$

$$F(\varphi_j) = \iint_{\Omega_h} f \varphi_j \mathrm{d}x \mathrm{d}y.$$

将方程组改写为矩阵的形式为 $\boldsymbol{KU=F}$,其中:

$$\boldsymbol{K} = \begin{pmatrix} a(\varphi_1,\varphi_1) & a(\varphi_1,\varphi_2) & \cdots & a(\varphi_1,\varphi_N) \\ a(\varphi_2,\varphi_1) & a(\varphi_2,\varphi_2) & \cdots & a(\varphi_2,\varphi_N) \\ \vdots & \vdots & & \vdots \\ a(\varphi_N,\varphi_1) & a(\varphi_N,\varphi_2) & \cdots & a(\varphi_N,\varphi_N) \end{pmatrix}, \quad \boldsymbol{U} = \begin{pmatrix} u_1 \\ u_2 \\ \vdots \\ u_N \end{pmatrix}, \quad \boldsymbol{F} = \begin{pmatrix} F(\varphi_1) \\ F(\varphi_2) \\ \vdots \\ F(\varphi_N) \end{pmatrix}.$$

矩阵 $\boldsymbol{K}$ 称为总刚度阵,$\boldsymbol{U}$ 称为位移向量,$\boldsymbol{F}$ 称为总荷载向量.

在实际的计算中,一般不是上面讨论的那样计算出总刚度阵,否则无法体现有限元计算量少而简捷的优点了,而是采取每个单元进行计算,然后合成总刚度阵.

把在 Ω_h 上的积分化为在单元上的积分再求和,有

$$\sum_e \iint_e \left(\frac{\partial u_h}{\partial x} \frac{\partial v_h}{\partial x} + \frac{\partial u_h}{\partial y} \frac{\partial v_h}{\partial y} \right) \mathrm{d}x \mathrm{d}y = \sum_e \iint_e f v_h \mathrm{d}x \mathrm{d}y, \quad \forall v_h \in V_h.$$

具体细节在 9.4.3 节讲述.

9.4.2 有限元方法例题

考虑定解区域是边长为 1 正六边形区域,按照图 9.13 所示,分成六个正三角形,计算此区域上线性有限元空间,也即分片线性基函数.

解 设 $z_i(i=1,2,\cdots,7)$:单元顶点;$\varphi_i(i=1,2,\cdots,7)$:顶点所对的基函数;$\Omega_i(i=1,2,\cdots,6)$:单元. 根据基函数的定义有 $\varphi_j(z_k) = \delta_{jk}(j,k=1,2,\cdots,7)$,

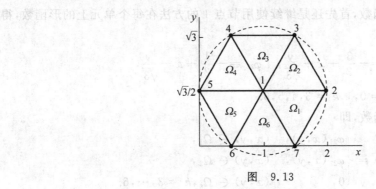

图 9.13

$$\varphi_j(x,y) = A_{jk} + B_{jk}x + C_{jk}y, \quad 在 \Omega_k 上 (j=1,2,\cdots,7, k=1,2,\cdots,6).$$

节点 $z_i(i=1,2,\cdots,7)$ 所对应的坐标见表 9.1.

表 9.1

z_i	1	2	3	4	5	6	7
x_i	1	2	3/2	1/2	0	1/2	3/2
y_i	$\frac{\sqrt{3}}{2}$	$\frac{\sqrt{3}}{2}$	$\sqrt{3}$	$\sqrt{3}$	$\frac{\sqrt{3}}{2}$	0	0

首先,计算节点 1 在第一个单元上的形函数 $\varphi_{11}(x,y)$,使用待定系数法有

$$\begin{cases} \varphi_{11}(z_1) = A_{11} + B_{11} \cdot 1 + C_{11} \cdot \frac{\sqrt{3}}{2} = 1, \\ \varphi_{11}(z_2) = A_{11} + B_{11} \cdot 2 + C_{11} \cdot \frac{\sqrt{3}}{2} = 0, \\ \varphi_{11}(z_7) = A_{11} + B_{11} \cdot \frac{3}{2} + C_{11} \cdot 0 = 0, \end{cases} \quad 或者 \begin{bmatrix} 1 & x_1 & y_1 \\ 1 & x_2 & y_2 \\ 1 & x_7 & y_7 \end{bmatrix} \begin{bmatrix} A_{11} \\ B_{11} \\ C_{11} \end{bmatrix} = \begin{bmatrix} 1 \\ 0 \\ 0 \end{bmatrix},$$

解方程组可得

$$\varphi_{11}(x,y) = \frac{3}{2} - x + \frac{y}{\sqrt{3}}, \quad (x,y) \in \Omega_1.$$

继续使用此方法分别计算节点 1 在第 2 个单元到第 6 个单元上的形函数,得到结果如下:

$$\varphi_{12} = \frac{5}{2} - x - \frac{y}{\sqrt{3}}, \quad \varphi_{13} = 2 - \frac{2}{\sqrt{3}}y, \quad \varphi_{14} = \frac{1}{2} + x - \frac{y}{\sqrt{3}},$$

$$\varphi_{15} = -\frac{1}{2} + x + \frac{y}{\sqrt{3}}, \quad \varphi_{16} = \frac{2y}{\sqrt{3}}.$$

它们拼接在一起就得到节点 1 的基函数,即

$$\varphi_1(x,y) = \begin{cases} \varphi_{11}(x,y), & (x,y) \in \Omega_1, \\ \vdots \\ \varphi_{16}(x,y), & (x,y) \in \Omega_6. \end{cases}$$

下面计算节点 2 的基函数,首先还是继续使用节点 1 的方法在每个单元上的形函数,得到结果如下:

$$\varphi_{21} = -\frac{3}{2} + x + \frac{y}{\sqrt{3}}, \quad \varphi_{22} = -\frac{1}{2} + x - \frac{y}{\sqrt{3}},$$

$$\varphi_{2k} = 0, \quad k = 3, 4, 5, 6.$$

然后拼接得到节点 2 的基函数,即

$$\varphi_2(x,y) = \begin{cases} \varphi_{21}(x,y), & (x,y) \in \Omega_1, \\ \varphi_{22}(x,y), & (x,y) \in \Omega_2, \\ 0, & (x,y) \in \Omega_k, k = 3, \cdots, 6. \end{cases}$$

其他节点的基函数完全相同于节点 2 的计算,会发现所得到的结果也完全类似于节点 2 的基函数,即只有两片是非零的,在其他四片等于 0.

既然计算方法如此相同,那么可以考虑编程让计算机计算节点的基函数,具体计算过程如下:

输入数据:N:单元总数,M:节点总数.

节点编号所对应的坐标,见表 9.1;单元 Ω_k 所包含的节点,也即节点的编号,见表 9.2.

表 9.2

k	z_1^k	z_2^k	z_3^k
1	z_1^1	z_2^1	z_3^1
$\vdots$	$\vdots$	$\vdots$	$\vdots$
N	z_1^N	z_2^N	z_3^N

算法:FOR K=1 to N
    FOR L=1 to 3

        Load Lth row 3 * 3 coefficient matrix $[M]$ with $(1, xJ, yJ)$
    FOR L=1 to 3
        Solve equations
$$M(A_{LK}, B_{LK}, C_{LK})^T = e_L$$
        (右边非齐次项是第 L 个分量为 1,其余的分量是 0)
        save A_{LK}, B_{LK}, C_{LK}

输出:$3N$ 个矩阵 $\boldsymbol{A} = [A_{lk}], \boldsymbol{B} = [B_{lk}], \boldsymbol{C} = [C_{lk}]$,它们分别对应每个节点在相应单元上形函数的系数,也即

$$\varphi_{jk}(x,y) = \boldsymbol{A}_{jk} + \boldsymbol{B}_{jk}x + \boldsymbol{C}_{jk}y \quad (j = 1, 2, 3; k = 1, 2, \cdots, N).$$

表 9.2 在目前的问题中具体形式见表 9.3.

表 9.3

k	z_1^k	z_2^k	z_3^k
1	1	2	7
2	1	2	3
⋮	⋮	⋮	⋮
5	1	5	6
6	1	6	7

9.4.3 有限元方法的实现

从有限元方程以及 9.4.2 节的例题可以看出，所有的节点基函数的计算方法完全相同，所有的积分都是在每一个单元上进行计算的，并且计算的方法也是完全相同的，于是我们计算出每个单元的积分值就可以了，这就是单元分析的内容.

在讲述单元分析之前，引入一个新的概念——**面积坐标**. 对任意单元三角形 $\triangle ABC$，考虑在此单元上的 Lagrange 线性插值. 即函数形式 $u(x,y)=ax+by+c$，很显然有三个未知量，需要三个条件来确定这三个未知量，于是给定单元三个顶点的函数值. 首先，考虑在三角形上的 Lagrange 基函数，即 $L_A(x,y), L_B(x,y)$ 和 $L_C(x,y)$. 以 $L_A(x,y)$ 为例说明. 因为 $L_A(x,y)$ 是 Lagrange 基函数，则 $L_A(x,y)$ 满足：

$$L_A(A)=1, \quad L_A(B)=0, \quad L_A(C)=0.$$

假设单元三角形的坐标为 $A(x_1,y_1), B(x_2,y_2), C(x_3,y_3)$，单元上的 Lagrange 基函数 $L_A(x,y)=ax+by+c$，并利用待定系数法得

$$\begin{cases} L_A(A)=ax_1+by_1+c=1, \\ L_A(B)=ax_2+by_2+c=0, \\ L_A(C)=ax_3+by_3+c=0. \end{cases}$$

另外假设三角形三顶点 A,B,C 是逆时针顺序排列的，则三角形的面积与上述方程组系数矩阵之间的关系为

$$S_{\triangle ABC}=\frac{1}{2}\begin{vmatrix} x_1 & y_1 & 1 \\ x_2 & y_2 & 1 \\ x_3 & y_3 & 1 \end{vmatrix}.$$

于是由 Cramer 法则，求解方程组得

$$a=\frac{y_2-y_3}{2S_{\triangle ABC}}, \quad b=-\frac{x_2-x_3}{2S_{\triangle ABC}}, \quad c=\frac{x_2y_3-x_3y_2}{2S_{\triangle ABC}}.$$

则

$$L_A(x,y)=\frac{y_2-y_3}{2S_{\triangle ABC}}x-\frac{x_2-x_3}{2S_{\triangle ABC}}y+\frac{x_2y_3-x_3y_2}{2S_{\triangle ABC}}$$

$$= \frac{1}{2S_{\triangle ABC}}(xy_2 - xy_3 - x_2y + x_3y + x_2y_3 - x_3y_2).$$

根据行列式展开规则,有

$$xy_2 - xy_3 + x_2y - x_3y + x_2y_3 - x_3y_2 = \begin{vmatrix} x & y & 1 \\ x_2 & y_2 & 1 \\ x_3 & y_3 & 1 \end{vmatrix}.$$

又设点 $P(x,y)$ 为单元三角形内部任意点,$\triangle PBC$ 的面积为

$$S_{\triangle PBC} = \frac{1}{2} \begin{vmatrix} x & y & 1 \\ x_2 & y_2 & 1 \\ x_3 & y_3 & 1 \end{vmatrix}.$$

可得 $L_A(x,y) = \frac{2S_{\triangle PBC}}{2S_{\triangle ABC}} = \frac{S_{\triangle PBC}}{S_{\triangle ABC}}$,即 $L_A(x,y) = \frac{S_{\triangle PBC}}{S_{\triangle ABC}}$. 同理可得其他两点的 Lagrange 插值基函数

$$L_B(x,y) = \frac{S_{\triangle PAC}}{S_{\triangle ABC}}, \quad L_C(x,y) = \frac{S_{\triangle PAB}}{S_{\triangle ABC}}.$$

由上面三式可见,在三角单元上进行插值,得到的 Lagrange 基函数是与面积有关的. 如果令

$$\lambda_1 = L_A(x,y) = \frac{S_{\triangle PBC}}{S_{\triangle ABC}}, \quad \lambda_2 = L_B(x,y) = \frac{S_{\triangle PAC}}{S_{\triangle ABC}}, \quad \lambda_3 = L_C(x,y) = \frac{S_{\triangle APB}}{S_{\triangle ABC}},$$

显然 $(\lambda_1,\lambda_2,\lambda_3)$ 具有如下性质:

① 都是点 $P(x,y)$ 坐标的一次多项式函数.

② 是非负的,即 $\lambda_i \geq 0, i=1,2,3$.

③ $\lambda_1 + \lambda_2 + \lambda_3 = 1$.

假设点 $P(x,y)$ 是单元三角形内部的任意给定的点,由上面的讨论可以唯一确定 $(\lambda_1, \lambda_2, \lambda_3)$ 三重数. 相反地,如果给定满足上面性质②、③的三重数 $(\lambda_1,\lambda_2,\lambda_3)$,也可以唯一地确定点 $P(x,y)$ 在三角单元中的位置. 则 $(\lambda_1,\lambda_2,\lambda_3)$ 与 (x,y) 是一一对应的. 因此可以将 $(\lambda_1,\lambda_2,\lambda_3)$ 作为平面内某点的坐标,称此坐标为**面积坐标**或者**重心坐标**或者**齐次坐标**.

面积坐标的其他性质:

④ 单元三个顶点的坐标分别是 $(1,0,0),(0,1,0),(0,0,1)$,重心坐标是 $\left(\frac{1}{3},\frac{1}{3},\frac{1}{3}\right)$.

⑤ 单元三条边的方程分别是 $\lambda_1=0, \lambda_2=0, \lambda_3=0$.

⑥ 过三角形内任意一点作平行于三边中任一条的直线,此直线方程在面积坐标的表示为

$$\lambda_1 = \text{Const} \quad \text{或者} \quad \lambda_2 = \text{Const} \quad \text{或者} \quad \lambda_3 = \text{Const}.$$

⑦ 任何关于 x,y 的 k 次多项式,可以变为关于 $\lambda_1,\lambda_2,\lambda_3$ 的齐 k 次多项式. 反之亦然.

下面讨论面积坐标与直角坐标之间的关系.

因为 $\lambda_1+\lambda_2+\lambda_3=1$,所以三重数 $(\lambda_1,\lambda_2,\lambda_3)$ 只有两个独立的变量,第三个依赖另外两个变量的取值.

$$\lambda_1 = \frac{S_{\triangle PBC}}{S_{\triangle ABC}} = \frac{1}{2S_{\triangle ABC}}(xy_2-xy_3-x_2y+x_3y+x_2y_3-x_3y_2) = \frac{1}{2S_{\triangle ABC}}(a_1x+b_1y+c_1),$$

$$\lambda_2 = \frac{S_{\triangle PAC}}{S_{\triangle ABC}} = \frac{1}{2S_{\triangle ABC}}(xy_3-xy_1-x_3y+x_1y+x_3y_1-x_1y_3) = \frac{1}{2S_{\triangle ABC}}(a_2x+b_2y+c_2),$$

$$\lambda_3 = \frac{S_{\triangle APB}}{S_{\triangle ABC}} = \frac{1}{2S_{\triangle ABC}}(xy_1-xy_2-x_2y+x_1y+x_1y_2-x_2y_1) = \frac{1}{2S_{\triangle ABC}}(a_3x+b_3y+c_3),$$

其中

$$\begin{cases} a_1 = \begin{vmatrix} y_2 & 1 \\ y_3 & 1 \end{vmatrix}, & a_2 = \begin{vmatrix} y_3 & 1 \\ y_1 & 1 \end{vmatrix}, & a_3 = \begin{vmatrix} y_1 & 1 \\ y_2 & 1 \end{vmatrix}, \\ b_1 = \begin{vmatrix} x_3 & 1 \\ x_2 & 1 \end{vmatrix}, & b_2 = \begin{vmatrix} x_1 & 1 \\ x_3 & 1 \end{vmatrix}, & b_3 = \begin{vmatrix} x_2 & 1 \\ x_1 & 1 \end{vmatrix}, \\ c_1 = \begin{vmatrix} x_2 & y_2 \\ x_3 & y_3 \end{vmatrix}, & c_2 = \begin{vmatrix} x_3 & y_3 \\ x_1 & y_1 \end{vmatrix}, & c_3 = \begin{vmatrix} x_1 & y_1 \\ x_2 & y_2 \end{vmatrix}. \end{cases}$$

利用简洁的重心坐标的几何性质或者繁琐的代数运算可得

$$\begin{cases} x_1\lambda_1+x_2\lambda_2+x_3\lambda_3 = x, \\ y_1\lambda_1+y_2\lambda_2+y_3\lambda_3 = y. \end{cases}$$

即

$$\begin{cases} x=(x_1-x_3)\lambda_1+(x_2-x_3)\lambda_2+x_3, \\ y=(y_1-y_3)\lambda_1+(y_2-y_3)\lambda_2+y_3. \end{cases}$$

如果令 $\xi=\lambda_1, \eta=\lambda_2$,则上式定义了一个仿射变换,把直角坐标系下的任意三角形变换为面积坐标系下的标准等腰直角三角形,如图 9.14 所示:

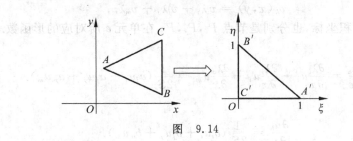

图 9.14

如果取 λ_1,λ_2 为独立变量,则

$$\begin{cases} \dfrac{\partial \lambda_1}{\partial x} = \dfrac{a_1}{2S_{\triangle ABC}}, & \dfrac{\partial \lambda_1}{\partial y} = \dfrac{b_1}{2S_{\triangle ABC}}, \\ \dfrac{\partial \lambda_2}{\partial x} = \dfrac{a_2}{2S_{\triangle ABC}}, & \dfrac{\partial \lambda_2}{\partial y} = \dfrac{b_2}{2S_{\triangle ABC}}. \end{cases}$$

那么可以求出变换的 Jacobi 行列式

$$J = \left|\frac{\partial(x,y)}{\partial(\xi,\eta)}\right| = \begin{vmatrix} x_1 - x_3 & x_2 - x_3 \\ y_1 - y_3 & y_2 - y_3 \end{vmatrix} = 2S_{\triangle ABC}.$$

在做单元分析时，需要计算大量的积分. 由于被积函数是多项式，因此可以把被积函数关于直角坐标系的积分变量变为面积坐标表示，这样换元后，给积分的计算带来很大的简便. 因为

$$\iint_e \lambda_1^m \lambda_2^n \lambda_3^p \mathrm{d}x\mathrm{d}y = 2\iint_e \lambda_1^m \lambda_2^n \lambda_3^p \Delta_e \mathrm{d}\lambda_1 \mathrm{d}\lambda_2$$

$$= 2\Delta_e \iint_e \lambda_1^m \lambda_2^n (1 - \lambda_1 - \lambda_2)^p \mathrm{d}\lambda_1 \mathrm{d}\lambda_2$$

$$= 2\Delta_e \iint_e \lambda_1^m t^n (1 - \lambda_1)^{n+p+1} (1 - t)^p \mathrm{d}\lambda_1 \mathrm{d}t$$

$$= 2\Delta_e \int_0^1 \lambda_1^m (1 - \lambda_1)^{n+p+1} \mathrm{d}\lambda_1 \int_0^1 t^n (1 - t)^p \mathrm{d}t.$$

再利用 Euler 公式：

$$\int_0^1 t^n (1-t)^p \mathrm{d}t = \frac{n!p!}{(n+p+1)!}.$$

由此得到

$$\iint_e \lambda_1^m \lambda_2^n \lambda_3^p \mathrm{d}x\mathrm{d}y = \frac{2m!n!p!S_e}{(m+n+p+2)!}.$$

单元分析

任取一单元 $e = \Delta P_i P_j P_m$，设函数 $u_h(x,y)$ 在节点 P_i 的值是 u_i，因为 $u_h(x,y)$ 在每个单元是线性函数，则 $u_h(x,y)$ 可以表示为

$$u_h(x,y) = u_i \lambda_i + u_j \lambda_j + u_m \lambda_m,$$
$$v_h(x,y) = v_i \lambda_i + v_j \lambda_j + v_m \lambda_m.$$

其中 $\lambda_i, \lambda_j, \lambda_m$ 是面积坐标，也分别是节点 P_i, P_j, P_m 在单元 e 所对应的形函数.

因此可得

$$\frac{\partial u_h}{\partial x} = \frac{\partial \lambda_i}{\partial x} u_i + \frac{\partial \lambda_j}{\partial x} u_j + \frac{\partial \lambda_m}{\partial x} u_m = \frac{1}{2S_e}(a_i u_i + a_j u_j + a_m u_m).$$

同理可得

$$\frac{\partial u_h}{\partial y} = \frac{1}{2S_e}(b_i u_i + b_j u_j + b_m u_m).$$

为了书写的简洁和方便，引入如下矩阵和向量的记法：

$$[\boldsymbol{B}]_e = \begin{pmatrix} \frac{\partial \lambda_i}{\partial x} & \frac{\partial \lambda_j}{\partial x} & \frac{\partial \lambda_m}{\partial x} \\ \frac{\partial \lambda_i}{\partial y} & \frac{\partial \lambda_j}{\partial y} & \frac{\partial \lambda_m}{\partial y} \end{pmatrix} = \frac{1}{2S_e} \begin{pmatrix} a_i & a_j & a_m \\ b_i & b_j & b_m \end{pmatrix},$$

$$[\boldsymbol{\lambda}]_e = [\lambda_i, \lambda_j, \lambda_m]_{1\times 3}, \quad \{\boldsymbol{u}\}_e = \{u_i, u_j, u_m\}^\mathrm{T}, \quad \{\boldsymbol{v}\}_e = \{v_i, v_j, v_m\}^\mathrm{T}.$$

则有

$$\nabla \boldsymbol{u}_{h_e} = \left(\frac{\partial u_h}{\partial x}\Big|_e \quad \frac{\partial u_h}{\partial y}\Big|_e\right)^\mathrm{T} = [\boldsymbol{B}]_e\{\boldsymbol{u}_h\}_e,$$

$$\nabla \boldsymbol{v}_{h_e} = \left(\frac{\partial v_h}{\partial x}\Big|_e \quad \frac{\partial v_h}{\partial y}\Big|_e\right)^\mathrm{T} = [\boldsymbol{B}]_e\{\boldsymbol{v}_h\}_e.$$

于是

$$\sum_e \iint_e \nabla u_h \nabla v_h \mathrm{d}x\mathrm{d}y = \sum_e \iint_e \{\nabla \boldsymbol{v}_n\}^\mathrm{T}\{\nabla \boldsymbol{u}_h\}\mathrm{d}x\mathrm{d}y = \sum_e \iint_e \{\boldsymbol{v}_h\}_e^\mathrm{T}[\boldsymbol{B}]^\mathrm{T}[\boldsymbol{B}]\{\boldsymbol{u}_h\}_e \mathrm{d}x\mathrm{d}y$$

$$= \sum_e \{\boldsymbol{v}_h\}_e^\mathrm{T}[\bar{\boldsymbol{k}}]_e\{\boldsymbol{u}_h\}_e = \sum_e \iint_e f\boldsymbol{\lambda}^\mathrm{T}\{\boldsymbol{v}_h\}_e \mathrm{d}x\mathrm{d}y = \sum_e \boldsymbol{f}_e^\mathrm{T}\{\boldsymbol{v}_h\}_e,$$

其中

$$[\bar{\boldsymbol{k}}]_e = \iint_e [\boldsymbol{B}]^\mathrm{T}[\boldsymbol{B}]\mathrm{d}x\mathrm{d}y, \quad \boldsymbol{f}_e^\mathrm{T} = \iint_e f\boldsymbol{\lambda}^\mathrm{T}\mathrm{d}x\mathrm{d}y.$$

称 $[\bar{\boldsymbol{k}}]_e$ 为单元刚度矩阵,称 $\boldsymbol{F}_e^\mathrm{T}$ 为单元荷载向量.

单元合成

与一维情形类似,需要把三阶方阵和三维向量扩充为 N 阶方阵和 N 维向量,但与一维情形也有不同的地方,因为是在二维平面中. 单元的顶点的编号一般不是相邻的,此时,扩充后的矩阵中的非零元素是根据单元的顶点的编号来确定的.

设 $u_h(x,y)$ 和 $v_h(x,y)$ 在节点 P_i 的函数值分别为 u_i 和 v_i,记为向量形式

$$\{\boldsymbol{u}\} = (u_1, u_2, \cdots, u_N)^\mathrm{T}, \quad \{\boldsymbol{v}\} = (v_1, v_2, \cdots, v_N)^\mathrm{T}.$$

不妨假设所有单元的顶点是按逆时针方向从小到大编号,即 $e = \Delta P_i P_j P_m, i<j<m$,计算后得到

$$\{\boldsymbol{v}_h\}_e^\mathrm{T}[\bar{\boldsymbol{k}}]_e\{\boldsymbol{u}_h\}_e = (u_i, u_j, u_m)^\mathrm{T}\begin{bmatrix} k_{ii}^e & k_{ij}^e & k_{im}^e \\ k_{ji}^e & k_{jj}^e & k_{jm}^e \\ k_{mi}^e & k_{mj}^e & k_{mm}^e \end{bmatrix}\begin{bmatrix} v_i \\ v_j \\ v_m \end{bmatrix}.$$

即单元刚度阵为

$$[\boldsymbol{k}]^e = \begin{bmatrix} k_{ii}^e & k_{ij}^e & k_{im}^e \\ k_{ji}^e & k_{jj}^e & k_{jm}^e \\ k_{mi}^e & k_{mj}^e & k_{mm}^e \end{bmatrix}.$$

做如下扩充,将单元刚度阵中的九个元素分布在扩充后矩阵的第 i,j,m 行和第 i,j,m 列的交叉的位置上,其他元素都是零. 即

$$[\boldsymbol{K}]^e = \begin{bmatrix} & \vdots & & \vdots & & \vdots & \\ \cdots & k_{ii}^e & \cdots & k_{ij}^e & \cdots & k_{im}^e & \cdots \\ & \vdots & & \vdots & & \vdots & \\ \cdots & k_{ji}^e & \cdots & k_{jj}^e & \cdots & k_{jm}^e & \cdots \\ & \vdots & & \vdots & & \vdots & \\ \cdots & k_{mi}^e & \cdots & k_{mj}^e & \cdots & k_{mm}^e & \cdots \\ & \vdots & & \vdots & & \vdots & \end{bmatrix}.$$

类似地，单元荷载向量 $\boldsymbol{f}^e = (f_i^e, f_j^e, f_m^e)^T$ 扩充为 N 维向量，这三个分量分别在第 i, j, m 的分量位置上，不为零外，其余的均为零：

$$\boldsymbol{F}^e = (\cdots, f_i^e, \cdots, f_j^e, \cdots, f_m^e, \cdots)^T.$$

把上面扩充后的单元刚度阵和荷载向量按单元作线性叠加，得到

$$\boldsymbol{K} = \sum_e [\boldsymbol{K}]^e, \quad \boldsymbol{F} = \sum_e \boldsymbol{F}^e.$$

它们分别称为总刚度阵和总荷载向量。此过程称为总体合成，另外，把计算单元刚度阵和单元荷载向量的过程称为单元分析。于是变分问题转化为：求 $u \in V_h$，使得

$$\{u\}^T \boldsymbol{K} \{v\} = \boldsymbol{F}^T \{v\}, \quad \forall \{v\} \in \boldsymbol{R}^N.$$

由于 $\{v\}$ 的任意性，得到线性方程，也即有限元方程：$\boldsymbol{K}\{u\} = \boldsymbol{F}$。

下面讨论有限元方程的解的存在性和唯一性。首先讨论总刚度矩阵的性质，很显然，总刚度阵是对称的。另外，它也是正定的，因为对任何 $0 \neq \{u\} \in \boldsymbol{R}^N$，考虑二次型 $\{u\}^T \boldsymbol{K} \{u\}$。只要证明当 $\{u\} \neq \boldsymbol{0}$ 时，$\{u\}^T \boldsymbol{K} \{u\} > 0$，

$$\{u\}^T \boldsymbol{K} \{u\} = \{u\}^T \sum_e [\boldsymbol{K}]^e \{u\} = \{u\}^T \sum_e \iint_e [\boldsymbol{B}]^T [\boldsymbol{B}] \mathrm{d}x \mathrm{d}y \{u\}$$

$$= \sum_e \iint_e (\nabla u)^2 \mathrm{d}x \mathrm{d}y > 0.$$

因此总刚度阵是正定的。于是得到，有限元方程的解存在而且唯一。

例 9.1 用三角线性有限元方法计算偏微分方程的近似解：

$$\begin{cases} -\left(\dfrac{\partial^2 u}{\partial x^2} + \dfrac{\partial^2 u}{\partial y^2}\right) = -6(x+y), & 0 < x < 1, 0 < y < 1, \\ u(x,0) = x^3, \quad u(x,1) = 1 + x^3, & 0 \leqslant x \leqslant 1, \\ u(0,y) = y^3, \quad u(1,y) = 1 + y^3, & 0 \leqslant y \leqslant 1. \end{cases}$$

偏微分方程的解析解为 $u(x,y) = x^3 + y^3$。

解 定解区域的剖分如图 9.15 所示，内部节点基函数的非零区域如图 9.16 所示。

设基函数用符号 $\varphi(x,y)$ 表示。以情况 (b) 为例说明如何得到有限元方程组。由于是 Riemman 边界条件，边界节点已知，只需考虑内部节点如何求解。系数矩阵的非零元仅依赖节点以及与节点相邻 6 个节点的基函数的偏导数，所以，必须求出导数，导数值如表 9.4 所示。

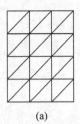 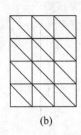 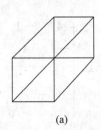 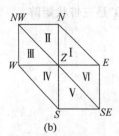

图 9.15　　　　　　　　　　　图 9.16

表 9.4　基函数的导数值

	I	II	III	IV	V	VI
$\partial_x \varphi_Z$	$-\dfrac{1}{h}$	0	$\dfrac{1}{h}$	$\dfrac{1}{h}$	0	$-\dfrac{1}{h}$
$\partial_y \varphi_Z$	$-\dfrac{1}{h}$	$-\dfrac{1}{h}$	0	$\dfrac{1}{h}$	$\dfrac{1}{h}$	0

先求刚度矩阵或系数矩阵.

任取内部节点 Z, 由基函数 φ_Z 的对称性有

$$a(\varphi_Z, \varphi_Z) = \int_{I \cup II \cup \cdots \cup VI} (\nabla \varphi_Z)^2 \mathrm{d}x\mathrm{d}y = 2\int_{I \cup II \cup III} [(\partial_x \varphi_Z)^2 + (\partial_y \varphi_Z)^2] \mathrm{d}x\mathrm{d}y$$
$$= 2\int_{I \cup II} h^{-2} \mathrm{d}x\mathrm{d}y + 2\int_{I \cup III} h^{-2} \mathrm{d}x\mathrm{d}y = 4.$$

因为单元 I 中的节点 N 相当于节点 V 的单元 Z, 而 $\partial_x \varphi_Z|_V = 0$, 所以 $\partial_x \varphi_N|_I = 0$. 类似可得 $\partial_y \varphi_N|_I = h^{-1}$. 根据表有 $\partial_x \varphi_Z|_{II} = 0$. 从而

$$a(\varphi_Z, \varphi_N) = \int_{I \cup II \cup \cdots \cup VI} \nabla \varphi_Z \cdot \nabla \varphi_N \mathrm{d}x\mathrm{d}y = \int_{I \cup II} \partial_y \varphi_Z \partial_y \varphi_N \mathrm{d}x\mathrm{d}y$$
$$= \int_{I \cup II} -h^{-1} h^{-1} \mathrm{d}x\mathrm{d}y = -1.$$

使用相同的方法可得

$$a(\varphi_Z, \varphi_E) = a(\varphi_Z, \varphi_W) = a(\varphi_Z, \varphi_S) = -1,$$
$$a(\varphi_Z, \varphi_{NW}) = a(\varphi_Z, \varphi_{SE}) = 0.$$

假如节点编号按照从左到右、从下到上进行编号, 即 $1, 2, \cdots, N$; $N+1, N+2, \cdots, 2N$, 那么可以得到相同于五点差分格式的系数矩阵, 即三带状的分块矩阵:

$$\frac{1}{h^2} \begin{bmatrix} T & -I & & & \\ -I & T & -I & & \\ & \ddots & \ddots & \ddots & \\ & & -I & T & -I \\ & & & -I & T \end{bmatrix},$$

其中 T 是三带状矩阵,

$$T = \begin{pmatrix} 4 & -1 & & & \\ -1 & 4 & -1 & & \\ & \ddots & \ddots & \ddots & \\ & & -1 & 4 & -1 \\ & & & -1 & 4 \end{pmatrix}.$$

再求右端的荷载向量.

读者是否会问,既然在线性三角元的情况下,有限元的刚度阵相同于五点差分格式的系数矩阵,那么右端的荷载向量是否也相同呢?回答是否定的.一般情况下是不同的,只有在特别的数值积分下是相同的,下面来回答这个特别的情况下相同性.

$$F(\varphi_Z) = \int_{I \cup \cdots \cup M} f(x,y) \varphi_Z \mathrm{d}x \mathrm{d}y.$$

当然,由于例题中给的右端非齐次项是多项式函数,上式的积分可以直接计算得到,留给读者自行计算,计算的正确结果是不同于五点差分格式的右端在节点 Z 处的函数值 $f(Z)$.

假如,不直接计算积分$\Big($实际上,绝大多数的情况,上式的积分是不可能直接计算得到的,比如 $f(x,y) = \dfrac{\sin(xy)}{x^2+1}\Big)$,而是采用数值积分,比如梯形求积公式:

$$\int_K g(x,y) \mathrm{d}x \mathrm{d}y \approx \frac{1}{3} S_K \sum_{i=1}^{3} g(a_i),$$

其中 K 是单元三角形,a_i 是三角形的三个顶点,S_K 是三角形的面积.

于是利用梯形求积公式可得

$$F(\varphi_Z) = \int_I f(x,y) \varphi_Z \mathrm{d}x \mathrm{d}y \approx \frac{1}{3} \cdot \frac{h^2}{2} (f(Z) \cdot 1 + f(E) \cdot 0 + f(N) \cdot 0) = \frac{h^2}{6} f(Z).$$

同理可得在其他单元上的数值积分也为 $\dfrac{h^2}{6} f(Z)$.于是

$$F(\varphi_Z) = \int_{I \cup \cdots \cup M} f(x,y) \varphi_Z \mathrm{d}x \mathrm{d}y \approx h^2 f(Z).$$

由此得到:荷载向量等于五点差分格式右端的向量.

下面是编程计算结果.

采用等腰直角三角形剖分,当三角形的直角边的步长为 $\dfrac{1}{10}$ 时,其解析解曲面图如图 9.17、数值解的曲面图如图 9.18 以及误差的曲面图如图 9.19 所示.

当三角形的直角边的步长为 $\dfrac{1}{50}$ 时,数值解的曲面图如图 9.20 以及误差的曲面图如图 9.21 所示.

9.4 二维有限元方法

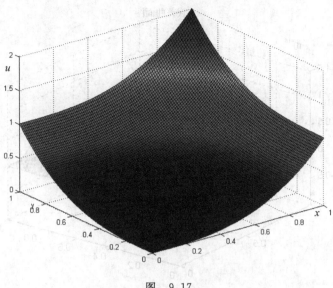

图 9.17

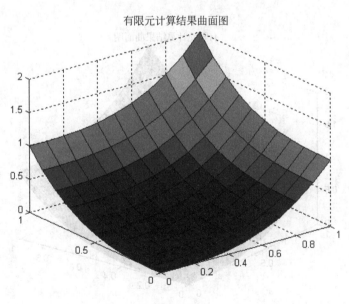

图 9.18

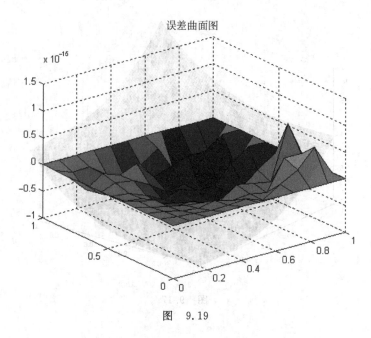

图 9.19

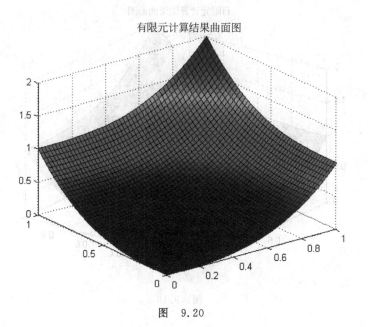

图 9.20

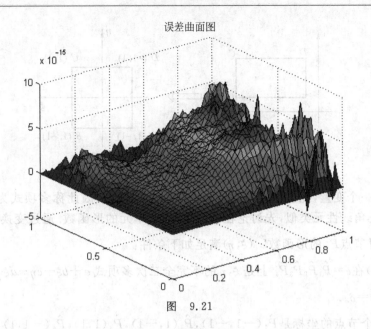

图 9.21

9.5 二维矩形双线性元

设二维区域 Ω 被分成有限个矩形单元,不妨设每一个矩形的边都和坐标轴平行,并且和三角形剖分一样,剖分必须满足如下条件:

① 单元之间的内部没有重叠.
② 每一个矩形的顶点,或者是 Ω 边界上的点,或者是相邻矩形的公共顶点.

任取单元 $e=\{(x,y)\,|\,x_1\leqslant x\leqslant x_2,y_1\leqslant y\leqslant y_2\}$,单元的中心坐标 $\left(\dfrac{x_1+x_2}{2},\dfrac{y_1+y_2}{2}\right)$,取 $h_1=\dfrac{x_2-x_1}{2},h_2=\dfrac{y_2-y_1}{2}$,定义如下变换:

$$\xi=\frac{x-x_0}{h_1},\quad \eta=\frac{y-y_0}{h_2},$$

其中 $x_0=\dfrac{x_1+x_2}{2},y_0=\dfrac{y_1+y_2}{2}$. 此变换将单元 e 变换为如下标准正方形单元 $\hat{e}$:

$$\hat{e}=\{(\xi,\eta)\,|-1\leqslant\xi\leqslant 1,-1\leqslant\eta\leqslant 1\}.$$

在 (ξ,η) 坐标系下,标准单元的四条边的方程是 $\xi=\pm 1,\eta=\pm 1$,如图 9.22 所示.

已知单元四个顶点的函数值,求一个二元多项式. 如果是二元一次多项式,则只有三个未定的系数,只需要三个条件就可以确定此多项式;如果是二元二次多项式,那么有六个未定系数,那么需要六个条件,但目前只有四个条件,无法确定多项式. 于是,考虑不完全的二次多项式. 又考虑两个相邻单元在单元交界上的连续性,采取如下插值多项式:

$$P(x,y)=a+bx+cy+dxy.$$

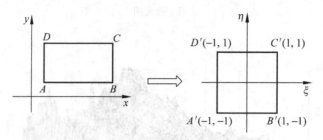

图 9.22

由于固定其中一个变量,此多项式对另外一个变量是线性的,因此称多项式为 Lagrange 双线性插值. 与三角线性元类似,先讨论在标准单元 $\hat{e}$ 上单元的形函数. 通过变换就得到单元 e 上的形函数. 对节点 $\hat{P}_i$ 的形函数 $\hat{L}_i(\xi,\eta)$ 满足如下条件:

① $\hat{L}_i(\xi,\eta)$ 在 $\hat{e}=\hat{P}_1\hat{P}_2\hat{P}_3\hat{P}_4$ 上是 ξ,η 的不完全二次多项式 $a+b\xi+c\eta+d\xi\eta$.

② $\hat{L}_i(\hat{P}_j)=\delta_{ij}$.

不妨设四个节点的坐标是 $\hat{P}_1(-1,-1), \hat{P}_2(1,-1), \hat{P}_3(1,1), \hat{P}_4(-1,1)$,以节点 $\hat{P}_1$ 的形函数为例讨论形函数.

$$\hat{L}_1(\hat{P}_1)=1, \quad \hat{L}_1(\hat{P}_2)=0, \quad \hat{L}_1(\hat{P}_3)=0, \quad \hat{L}_1(\hat{P}_4)=0.$$

由待定系数法不难得到 $\hat{L}_1(\xi,\eta)=\dfrac{1}{4}(1-\xi)(1-\eta)$. 同理可得其他节点在标准单元上的形函数:

$$\hat{L}_2(\xi,\eta)=\frac{1}{4}(1+\xi)(1-\eta), \quad \hat{L}_3(\xi,\eta)=\frac{1}{4}(1+\xi)(1+\eta),$$

$$\hat{L}_4(\xi,\eta)=\frac{1}{4}(1-\xi)(1+\eta).$$

因此,在单元 $\hat{e}$ 上的双线性插值函数为

$$u_h(\xi,\eta)=u_1\hat{L}_1(\xi,\eta)+u_2\hat{L}_2(\xi,\eta)+u_3\hat{L}_3(\xi,\eta)+u_4\hat{L}_4(\xi,\eta),$$

其中 u_i 是插值函数在节点的函数值.

在单元 e 上的插值函数,只要通过变换 $\xi=\dfrac{x-x_0}{h_1}, \eta=\dfrac{y-y_0}{h_2}$ 就可以得到. 即

$$L_1(x,y)=\frac{1}{4}\left(1-\frac{x-x_0}{h_1}\right)\left(1-\frac{y-y_0}{h_2}\right), \quad L_2(\xi,\eta)=\frac{1}{4}\left(1+\frac{x-x_0}{h_1}\right)\left(1-\frac{y-y_0}{h_2}\right),$$

$$L_3(\xi,\eta)=\frac{1}{4}\left(1+\frac{x-x_0}{h_1}\right)\left(1+\frac{y-y_0}{h_2}\right), \quad L_4(\xi,\eta)=\frac{1}{4}\left(1-\frac{x-x_0}{h_1}\right)\left(1+\frac{y-y_0}{h_2}\right).$$

从上面所求的 4 个形函数可以看出,二维的双线性形函数实际上是在区间 $[-1,1]$ 上的两个一维线性插值基函数的乘积.

通过上面方法构造出来的分片双线性函数在定解区域上是连续的. 因为,在相邻两个的

公共边上,插值函数只是变量 x 或者 y 的一次函数,而一次函数在此边上的值完全由公共边两个端点的函数值唯一确定. 因此插值函数在公共边上连续,故在定解区域是连续的.

例 9.2 设网格步长为 0.2,请用双线性有限元求单位长等腰直角三角形区域上的椭圆边值问题的有限元方程组.

$$\begin{cases} -\Delta u = 1, & (x,y) \in \Omega, \\ u|_{\partial\Omega} = 0. \end{cases}$$

定解区域和剖分如右边的图 9.23.

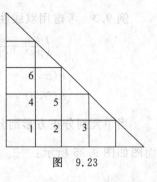

图 9.23

解 由于是第一类边界条件,于是边界上的节点的函数值已知,无需求解,求解内部节点即可. 即只需求内部节点的基函数. 利用待定系数法(很麻烦)或者将所有单元变换到参考单元进行求解(比较简单)或者利用双线性插值实际上是两个一维插值得乘积(最简单),可以求得内部 6 个节点得基函数如下:

$$\varphi_i = \begin{cases} \dfrac{1}{h^2}(h-|x-x_j|)(h-|y-y_j|), & \max\{|x-x_j|,|y-y_j|\} \leqslant h, \\ 0, & \text{其他}. \end{cases} \quad i=1,2,4,$$

$$\varphi_i = \begin{cases} \dfrac{1}{h^2}(h-|x-x_j|)(h-|y-y_j|), & \max\{|x-x_j|,|y-y_j|\} \leqslant h, \\ & \min\{x-x_j,y-y_j\} \leqslant 0, \\ \dfrac{1}{h^2}(h-|x-x_j|-|y-y_j|), & |x-x_j|\pm|y-y_j| \leqslant h, \\ & \min\{x-x_j,y-y_j\} \geqslant 0, \\ 0, & \text{其他}, \end{cases} \quad i=3,5,6.$$

根据弱形式求系数矩阵的每个元素和荷载向量的分量,求解结果如下:

$$f_h(\varphi_i) = \begin{cases} 1, & i=1,2,4, \\ \dfrac{11}{12}, & i=3,5,6, \end{cases} \quad a(\varphi_i,\varphi_i) = \begin{cases} 8, & i=1,2,4, \\ 9, & i=3,5,6, \end{cases}$$

$$a(\varphi_i,\varphi_j) = \begin{cases} -1 & (i,j) \neq \{(1,6),(2,6),(3,6),(3,4),(1,3)\}, \\ 0, & (i,j) = \{(1,6),(2,6),(3,6),(3,4),(1,3)\}. \end{cases}$$

于是得到有限元方程组为 $\boldsymbol{AU} = \boldsymbol{f}_h$,其中

$$\boldsymbol{A} = (a(\varphi_i,\varphi_j))_{6\times 6}, \quad \boldsymbol{U} = (u_1,u_2,\cdots,u_6)^\mathrm{T}, \quad \boldsymbol{f}_h = (f_h(\varphi_1),f_h(\varphi_2),\cdots,f_h(\varphi_6))^\mathrm{T}.$$

求解可得

$$u_1 = 2.4821E-2, \quad u_2 = 2.6818E-2, \quad u_3 = 1.7972E-2,$$
$$u_4 = 2.6818E-2, \quad u_5 = 2.4934E-2, \quad u_6 = 1.7972E-2.$$

则问题的近似解是 $u_h = \sum\limits_{i=1}^{6} u_i \varphi_i$.

例 9.3 考虑用双线性矩形有限元求下面方程的近似解：

$$\begin{cases} -\left(\dfrac{\partial^2 u}{\partial x^2}+\dfrac{\partial^2 u}{\partial y^2}\right)=-6(x+y), & 0<x<1, 0<y<1, \\ u(x,0)=x^3, \quad u(x,1)=1+x^3, & 0\leqslant x\leqslant 1, \\ u(0,y)=y^3, \quad u(1,y)=1+y^3, & 0\leqslant y\leqslant 1. \end{cases}$$

当单元剖分正方形剖分，单元边长为 $\dfrac{1}{10}$ 时，其数值解的曲面图如图 9.24 以及误差的曲面图如图 9.25 所示：

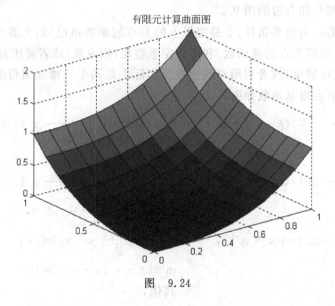

图 9.24

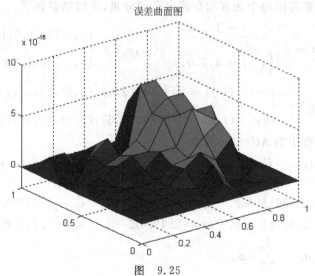

图 9.25

当单元剖分正方形剖分,单元边长为 $\dfrac{1}{50}$ 时,其数值解的曲面图以及误差的曲面图如图 9.26～图 9.27 所示:

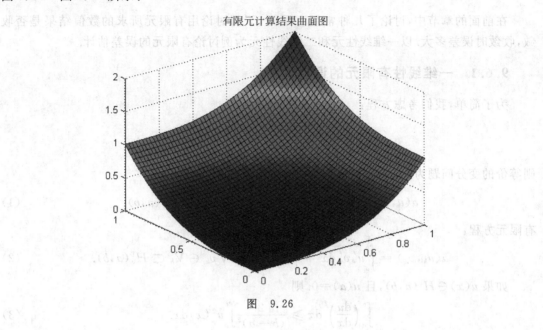

图 9.26

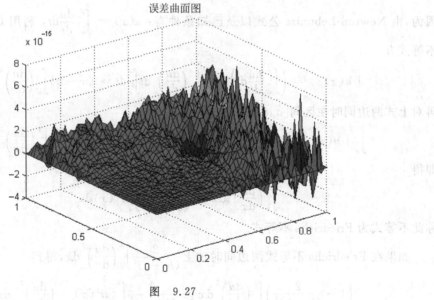

图 9.27

9.6 误差估计

在前面的章节中,讨论了几种常用有限元,下面讨论用有限元所求的数值结果是否收敛,收敛时误差多大. 以一维线性元和二维线性元为例讨论有限元的误差估计.

9.6.1 一维线性有限元的误差估计

为了简单,我们考虑方程:
$$\begin{cases} u''(x) = f(x), & x \in (a,b), \\ u(a) = 0, & u(b) = 0. \end{cases}$$

则等价的变分问题为:求 $u(x) \in H_0^1(a,b)$,使得

$$a(u,v) = \int_a^b u'v' \mathrm{d}x = \int_a^b fv \mathrm{d}x, \quad \forall v \in H_0^1(a,b). \tag{1}$$

有限元方程:

$$a(u_h, v_h) = \int_a^b u_h' v_h' \mathrm{d}x = \int_a^b fv_h \mathrm{d}x, \quad \forall v_h \in V_h \subset H_0^1(a,b). \tag{2}$$

如果 $u(x) \in H^1(a,b)$,且 $u(a) = 0$. 则

$$\int_a^b \left(\frac{\mathrm{d}u}{\mathrm{d}x}\right)^2 \mathrm{d}x \geq \frac{2}{(b-a)^2} \int_a^b u^2(x) \mathrm{d}x. \tag{3}$$

因为,由 Newton-Lebunize 公式以及已知条件有:$u(x) = \int_a^x \frac{\mathrm{d}u}{\mathrm{d}t} \mathrm{d}t$,利用 Cauchy-Schwartz 不等式有

$$|u(x)|^2 = \left(\int_a^x \frac{\mathrm{d}u}{\mathrm{d}t} \mathrm{d}t\right)^2 \leq \int_a^x \left(\frac{\mathrm{d}u}{\mathrm{d}t}\right)^2 \mathrm{d}t \int_a^x \mathrm{d}t = (x-a) \int_a^x \left(\frac{\mathrm{d}u}{\mathrm{d}t}\right)^2 \mathrm{d}t.$$

再对上式两边同时在区间 $[a,b]$ 上积分得

$$\int_a^b |u(x)|^2 \mathrm{d}x \leq \int_a^b (x-a) \mathrm{d}x \int_a^b \left(\frac{\mathrm{d}u}{\mathrm{d}x}\right)^2 \mathrm{d}x = \frac{(b-a)^2}{2} \int_a^b \left(\frac{\mathrm{d}u}{\mathrm{d}x}\right)^2 \mathrm{d}x.$$

即得

$$\int_a^b \left(\frac{\mathrm{d}u}{\mathrm{d}x}\right)^2 \mathrm{d}x \geq \frac{2}{(b-a)^2} \int_a^b u^2(x) \mathrm{d}x.$$

称此不等式为 Friedrichs 不等式.

如果在 Friedrichs 不等式两边同时加上 $\frac{2}{(b-a)^2} \int_a^b \left(\frac{\mathrm{d}u}{\mathrm{d}x}\right)^2 \mathrm{d}x$,得到

$$\left(1 + \frac{2}{(b-a)^2}\right) \int_a^b \left(\frac{\mathrm{d}u}{\mathrm{d}x}\right)^2 \mathrm{d}x \geq \frac{2}{(b-a)^2} \int_a^b \left[u^2(x) + \left(\frac{\mathrm{d}u}{\mathrm{d}x}\right)^2\right] \mathrm{d}x.$$

即有 $\int_a^b \left(\frac{\mathrm{d}u}{\mathrm{d}x}\right)^2 \mathrm{d}x \geq \frac{2}{(b-a)^2 + 2} \int_a^b \left[u^2(x) + \left(\frac{\mathrm{d}u}{\mathrm{d}x}\right)^2\right] \mathrm{d}x = c \int_a^b \left[u^2(x) + \left(\frac{\mathrm{d}u}{\mathrm{d}x}\right)^2\right] \mathrm{d}x.$

记
$$\int_a^b \left[u^2(x) + \left(\frac{du}{dx}\right)^2\right]dx = ||u||_1^2, \quad \int_a^b u^2(x)dx = ||u||_0^2, \quad \int_a^b \left(\frac{du}{dx}\right)^2 dx = |u|_1^2.$$

很显然有 $||u||_1^2 = ||u||_0^2 + |u|_1^2$,则有

$$c||u||_1 \leqslant |u|_1. \tag{4}$$

Cea 引理 设 u 和 u_h 分别是方程(9)和(10)的解,则

$$a(u - u_h, v_h) = 0, \quad \forall v_h \in V_h. \tag{5}$$

$$||u - u_h||_1 \leqslant c\inf||u - v_h||_1, \quad \forall v_h \in V_h. \tag{6}$$

证明 很显然由式(1)和式(2)相减得到式(5).此等式称为正交性.
由式(4)有
$$a(u - u_h, u - u_h) \geqslant c||u - u_h||_1^2. \tag{7}$$
利用式(5),有
$$\begin{aligned}a(u - u_h, u - u_h) &= a(u - u_h, u - v_h + v_h - u_h)\\ &= a(u - u_h, u - v_h) + a(u - u_h, v_h - u_h)\\ &= a(u - u_h, u - v_h).\end{aligned}$$

利用 Cauchy-Schwartz 不等式:

$$\begin{aligned}a(u - u_h, u - v_h) &= \int_a^b (u - u_h)'(u - v_h)'dx\\ &\leqslant \left\{\int_a^b \left[\frac{d(u - u_h)}{dx}\right]^2 dx\right\}^{\frac{1}{2}} \left\{\int_a^b \left[\frac{d(u - v_h)}{dx}\right]^2 dx\right\}^{\frac{1}{2}}\\ &\leqslant ||u - u_h||_1 ||u - v_h||_1.\end{aligned} \tag{8}$$

从式(7)和式(8)可得

$$c||u - u_h||_1^2 \leqslant a(u - u_h, u - u_h) = a(u - u_h, u - v_h) \leqslant ||u - u_h||_1 ||u - v_h||_1.$$

因此
$$||u - u_h||_1 \leqslant \beta||u - v_h||_1.$$

又由 v_h 的任意性,则有

$$||u - u_h||_1 \leqslant \beta\inf||u - v_h||_1, \quad v_h \in V_h.$$

在上面的结论中,只需取 v_h 为 u 的分段线性 Lagrange 插值 u_I,于是只要讨论 $||u - u_I||$ 的误差估计即可.

为了得到 $||u - u_I||$ 的误差估计,首先在单元 $[x_{i-1}, x_i]$ 上讨论,由线性 Lagrange 插值可得

$$u_I(x) = u_{i-1} + (u_i - u_{i-1})\frac{x - x_{i-1}}{h_i},$$

其中 u_{i-1} 和 u_i 真解在节点 x_{i-1}, x_i 的函数值.

利用分部积分,得到 u_i 和 $u(x)$ 分别可以用 u_{i-1} 和 u'_{i-1} 表示:

$$\int_{x_{i-1}}^{x_i} (x_i - t)\frac{d^2 u}{dt^2}dt + h_i \frac{du}{dx}\Big|_{x_{i-1}} + u_{i-1} = u(x_i),$$

$$\int_{x_{i-1}}^{x}(x-t)\frac{\mathrm{d}^2u}{\mathrm{d}t^2}\mathrm{d}t+\frac{\mathrm{d}u}{\mathrm{d}x}\Big|_{x_{i-1}}(x-x_{i-1})+u_{i-1}=u(x).$$

于是将 u_i 代入插值函数 u_I 中，得到

$$u_I(x)=u_{i-1}+\left(\int_{x_{i-1}}^{x_i}(x_i-t)\frac{\mathrm{d}^2u}{\mathrm{d}t^2}\mathrm{d}t+h_i\frac{\mathrm{d}u}{\mathrm{d}x}\Big|_{x_{i-1}}\right)\frac{x-x_{i-1}}{h_i}.$$

则

$$u(x)-u_I(x)=\int_{x_{i-1}}^{x}(x-t)\frac{\mathrm{d}^2u}{\mathrm{d}t^2}\mathrm{d}t-\frac{x-x_{i-1}}{h_i}\int_{x_{i-1}}^{x_i}(x_i-t)\frac{\mathrm{d}^2u}{\mathrm{d}t^2}\mathrm{d}t=I_1+I_2.$$

利用 Cauchy 不等式：

$$I_1^2\leqslant\int_{x_{i-1}}^{x}(x-t)^2\mathrm{d}t\int_{x_{i-1}}^{x}\left(\frac{\mathrm{d}^2u}{\mathrm{d}t^2}\right)^2\mathrm{d}t\leqslant\frac{h_i^3}{3}\int_{x_{i-1}}^{x_i}\left(\frac{\mathrm{d}^2u}{\mathrm{d}t^2}\right)^2\mathrm{d}t,$$

$$I_2^2\leqslant\int_{x_{i-1}}^{x_i}(x_i-t)^2\mathrm{d}t\int_{x_{i-1}}^{x_i}\left(\frac{\mathrm{d}^2u}{\mathrm{d}t^2}\right)^2\mathrm{d}t\leqslant\frac{h_i^3}{3}\int_{x_{i-1}}^{x_i}\left(\frac{\mathrm{d}^2u}{\mathrm{d}t^2}\right)^2\mathrm{d}t,$$

由此得到

$$\int_{x_{i-1}}^{x_i}(u(x)-u_I(x))^2\mathrm{d}t=\int_{x_{i-1}}^{x_i}(I_1^2+2I_1I_2+I_2^2)\mathrm{d}t$$

$$\leqslant 2\int_{x_{i-1}}^{x_i}(I_1^2+I_2^2)\mathrm{d}t\leqslant\frac{4h_i^3}{3}\int_{x_{i-1}}^{x_i}\left(\frac{\mathrm{d}^2u}{\mathrm{d}t^2}\right)^2\mathrm{d}t\int_{x_{i-1}}^{x_i}\mathrm{d}t$$

$$\leqslant\frac{4h_i^4}{3}\int_{x_{i-1}}^{x_i}\left(\frac{\mathrm{d}^2u}{\mathrm{d}t^2}\right)^2\mathrm{d}t,$$

于是可得

$$||u-u_I||^2=\int_a^b(u(x)-u_I(x))^2\mathrm{d}t=\sum_i\int_{x_{i-1}}^{x_i}(u(x)-u_I(x))^2\mathrm{d}t$$

$$\leqslant\sum_i\frac{4h_i^4}{3}\int_{x_{i-1}}^{x_i}\left(\frac{\mathrm{d}^2u}{\mathrm{d}t^2}\right)^2\mathrm{d}t\leqslant\frac{4h^2}{3}\sum_i\int_{x_{i-1}}^{x_i}\left(\frac{\mathrm{d}^2u}{\mathrm{d}t^2}\right)^2\mathrm{d}t=\frac{4h^2}{3}||u''||_0^2.$$

另外

$$\frac{\mathrm{d}[u(x)-u_I(x)]}{\mathrm{d}x}=\int_{x_{i-1}}^{x}\frac{\mathrm{d}^2u}{\mathrm{d}t^2}\mathrm{d}t-\frac{1}{h_i}\int_{x_{i-1}}^{x_i}(x_i-t)\frac{\mathrm{d}^2u}{\mathrm{d}t^2}\mathrm{d}t=J_1+J_2,$$

再次利用 Cauchy 不等式：

$$J_1^2\leqslant\int_{x_{i-1}}^{x}\mathrm{d}t\int_{x_{i-1}}^{x}\left(\frac{\mathrm{d}^2u}{\mathrm{d}t^2}\right)^2\mathrm{d}t\leqslant h_i\int_{x_{i-1}}^{x_i}\left(\frac{\mathrm{d}^2u}{\mathrm{d}t^2}\right)^2\mathrm{d}t,$$

$$J_2^2\leqslant\frac{1}{h_i^2}\int_{x_{i-1}}^{x_i}(x_i-t)^2\mathrm{d}t\int_{x_{i-1}}^{x_i}\left(\frac{\mathrm{d}^2u}{\mathrm{d}t^2}\right)^2\mathrm{d}t\leqslant\frac{h_i}{3}\int_{x_{i-1}}^{x_i}\left(\frac{\mathrm{d}^2u}{\mathrm{d}t^2}\right)^2\mathrm{d}t.$$

与前面的估计类似得到

$$|u-u_I|_1^2=\int_a^b\left(\frac{\mathrm{d}[u(x)-u_I(x)]}{\mathrm{d}x}\right)^2\mathrm{d}x\leqslant\sum_i 2\int_{x_{i-1}}^{x_i}(I_1^2+I_2^2)\mathrm{d}x\leqslant\frac{8h^2}{3}||u''||_0^2.$$

因此

$$||u-u_I||_1 \leqslant ch|u''|_0.$$

因此有如下的定理:

定理 若 $u \in C^2[a,b]$ 是式(1)的解, u_h 是线性有限元的解,则存在与 h 无关的常数 c 使得

$$||u-u_h||_1 \leqslant ch||u''||_0.$$

上面的定理给出了真解与有限元解导数之间的误差估计,下面我们讨论函数值之间的误差. 为了得到丰满估计,需要利用 Nitsche 技巧.

证明 考虑辅助问题:

$$\begin{cases} w''(x) = u-u_h, & x \in (a,b), \\ w(a) = 0, \\ w(b) = 0. \end{cases}$$

则其变分问题为: $\quad a(w,v) = \int_a^b (u-u_h)v\mathrm{d}x, \quad \forall v \in H_0^1(a,b).$

令 $v = u-u_h$,任取 $\bar{w} \in V_h$,由正交性有

$$||u-u_h||_0^2 = a(w,u-u_h) = a(w-\bar{w},u-u_h)$$
$$\leqslant ||w-\bar{w}||_1 ||u-u_h||_1 \leqslant ch||u''||_0 ||w-\bar{w}||_1,$$

又由 $\bar{w}$ 的任意性,于是

$$||u-u_h||_0^2 \leqslant ch||u''||_0 (\inf ||w-\bar{w}||_1)$$
$$\leqslant ch||u''||_0 (\inf ||w-w_I||_1) \leqslant ch^2 ||u''||_0 ||w''||_0,$$

其中 w_I 是 w 的插值函数. 又因为 $w''(x) = u - u_h, x \in (a,b)$,于是 $||w''||_0 = ||u-u_h||_0$,所以

$$||u-u_h||_0^2 \leqslant ch^2 ||u''||_0 ||u-u_h||_0.$$

即

$$||u-u_h||_0 \leqslant ch^2 ||u''||_0.$$

9.6.2 二维线性有限元的误差估计

为了简单起见,考虑 Poisson 方程第一边值问题:

$$\begin{cases} -\Delta u = f(x,y), & (x,y) \in \Omega, \\ u|_{\partial\Omega} = 0. \end{cases}$$

在二维的情况下,同样存在 Cea 引理,所以只要讨论二维的插值误差,下面讨论插值误差. 为此,先讨论在任一单元上的插值误差. 采用前面讲述面积坐标的记号,设单元的顶点的编号是 1、2 和 3. 于是,有限元解在单元上可表示为

$$u_h(x,y) = u_1 L_1 + u_2 L_2 + u_3 L_3.$$

也即真解函数 $u(x,y)$ 在单元上的 Lagrange 插值函数.

构造辅助线性函数:

$$p(x,y) = u(Q) + u_x(Q)(x-x_Q) + u_y(Q)(y-y_Q),$$

其中 Q 点是单元中的任意一点. 此外,辅助函数还可以表示为
$$p(x,y) = p_1 L_1 + p_2 L_2 + p_3 L_3,$$
其中 $p_i = p(x_i, y_i)$ 表示在单元顶点的函数值.

$$|D(u-u_I)| \leqslant |D(u-p)| + |D(p-u_I)| = |D(u-p)| + \sum_{i=1}^{3} |p_i - u_i| |DL_i|, \tag{9}$$

其中 D 表示偏导数算子.

根据辅助函数的构造,可以将辅助函数认为是真解函数在 $Q(\xi, \eta)$ 点的 Taylor 展开式的前三项,由此有
$$u(x,y) - p(x,y)$$
$$= u_{xx}(\xi,\eta)(x-\xi)^2 + 2u_{xy}(\xi,\eta)(x-\xi)(y-\eta) + u_{xy}(\xi,\eta)(y-\eta)^2. \tag{10}$$

对式(10)两边分别对 x, y 求导,可得
$$D_x^1(u-p) = 2u_{xx}(\xi,\eta)(x-\xi) + 2u_{xy}(\xi,\eta)(y-\eta), \tag{11}$$
$$D_y^1(u-p) = 2u_{xy}(\xi,\eta)(x-\xi) + 2u_{yy}(\xi,\eta)(y-\eta). \tag{12}$$

根据 Lagrange 插值基函数的性质:
$$|D_x^1 L_i| = \left|\frac{y_j - y_m}{2S_e}\right| \leqslant \frac{1}{\rho_e}, \quad |D_y^1 L_i| = \left|\frac{x_j - x_m}{2S_e}\right| \leqslant \frac{1}{\rho_e}. \tag{13}$$

由式(11)~式(13)可知
$$|D(u-p)| \leqslant 2\left(1 + \frac{3h}{\rho}\right) Mh.$$

又因为单元剖分时满足条件 $c_1 \rho \leqslant h \leqslant c_2 \rho.$

于是有
$$|D(u-p)| \leqslant cMh. \tag{14}$$

再由式(9)、式(14)可得
$$||u - u_I||_1 = \left\{\iint_{\Omega} [(u-u_I)^2 + |D_x'(u-u_I)|^2 + |D_y'(u-u_I)|^2] dxdy\right\}^{\frac{1}{2}}$$
$$\leqslant C(\Omega) ||u||_2 h.$$

于是得到如下定理:

定理 若 $u \in C^2(\bar{\Omega})$ 是式(1)的解,u_h 是线性有限元的解,则存在与 h 无关的常数 C 使得
$$||u - u_h||_1 \leqslant Ch ||u||_2.$$

练 习 题

1. 考虑 $[0,1]$ 区间上的 Lagrange 插值(等步长节点).

① 请用 MATLAB 软件画出一次插值到 8 次插值的 Lagrange 基函数的图像.

② 请用 MATLAB 软件画出一次插值到 8 次插值的 Lagrange 基函数的各阶导数函数的图像.

③ 根据所画的图像观察,导数的最大值是否随插值函数的次数增高而迅速变大?

④ 变更插值节点,将等距节点变为 Chebyshev 节点：$x_j = \sin\left(\dfrac{j\pi}{2n}\right)(0 \leqslant j \leqslant n)$. 重复前三问的要求,并与等距节点插值的结果比较,体会各种插值的优缺点.

2. 形函数的推导,使用面积坐标推导三角元上的形函数.

① 给定三角形的三个顶点以及三条边上的中点的函数值,推导二次元.

② 给定三角形的三个顶点,三条边上的三等分点和三角形重心的函数值,推导三次元.

③ 将①、②的两种方法推广到矩形元,求双二次元.

④ 将①、②的两种方法能推广到三维空间上吗?如果能,求线性元.

⑤ 思考如何求三角元上的 Hermite 元(提示：如何给定节点的条件).

3. 用有限元方法解两点边值问题：
$$\begin{cases} -\dfrac{\mathrm{d}^2 u}{\mathrm{d}x^2} = f, & 0 < x < 1, \\ u(0) = 1, & u(1) = b, \end{cases}$$
网格为均匀网格,$x_i(i=1,\cdots,N-1)$ 为内部节点,φ_i 为节点基函数,请回答下面的问题：

① 计算现象有限元在 $[x_i, x_{i+1}]$ 上的单元刚度阵.

② 计算与内部节点相关的几个非零元素.

③ 写出如何由单元刚度阵叠加出总刚度阵.

④ 写出线性有限元方程组.

⑤ 根据①~④的过程计算出二次有限元的有限元方程组.

4. 定解区域是单位圆和三角形网格剖分如 9.4.2 节的例题,节点 2 和节点 3 之间的劣弧为 S_2,其余部分为 S_1. 考虑如下方程：
$$\begin{cases} -\Delta u = 0, & (x,y) \in \Omega, \\ \dfrac{\partial u}{\partial \boldsymbol{n}}\Big|_{S_2} = 0, & u\big|_{S_1} = g, \end{cases}$$
其中 $g(z_4) = g(z_5) = g(z_6) = 100, g(z_7) = -100$.

① 用有限元方法求解上面的椭圆边值问题.

② 请你考虑使用 Ritz 方法求近似解. 在此种情况下,两种方法的结果是否相同,哪种方法更简便.

③ 将问题的边界条件变更为 $\dfrac{\partial u}{\partial \boldsymbol{n}}\Big|_{S_1} = 0, u\big|_{S_2} = g$,其中 $g(z_2) = 100, g(z_3) = -50$. 重复①、②问题.

5. 考虑椭圆边值问题：
$$\begin{cases} -\Delta u + p(x,y)u = f(x,y), & 0 < x,y < 1, \\ u|_\Gamma = 0, \end{cases}$$

请回答下面的问题：

① 根据你对定解区域进行常规的等腰直角三角形剖分,计算由两个边界节点和一个内部节点组成的单元的单元刚度阵和全部由内部节点组成的单元的单元刚度阵.

② 根据你的网格剖分,写出某个内部节点所有相关的非零元素的节点集合.

③ 根据①和②的计算计算结果,叠加出总刚度阵.

④ 根据你自己的剖分,如何对节点编号,达到总刚度阵的带宽最小.

⑤ 请你用矩形网格剖分定解区域,探讨问题①~④.

⑥ 请根据所求的三角元和矩形元所得到的有限元方程组,用多重网格进行求解.

6. 定解区域是 L 形区域(见图 9.28),剖分是正方形剖分,考虑混合边值问题：
$$\begin{cases} -\Delta u = f, & (x,y) \in \Omega, \\ \dfrac{\partial u}{\partial \boldsymbol{n}}|_{S_2} = \varphi, & u|_{S_1} = g, \end{cases}$$

请你考虑下面的问题：

① 当 S_1 两条是坐标轴,其余边界部分是 S_2 时,求每个节点双线性基函数.

② 建立有限元方程.

③ 令 $\varphi(x,y)=1, g(x,y)=x+y, f(x,y)=e^x \sin y$. 求近似解方程的解.

④ 当 S_2 两条是坐标轴,其余边界部分是 S_1 时,考虑下面的边界条件：
$$\varphi(x,y) = \begin{cases} x^2+1, & y=0, \\ y+1, & x=0. \end{cases}, g(x,y)=1, f(x,y)=e^x \sin y.$$ 重新考虑问题①、②、③.

⑤ 当定解区域为图 9.29 时,重复前三问.

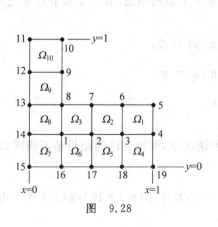

图 9.28

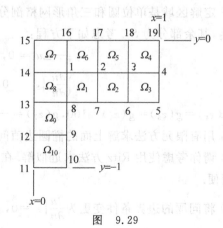

图 9.29

7. 定解区域是 Ω 的区域,边界是 S.剖分是三角形剖分,考虑混合边值问题:
$$\begin{cases} -\Delta u = x + 2y, & (x,y) \in \Omega, \\ \dfrac{\partial u}{\partial \boldsymbol{n}}\big|_{S_2} = \varphi, & u|_{S_1} = g. \end{cases}$$

首先考虑定解区域是图 9.30(等五边形)时:

① 令 S_1 是 1,3 节点之间的劣弧,S_2 是圆周的其他部分,$g(z_2)=10,\varphi(x,y)=1$,求近似解.

② 令 S_1 是 1,3 节点之间的优弧,S_2 是圆周的其他部分,$g(z_4)=g(z_5)=10,\varphi(x,y)=1$,求近似解.

③ 令 S_1 是空集时,$\varphi(x,y)=1$,近似解唯一吗?

再考虑定解区域为图 9.31 时:

④ 令 $S_2=\varphi, S_1=S$,是第一类边值问题,$g(z_4)=g(z_5)=g(z_6)=100, g(z_7)=-100$,其他边界节点的函数值为 0,求近似解.

⑤ 令 S_2 是以节点 1 为圆心、半径为 1 的圆弧,S_1 是剩余部分. $g(z_5)=g(z_{11})=g(z_{12})=100, g(z_4)=-100, g(z_6)=0, \varphi(x,y)=0$,求近似解.

⑥ 令 S_2 是 z_5, z_6 之间的圆弧,S_1 是剩余部分. $g(z_4)=g(z_7)=10, g(z_{12})=-g(z_8)=g(z_{10})=20, g(z_9)=g(z_{11})=-10, \varphi(x,y)=0$,求近似解.

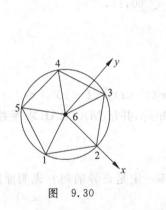

图 9.30

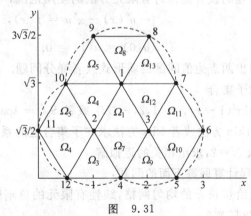

图 9.31

8. 考虑第 7 题的方程,定解区域是第一象限的扇形区域,考虑如下问题:

① 区域进行图 9.32 的正方形剖分,求在此剖分下的双线性基函数.

② 由于离散区域与定解区域不一致,请考虑边界如何离散?画出边界单元,并求边界单元上的基函数.

③ 建立任一内部单元上的有限元方程.

④ 当 S_2 两条是坐标轴,其余边界部分是 S_1 时,考虑下面的边界条件:

令 $\varphi(x,y)=\begin{cases} x^2+1, & y=0, \\ y+1, & x=0, \end{cases}$ $g(x,y)=1$.求有限元方程的解.

⑤ 当 S_1 是两条坐标轴,其余边界部分是 S_2 时,考虑下面的边界条件:$\varphi(x,y)=x+y$,

$g(x,y)=1$. 求有限元方程的解.

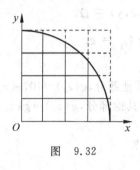

图 9.32

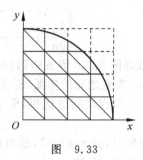

图 9.33

⑥ 定解区域进行图 9.33 的三角形剖分,求在此剖分下各点的线性基函数.
⑦ 重复第②问.
⑧ 建立三角剖分下的有限元方程.
⑨ 在④的边界条件下,求此时的近似解,并与④的近似解进行比较.
⑩ 比较有限元方法的边界离散与差分格式边界离散的优缺点.

9. 本题的设计是探讨有限元方法的使用范围,考虑两点边值问题:
$$\begin{cases} -u''(x) - \pi^2 u = f(x), & x \in (0,1), \\ u(0) = u(1) = 0. \end{cases}$$

① 写出两点边值问题的弱形式或者变分问题.
② 设子集合
$S_N = \text{span}\{x^i(1-x), i=1,2,\cdots,N\}$ 或者 $S_{2N} = \text{span}\{x^i(1-x), x(1-x)^i, i=1,2,\cdots,N\}$,
请用 Galerkin 方法或者 Ritz 方法求在子集合上的系数矩阵,并用 MATLAB 求系数矩阵的条件数. 取 $N=2$,求出相关的近似解.

请编程计算回答下面的问题:
③ 任给步长 h 的均匀网格,线性有限元的总刚度阵一定是奇异的吗?说明原因. 二次元的总刚度阵呢?
④ 当网格步长 $h \to 0$ 时,总刚度阵的条件数时如何变化的?画图描述这种变化关系.
⑤ 右端的非齐次项,对任意的网格步长都能求出来吗?
⑥ 当网格步长 $h \to 0$ 时,有限元近似解收敛吗?

10. 本题的设计是探讨有限元的使用范围,考虑对流扩散方程:
$$\begin{cases} -Du''(x) + u'(x) = 1, & x \in (0,1), \\ u(0) = u(1) = 0. \end{cases}$$

① 证明 $u(x) = x - \dfrac{e^{-\frac{1-x}{D}} - e^{-\frac{1}{D}}}{1 - e^{-\frac{1}{D}}}$ 是方程的解.
② 写出问题的 Galerkin 弱形式,求 D 的取值范围使得双线性是正定的.

③ 取 $D=0.1$. 网格逐渐加密 $h_n=2^{-n}(n=0,1,2,4,8,\cdots)$,使用线性有限元求不同网格下的近似解,画近似解和网格总数之间的关系图,观察解的收敛过程.

④ 取 $D=0.01$,重复第③问的问题.

⑤ 取 $D=0.001$,网格逐渐加密 $h_n=2^{-n}(n=0,1,2,4,8,\cdots)$,使用二次元求不同网格下的近似解. 在粗细网格下,误差有显著变化吗? 并与线性元比较.

⑥ 针对第⑤问的求近似解,请考虑使用多重网格方法求解,比较求解的时间和求解精确性.

11. 本题的设计是让读者认识方程的解对参数的依赖,以及对数值方法的影响. 考虑椭圆边值问题(Babuska 和 Süli 构造):

$$\begin{cases} \dfrac{\partial^2 u}{\partial x^2} - \dfrac{\pi^2}{t^2}\dfrac{\partial^2 u}{\partial y^2} = 0, & -1 \leqslant x,y \leqslant 1, \\ \dfrac{\partial u}{\partial x} = -\pi e^{-ty}, & x=1, -1 \leqslant y \leqslant 1, \\ \dfrac{\partial u}{\partial x} = -\pi e^{-ty}, & x=-1, -1 \leqslant y \leqslant 1, \\ \dfrac{\partial u}{\partial y} = -te^t \sin(\pi x), & y=-1, -1 \leqslant x \leqslant 1, \\ \dfrac{\partial u}{\partial y} = -te^{-t} \sin(\pi x), & y=1, -1 \leqslant x \leqslant 1. \end{cases}$$

① 证明 $u(x,y)=e^{-ty}\sin(\pi x)$ 是方程的解,而且是满足 $u(-1,-1)=0$ 的唯一解.

② 写出方程的变分问题或者弱形式.

③ 使用线性有限元,编程计算出总刚度阵.

④ 取不同的参数 t,求总刚度阵的条件数,画条件数与参数 t 关系图. 说明当 $t\to 0$,条件数是如何变化?

⑤ 使用双线性有限元,重复③~④问的问题.

⑥ 取 $t=10^{-k}(k=0,1,2)$. 在第④问的基础上,逐渐加密网格(从一个单元开始),画图观察误差是如何随参数 t 变化的(当 $t\to 0$)?

12. 考虑第 8 章练习题的第 13 题中的两个问题.

第一个问题:

① 使用线性有限元,取 $\alpha=\dfrac{\pi}{6}$,加密网格,求不同的网格下近似解. 画出近似解与网格总数之间的关系图.

② 取 $\alpha=\dfrac{1}{2}$,重复第①问的问题. 但网格加密的要求满足:点 $\dfrac{1}{2}$ 总是单元的顶点,总单元数总是偶数. 观察你的计算结果是如何变化的.

第二个问题:

③ 分别取 $\alpha=\dfrac{\pi}{3}-1$ 和 $\alpha=0$,分别重复①~②问的问题,观察你的计算结果.

参 考 文 献

[1] 胡健伟,汤怀民. 微分方程数值解法[M]. 北京:科学出版社,1999.

[2] 陆金甫. 偏微分方程数值解法[M]. 北京:清华大学出版社,2004.

[3] 徐长发,李红. 偏微分方程数值解法[M]. 武汉:华中科技大学出版社,2000.

[4] 袁兆鼎,费景高,刘德贵. 刚性常微分方程初值问题的数值解法[M]. 北京:科学出版社,1987.

[5] 张文生. 科学计算中的偏微分方程有限差分法[M]. 北京:高等教育出版社,2006.

[6] AScher U M. Numerical methods for evolutionary differential equations[J]. Computational Science & Engineering,2008(269):613-614.

[7] Axler S, Gehring F W, Ribet K A. Applied partial differential equations.[M]. Berlin:Springer,2004.

[8] Celia M A, Gray W G. Numerical methods for differential equations (fundamental concepts for scientific and engeering applications)[J]. Acta Numerica,1992,45(12):1823-1828.

[9] Duchateau P, Zachmann D W. Schaum's outline of Theorey and problems of Partial differential equations[M]. 3rd edition. New York:Mc Graw Hill,2011.

[10] Grossmann C,Roos H G, Stynes M. Numerical treatment of partial differential equations[M]. Berlin:Springer,2007.

[11] Holmes M H. Introduction to numerical methods in differential equations[M]. Berlin:Springer,2006.

[12] Knabner P,Angermann L. Numerical methods for elliptic and parabolic partial differential equations[M]. Berlin:Springer, 2003.

[13] Kythe P K,Puri P, Schaferkotter M R. Partial differential equations and boundary value problems with mathematics[J]. chapman & Hall/crc,2003:418.

[14] Morton K W,Mayers D F. Numerical solution of partial differential equations(An introduction)[M]. 2nd Edition. Cambridge:Cambridge University Press,2005.

[15] Ockendan J, Howison S, Lacey A, et al. Applied partial differential equations[J]. Oup Catalogue,2003:449.

[16] Quarteroni A. Numerical models for differential problems[M]. Berlin:Springer,2009.

[17] Shapire Y. Solving PDEs in C++——Numerical methods in a unified object-oriented approach[J]. Siam,2006.

[18] Sreauss W A. Partial differential equations:an introduction[J]. Mathematical Gazette, 1993(77):479.

[19] Thomas J W. Numerical partial differential equations:conservation laws and elliptic equations[M]. Berlin:Springer,1995.

[20] Thomas J W. Numerical partial differential equations:finite difference methods[M]. Berlin:Springer,1995.

[21] Trangenstein J A. Numerical solution of elliptic and parabolic differential equations[M]. Cambridge:Cambridge University Press,2013.

[22] Trangenstein J A. Numerical solution of hyperbolic partial differential equations[M]. Cambridge:Cambridge University Press,2013.